温 娟 孙贻超 张 涛 等编著

新型生态城市
系统构建技术

XINXING SHENGTAI CHENGSHI
XITONG GOUJIAN JISHU

化学工业出版社
·北京·

图书在版编目（CIP）数据

新型生态城市系统构建技术/温娟，孙贻超，张涛等编著. —北京：化学工业
出版社，2013.10
ISBN 978-7-122-18286-9

Ⅰ.①新…　Ⅱ.①温…②孙…③张…　Ⅲ.①生态城市-城市建设-研究-中国
Ⅳ.①X321.2

中国版本图书馆 CIP 数据核字（2013）第 193338 号

责任编辑：刘兴春　　　　　　　　　　文字编辑：荣世芳
责任校对：宋　玮　　　　　　　　　　装帧设计：刘丽华

出版发行：化学工业出版社（北京市东城区青年湖南街 13 号　邮政编码 100011）
印　　刷：北京云浩印刷有限责任公司
装　　订：三河市宇新装订厂
787mm×1092mm　1/16　印张 15¾　字数 360 千字　　2013 年 10 月北京第 1 版第 1 次印刷

购书咨询：010-64518888（传真：010-64519686）　　售后服务：010-64518899
网　　址：http://www.cip.com.cn
凡购买本书，如有缺损质量问题，本社销售中心负责调换。

定　　价：**68.00 元**　　　　　　　　　　　　　　　　版权所有　违者必究

前言

党的十八大报告提出，把生态文明建设放在突出地位，融入经济建设、政治建设、文化建设、社会建设各方面和全过程，努力建设美丽中国，实现中华民族永续发展。生态文明超越了原始文明、农业文明和工业文明，代表了一种更为高级的人类文明形态，是一种物质生产和精神生产都高度发展，自然生态与人文生态和谐统一的更高层次的文明，其核心强调人与自然的和平共处、平等相待。

作为人类社会经济活动最集中的场所，城市是产业、产品、文化、科学技术的聚集地，是人类社会发展、人类文明进步的重要标志。城市在给人类带来丰硕的物质文明和精神文明成果的同时，随着经济的飞速发展，高效率、高消耗的城镇化也带来了工业化、现代化的集聚，城市有限的资源和环境容量成为城市发展的瓶颈，许多城市面临诸如人口超密度聚集、基础设施薄弱、产业布局紊乱、交通拥塞、资源匮乏、环境污染、城市生态系统服务功能低下等"城市病"的困扰，寻求城市化与城市生态环境的良性互动、协调发展意义重大。

建设生态城市是践行生态文明的重要体现。以高效、健康、和谐为特征的生态城市的理念产生于人类对20世纪60年代以来全球、区域、地方环境污染和生态破坏的深刻反思，是人类对自我生存方式、生活方式、城市建设发展模式的一次重新选择。新型生态城市是生态文明理念在城市建设中的落实，是资源高效节约、产业布局合理，消费适度，人与环境共生，社会公平的城市文明的体现。

本书首次提出了新型生态城市系统构建的模式，将城市看作一个系统，并从资源能源子系统、生态环境子系统、生态产业子系统以及人居环境子系统四个子系统，分别提出各项构建技术。在此基础上，围绕本书提出的新型生态系统各项构建技术，进行了示范典型案例的分析，对不同城市特点的地区如何构建生态城市进行了案例总结。

本书内容丰富，观念新颖，是一本理论与实践相结合的新型生态城市系统构建及规划设计的图书，可供从事城市规划、环境保护、区域经济等相关领域的工程技术人员、科研人员、规划及建筑领域的管理人员参考，也可供高等学校相关专业师生教学参考。

本书由温娟、孙贻超、张涛等编著，常文韬、冯真真、李燃、李璐、赵明霞、赵翌晨、闫佩、王兴、邵晓龙、袁敏、孙静、宋文华、李红柳、孙韬、张征云、李莉、罗彦鹤、樊在义、吴国华、陈光、史文斌、张东国、刘雄等参与了部分内容的编著工作，在此表示感谢。

在本书编著过程中，参考了国内外生态城市及其相关研究领域众多资料和科研成果，在此向有关作者致以衷心的感谢。

由于编著者时间和水平有限，书中不足之处在所难免，欢迎读者批评指正。

编著者
2013 年 7 月

目 录

1

◄◄◄

绪论

>>>>>>>>

1.1 建立新型生态城市的背景

  城市的开发建设带动了城市的形成与繁荣，但开发活动造成的污染也成为城市生态环境的沉重历史包袱；同时，城市能源和水资源的匮乏也给城市建设带来了诸多挑战。解决未来经济发展过程中的资源与生态环境瓶颈问题最有效的手段就是构建人与自然充分和谐的生态城市。

  生态城市的建设目前已受到国内外的广泛重视。加拿大、美国、日本、巴西、德国、澳大利亚等国先后开展了生态城市建设实践，形成了许多各具特色、影响深远的生态城市，为城市可持续发展途径提供了有意义的探索。我国的生态城市理论研究起源于20 世纪 80 年代，近年来为解决经济发展与资源短缺和环境污染间的矛盾，与世界先进国家和地区积极开展生态城市建设的合作，较为成功的案例包括上海东滩生态城、中新天津生态城等。生态城市构建已越来越被公认为是解决未来经济发展过程中资源与生态环境瓶颈问题的最有效手段之一。

  生态城市构建是一项系统工程，需要规划、建设、运行管理过程中各种技术综合运用、协调配合，将理想中的生态城市理念通过系统的技术落实到具体的规划建设中来，使生态城市的目标得以实现。以往的生态城市研究侧重于理论探讨或建设中某一方面的研究，缺乏实现的手段，而对于系统性的生态城市构建技术很少涉及，或仅侧重于城市建设的某一个方面，缺乏系统的生态城市构建技术集成。同时在生态城市的建设中，也存在扎堆建设、盲目上马的情况，缺乏系统的技术指导。

  本书首次总结了生态城市建设所需关键技术的完整架构，形成一套系统性构建生态城市的技术集成，包含指标体系的构建方法、资源能源的高效利用技术、区域循环经济应用技术以及生态人居环境及环境安全技术等，结合我国生态城市特别是滨海城市发展的现状及特点，创新性地体现了生态城市指标体系的先导作用和对城市环境安全技术的研究。生态城市系统构建技术集成已成功应用于生态城市、生态工业园建设之中，并取得显著的社会效益、经济效益和环境效益。

1.1.1 建立新型生态城市的意义

20 世纪 80 年代以来，随着经济的飞速发展，高效率、高消耗的城镇化也带来了工业化、现代化的集聚。盲目的城镇化建设带来了生态严重破坏、资源过度利用、城市文化遗产被破坏等问题，经济发展与生态环境代价之间的矛盾越来越严重。生态城市成为解决这一矛盾的有效手段，系统性的技术集成是生态城市建设的重要基础和有力支撑。

生态城市是一个复杂系统，具体到衡量某一特定城市是否是生态城市以及确定生态城市建设的目标时，就必须构建衡量生态城市的指标体系。指标体系不仅具有评价的功能，同时还具有指导建设的功能。指标体系对生态城市的建设具有导向的功能。首先，指标体系可将空泛的理念分解为细化的目标任务，生态城市的建设可以以此为依据，制定具体的实施方案和行动计划，有组织、有计划、有步骤地开展生态城市建设工作；其次，根据指标体系及其分解的要求，统一协调生态城市建设目标的计划安排、责任分工、督办落实等工作，并可将指标纳入考核，切实推进生态城市目标的实现；最后，指标体系是相应政策制定的依据，相应的财政、税收、投入和保障政策可以通过具体的指标来制定。因此，新型生态城市系统构建技术指标体系具有重要的导向性意义。

系统构建技术综合运用生态城市建设理念，系统性地整合生态城市规划、建设、运行、管理中所需重要技术，对接新型生态城市系统中的各子系统及每个子系统中各个环节的相关技术，结合当地的产业特征、发展规模及城市发展要求等，开展资源、能源综合利用、土地资源修复、行业系统优化及集成技术研究，实现相关技术的无缝衔接，使城市决策者对生态城市的具体实施形成清晰而明确的认识，从而有效地对生态城市建设所需的物质、能量和信息进行系统调度，集中有限资源，有针对性地解决生态城市建设关键问题；另外，新型生态城市构建技术突破我国资源能源紧缺对经济发展的限制，为资源能源短缺的滨海地区提供了生态城市建设的技术指南，对于城市转变发展方式、取得经济发展与环境保护的双赢具有十分重大的意义。

1.1.2 建立新型生态城市的主要内容

① 新型生态城市构建模式研究，辨析生态城市的概念及内涵，并对国内外生态城市建设经验进行剖析和综述，分析新形势下生态城市建设需求，提出系统性构建新型生态城市的技术体系。

② 新型生态城市指标体系"六步法"建立技术研究，突破原有指标体系的单纯评价作用，突出区域特色、科学量化与目标细化落实。

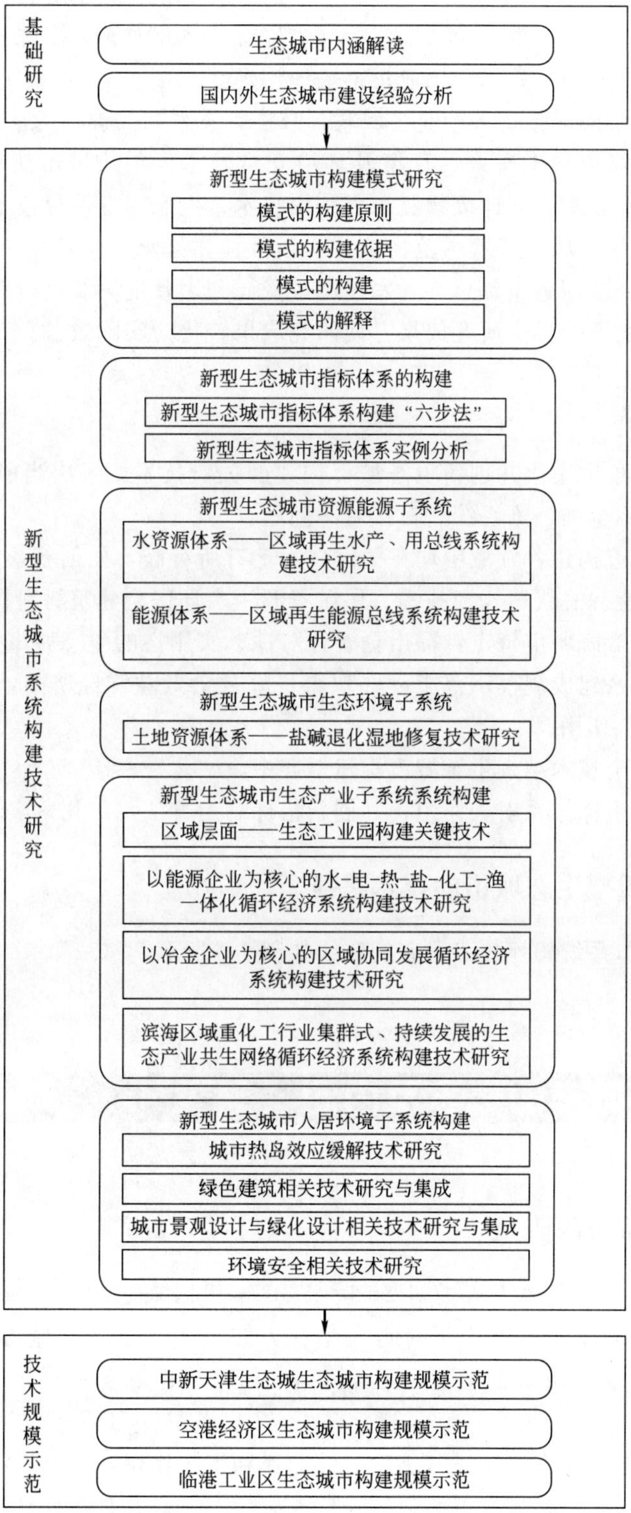

图 1-1　新型生态城市系统构建技术研究路线

③ 新型生态城市资源体系的系统减排关键技术研究。提出城市水资源、能源、土地资源一体化系统减排技术，包括水资源与水生态一体化改善、多源多点位的可再生能源联合系统、盐碱地修复技术、工业污染场地治理等。

④ 区域整体协同减排、多产业区域联合减排等一系列关键技术。

⑤ 新型生态城市的生态人居环境及环境安全技术。集成城市热岛效应减缓技术、城市景观绿化设计技术、固体废物资源再利用技术、生态安全保障技术等。

⑥ 开展新型生态城市规模示范。依托中新天津生态城、天津空港经济区、临港工业区、北疆电厂、荣钢集团、蓟县开发区尾矿资源利用基地等实例研究，破解的资源环境瓶颈类问题，实证并推广研究成果，使研究成果转化为实际效益。

1.1.3 创新点

① 从系统的角度集成并创新生态城市构建的关键技术，解决当前缺乏生态城市实用技术以及技术不全面、不系统、对接差等问题。

② 在生态城市构建各领域中均在关键技术上有所突破，如创新系统减排技术、"再生水总线"和"能源总线"构建技术、尾矿资源生产环保型建筑材料技术等。

③ 针对北方沿海城市特点，提出更有针对性、实用性的生态城市构建技术。

④ 在多个地区建成规模示范工程并取得良好社会效益和经济效益，对我国生态城市建设有较大推广作用。

⑤ 将环境安全技术纳入生态城市构建框架中。

⑥ 强化城市指标体系引领作用，并创新指标制定方法，细化落实环节。

1.1.4 建立新型生态城市的技术路线

新型生态城市系统构建技术研究的路线如图 1-1 所示。

1.2 生态城市的概念及内涵

1.2.1 生态城市的概念

生态城市的理念产生于人类对 20 世纪 60 年代以来全球、区域、地方环境污染和生态破坏的深刻反思，是人类对自我生存方式、生活方式、城市建设发展模式的一次重新选择。生态城市的概念包含很广，从不同的角度不同的学科有着不同的理解。

从生态学上看，生态城市是基于生态的选择和组织作用，由意识定位、资本驱动和制度调整下的人与自然易合发展的地球表层人居形态。易合是两种异质或异态之间的自组织或整合过程，强调差异性之间的协调。人常常不是处于支配主导地位，而是与生物、理化环境保持动态的均衡。

从系统学上看，生态城市是人与自然和谐发展，人的建设与自然的选择相统一的人居形态的总和，意识、资本和制度在其中具有支配和主导作用。在生态城市中，人、生物和环境发展之间具有整体上的不可替代性，三者相互依赖，一方的存在和变化以他方为基础，一方的发展也以他方的发展为条件，任一组分（包括人）的单独发展是不可能的。

国内外很多学者对生态城市的定义有所论述，综合来看，生态城市应该是结构合理、功能完善、经济高效、环境宜人、社会和谐的城市。生态城市是以生态经济学、系统工程学为理论基础，通过改变生产方式、消费方式，实现资源环境与社会经济发展的优化整合。

1.2.2 生态城市的内涵

世界上许多学者、国际组织和城市从不同角度对生态城市的内涵进行了研究、探索，并提出了有参考价值的论述。其内涵包括技术和自然的融合、综合效益的取得和人类创造力、生产力的最大限度发挥。

生态城市是社会-经济-自然复合生态系统，它倡导人与自然、人与社会以及自然与社会和谐的绿色文明理念。从不同侧面可以反映出不同的生态城市内涵。

从生态哲学的角度，生态城市实质是实现人-自然的和谐，天-地-生-人的动态合一，人的自然化与自然的人化的选择均衡。这是一种理想的境界，它的实现需要人的社会关系、价值取向和文化意识达到一种很高的境界。

从生态经济的角度，生态城市的经济增长方式是"集约内涵式"的，不仅强调人的物质富足，而且强调生态环境的经济性。采用有利于保护自然环境，又有利于创造社会文化价值和经济效益的生态技术，建立生态文化产业体系，实现物质生产和社会生活的"生态化"。太阳能、水电、风能等绿色能源将成为主要能源，不可再生的自然资源得到保护和循环利用。

从生态社会学角度，生态城市的教育、科技、文化、道德、法律制度等都将"生态化"。倡导生态价值观、生态伦理、生态意识，建立自觉保护环境、促进人类自身发展、公正、公平、安全、舒适的社会环境。生态城市是人和生物同其自然环境之间的整合过程。

从城市生态学角度，生态城市是社会-经济-自然复合生态系统，其结构合理、功能稳定，达到动态平衡状态。它不但具备良好的生产能力，还具有自我还原和自我缓冲功能，同时还具有完善的自组织、自选择、自管理、自维持的运作机制。

总之，生态城市的发展不是追求社会、经济和生态各个子系统发展的最优化，而是追求在一定约束条件下的整体发展最优化。生态城市是社会-经济-自然的复合生态系统，它强调结构合理、功能稳定、动态平衡。生态城市发展不是单纯的经济问题、社会问题或者环境问题，也不是经济、社会、生态三个方面发展的简单相加。社会、经济、生态发展各有自己的价值取向，经济发展目标主要考虑效率提高，社会发展目标主要考虑民主公平，环境建设目标主要考虑生态平衡。当三个系统发展目标不一致时，城市发展不是追求各个子系统最优化，而是强调各个目标之间协调平衡，追求整体的最优化。

▶▶▶▶▶▶▶▶▶
1.3　国内外巡礼

1.3.1　国外生态城市建设现状

伴随着生态城市理论的发展，各国都在探索生态城市建设的实践。国外对未来城市的走向，提出了"绿色城市"、"健康城市"、"普世城"、生态城市等各种类型人居城市的发展模式。

目前全球有许多城市正在按生态城市目标进行规划与建设。目前，美国、巴西、新西兰、澳大利亚、南非以及欧盟的一些国家都已经成功地进行了生态城市建设，如印度的班加罗尔、巴西的库里蒂巴和桑托斯市、澳大利亚的怀阿拉市、新西兰的怀塔克尔市、丹麦的哥本哈根、美国的克利夫兰和波特兰都市区等。这些生态城市，从土地利用模式、交通运输方式、社区管理模式、城市空间绿化等方面为世界其他国家的生态城市建设提供了范例。而纵观国外生态城市建设，可总结出以下特点。

首先，要制定明确的生态城市建设目标和指导原则。

生态城市是全新的城市发展模式，建设生态城市不仅包括物质环境"生态化"，还包含社会文明"生态化"，同时兼顾不同区域空间发展需求的平衡。因此，生态城市的建设必然是一个长期的循序渐进的过程，需要根据各国具体城市的发展状况制定相应的建设目标和指导原则。例如澳大利亚的阿德莱德市在影子规划中通过6幅规划图，详细表述了该市1836～2136年长达300年生态城市建设的发展规划，并提出了非常具体的建设措施。

其次，要以强大的科技为后盾。

生态城市建设要求城市的发展必须与城市生态平衡相协调，要求自然、社会、经济符合生态系统下的和谐，因此必须以强大的科技作为后盾。在生态城市建设中，世界各国许多城市都重视生态适应技术的研究和推广。如美国、德国都重视生态适应技术的研究，重视发展生态农业、生态工业方面的优秀科研队伍，落实专业人才的培养，因此这些国家的生态城市建设都非常先进。如澳大利亚的怀阿拉建立了能源替代研究中心，研究传统能源保护和能源替代、可持续水资源使用和污水的再利用等实例研究，为当地生态城市建设提供了可靠的技术支撑。

最后，重视与区域的协调。

生态城市的"城市"概念是指包括郊区在内的"区域市"，因此城市的规划和发展必须与大范围的区域规划乃至国土规划相协调。美国克里夫兰市的生态城市议程中包括了区域主义（regionalism）思想，城市政府必须在复杂的区域环境中进行协调工作，城市面临的许多重大事务必须在区域的层面与众多参与者协调。德国 Edangen 市主张跨区域交通量的增加和自然土地的快速消耗必须得到解决或者至少在国际乃至欧洲的范围内得到解决。弗莱堡市制定了长期的区域发展政策和局地环境政策，并规定局地的环境政策必须与区域发展政策相协调。

1.3.2 国内生态城市建设经验

我国城市生态学研究起步较晚，但发展很快。自 20 世纪 80 年代以来，随着可持续发展观念和理论的深入和发展，生态城市也日益受到人们的关注。1983～1985 年我国组织了"天津市城市生态系统与污染防治综合研究"、"北京市城市生态系统特征及其环境规划的研究"等。这些研究为制定城市总体规划、城市经济发展规划、城市环境保护规划和城市管理措施等提供了科学依据。20 世纪 90 年代以后，我国城市化进程逐步加快，生态城市开始成为人们聚焦的一个热点，黄光宇、梁鹤年、宋永昌、王祥荣、胡聃、俞孔坚等许多专家学者对生态城市做了大量的研究。

在生态建设实践方面我国正在进行积极的探索。在城市环境综合整治中，相继开展了"卫生城市"、"园林城市"、"环境保护模范城市"、"可持续城市"的创建与试点活动，并制定了相应的技术指标和考核制度；大规模建立各级自然保护区、广泛开展无公害食品、绿色食品、有机食品基地建设，建设生态村、生态镇、生态示范区（县）；近年来，环境部又大力推进生态市、生态省的试点，建设产业生态示范园区试点，循环经济试点城市和试点省。苏州、宁波、杭州、上海、天津等城市都在生态城市建设方面开展了积极探索。

我国的生态城市建设经验主要有以下几点。

首先是抓好规划编制，依法实施。生态城市建设是长期的过程。为了总体规划，科学布局，规范管理，需要编制生态城市规划等纲领性文件，使规划具有法律效力。在此基础上以规划为龙头，大力开展生态示范区、生态市、生态工业示范园区、环境优美乡镇和生态村建设工作。此外，市、县、区环保部门还非常重视城乡环境保护规划编制工作，要求各个乡镇编制环境保护规划或环境优美乡镇建设规划。

其次是因地制宜，突出特色。生态城市建设必须从当地实际出发，分类指导，创造性地开展工作。各地条件差别很大，生态城市建设不可能一种模式、一个格局。要实现区域协调发展、可持续发展，必须从本地实际出发，发挥自身资源、地缘、区位等优势，在生态产业上开发、推进，在生态环境上优化、提高，在生态人居上探索、突破，在生态文化上扬弃、创新。不能因循守旧、故步自封，也不能简单模仿、盲目攀比。要创造性地开展工作，发挥优势，扬长避短，探索具有本地特色的可持续发展的新路子。

最后是坚持标准，重在过程。国家出台了生态省、生态市、生态县建设标准，是衡量生态省、市建设成果的标准，但生态省、市的创建根本目的不是单纯达到国家标准交差应付，而是以创建工作作为整体工作的抓手，推动工作上水平，在创建过程中改变区域面貌，优化经济结构，提升区域形象和区域竞争力。宁波市在生态市建设中充分注意到这一点，在城市建设中能够做到大手笔取舍，在旧区改造中坚持城市环境与形象的提升，在城市黄金地段建设生态用地，通过提升周边土地价值不但收回投资，而且获得可观的经济效益。在外滩改造中，在保留传统特色建筑的同时，开发其商业功能，形成了新的产业基础。

参考文献

[1] Richard Register. Eco-city Ber keley: Building Cities for a Healthy Future，North Atlantic Books

[M]. USA, 1987, 13-43.

[2] 王新文, 管锡展. 城市化趋向与我国城市可持续发展的现实选择 [J]. 中国人口资源与环境, 2001, 11 (2): 49-51.

[3] 杨文举, 孙海宁. 浅析城市化进程中的生态环境问题 [J]. 生态经济, 2002, (3): 31-34.

[4] 郭秀锐, 杨居荣, 毛显强等. 生态城市建设及其指标体系 [J]. 城市发展研究, 2001, (8): 57-58.

[5] 牛文元. 持续发展导论 [M]. 北京: 科学出版社, 1994: 95-97.

[6] 牛文元. 可持续发展: 21 世纪中国发展战略的必然选择 [J]. 生态经济, 2000, (1): 1-3.

[7] 欧阳志云, 王效科等. 中国陆地生态系统服务功能及其生态经济价值的初步研究 [R], 1999, 19 (5): 601-613.

[8] 李红柳. 天津生态城市建设现状比较分析及对策研究 [D]. 天津: 天津大学, 2009.

[9] 黄肇, 杨东援. 国内外生态城市理论研究综述 [J]. 城市规划, 2001, (1): 61-63.

[10] 汤茂林. 城市可持续发展的生态原则 [J]. 城市环境与城市生态, 1999, 12 (2): 38-41.

[11] 刘靖旭, 谭跃进, 蔡怀平. 多属性决策中的线性组合赋权方法研究 [J]. 国防科技大学学报, 2005, (4): 26.

[12] 黄肇义, 杨东援. 国内外生态城市理论研究综述 [J]. 城市规划, 2001, 25 (1): 59-66.

[13] 彭晓春, 李明光. 生态城市的内涵 [J]. 现代城市研究, 2001, (6): 30-32.

[14] 鲁敏, 张月华等. 城市生态学与城市生态环境研究进展 [J]. 沈阳农业大学学报, 2002, 33 (11): 76-81.

[15] Noel P Gist. Ecology of Bangalore, India: An East-West Comparison. Social Forces, 1956-1957, 35: 256.

[16] Alley T. Curitiba: A Visit to an Ecological City. Urban Ecologist, 1996 (4).

[17] 黄肇义, 杨东援. 国外生态城市建设实例. 生态城市, 2001, 3: 35-38.

[18] 辛嘉楠, 欧阳志云. 浅谈 "生态城市" [J]. 中国城市经济, 2007, (1): 35-37.

[19] Roseland M. Dimensions of the Future: An Eco-city Overview, Eco-city Dimensions [M]. New York: M New Society Publishers, 1997: 1-12.

[20] Richard Register, Eco-cities. IN CONTEXT (a quarterly of human sustainable culture) [M]. USA: North Atlantic Books, 1984, 13-43.

[21] 乔薇. 生态城市建设中的政府行为研究 [D]. 西安: 西北大学, 2008.

[22] 马交国. 兰州生态城市规划研究 [D]. 兰州: 兰州大学, 2005.

[23] 张红梅. 生态城市建设及其可持续发展研究 [J]. 临沂师范学院学报, 2006, 28 (3): 102-105.

[24] 周杰, 朱德明, 袁克昌. 生态城市研究 [J]. 污染防治技术, 2003, 16 (1): 1-6.

2

‹‹‹

新型生态城市系统构建模式

结合我国滨海城市的特点，通过将国内外先进生态城市的建设发展历程进行总结分析，以及创新综合运用各项生态城市指标体系和规划技术方法，建立"新型生态城市系统构建技术"，将生态城市看作一个新型生态城市系统，并对其中的资源能源子系统、资源环境子系统、生态产业子系统、生态人居子系统等，通过一系列的规模化示范保障构建技术的应用及推广，为新型生态城市系统的构建提供指标引导和技术支持。

▶▶▶▶▶▶▶▶

2.1 新型生态城市系统构建模式的构建原则

(1) 系统性原则

从生态城市概念的产生过程来看，"生态城市"是以反对环境污染、追求优美的自然环境为起点的，但随着研究的深入和思想的发展，这一概念已经远远超出其初始意义，成为最恰当地表达人类理想城市的综合性概念之一。由此可以看出，生态城市是一个内涵十分丰富的复杂巨系统，包含土地资源、水资源、能源、生态产业、生态人居等多个子系统，各个子系统间存在着各种有机的联系。因此，在构建新型生态城市的过程中，首先应当遵守系统性原则，将城市看作一个系统，从系统的角度出发，客观、全面地考虑各个方面以及整体的建设情况，在研究各个子系统、各个城市建设环节的技术时，同样注重系统间各项技术的对接与集成。

(2) 指标引导原则

城市作为一个庞大而复杂的复合生态系统，系统结构的复合性和多样性决定了其发展目标的多元性，每个子系统的各个方面都在质量和数量上有序地表现为一个指标（变量）。结合当地的地域特色、生态城市内涵以及指标体系构建的方法学，筛选出的指标体系是生态城市内涵的定量化表征。新型生态城市的构建应当遵照指标体系的引导原则，提供在操作层次上对生态城市的理解，使城市建设转向生态城市建设，并及时衡量生态城市建设是否成功。

（3）循环经济原则

城市在发展中往往面临资源能源短缺所带来的约束，深处于经济发展与环境保护的矛盾中。循环经济为城市发展突破困境提供了出路，以循环经济的发展理念达成生态产业的集群式持续发展。因此，生态城市建设必须以循环经济为指导，严格遵循生态规律，研究企业层面、区域层面的循环经济系统构建技术，在实现经济发展的同时，同步实现整个区域污染物的协同减排，实现经济与生态的共赢。

（4）经济与生态共赢的原则

生态城市的建设并非阻碍城市经济发展的建设模式，相反的，新型生态城市系统的构建是为了给城市带来更大的经济效益、社会效益和环境效益，使城市各个子系统进入良性发展机制，生态产业蓬勃发展，人居环境不断改善。因此在新型生态城市系统构建模式中，应始终遵循经济与生态共赢的原则，通过一系列技术的集成与应用，不断转变城市经济增长方式，达成多方的共赢。

>>>>>>>>>
2.2 新型生态城市系统的构建模式特点

结合城市生态系统自身的特点及所面临的问题，总结我国生态城市建设实践活动，新型生态城市系统构建模式包括：用于指导和反馈新型生态城市系统建设情况的指标体系；由资源能源子系统、生态环境子系统、生态产业子系统和人居环境子系统组成的新型生态城市模型；将新型生态城市系统构建模式用于实践进行检验的案例。

2.2.1 新型生态城市系统指标体系

城市生态系统是以人为主体，由城市原生自然要素、次生自然要素、人工物质要素和社会要素构成，在一定范围内的区域保持密切联系并相互制约的综合体。城市生态系统是社会、经济和自然三个子系统构成的复合生态系统。生态城市评价首先要建立评价指标体系，目前国内对城市生态可持续发展指标体系进行了一些探讨。1999年，全国爱卫会颁发了《国家卫生城市标准》，从城市的市容卫生、健康教育、疾病卫生、食品卫生、环境保护等角度提出了创建卫生城市的标准，该标准侧重于城市环境卫生的评价。原国家环境保护局1997年制定了《国家环保模范城市考核指标（试行）》，该指标体系主要是从城市环境保护角度制定的，更多体现的是城市环境质量、污染控制、环境建设和环境管理工作的水平。随着生态城市建设的提出，2002年，国家环保总局编制了《生态市建设指标（试行）》，包括经济发展、环境保护、社会进步三个方面，该指标体系突出了生态市建设要求经济、环境、社会协调发展，而不仅仅是生态环境的保护与发展，其他著名学者分别也对生态城市指标体系做了研究。生态环境指标体系作为城市生态环境评价的标准之一，对生态城市的发展具有重要的意义。运用城市生态环境指标体系，对处于高速发展阶段的发达城市做出定量化的生态环境评价，也尤为重要。

2.2.2 新型生态城市系统

2.2.2.1 资源能源子系统

城市的资源能源系统是城市发展的命脉，维持整个城市复合生态系统的稳定并推动其不断向前发展。它为城市提供必需的要素并以此调控城市的发展速度、规模和方向，最大限度的发挥着"支持"功能。城市资源能源系统构建主要包括绿色能源体系构建、绿色交通系统构建、水系统构建三个方面。

生态城市水系统构建包括城市水资源的多级、合理和高效的利用，水体污染的防治两个方面。生态城市建设过程中应科学开发利用水资源，完善城市污水处理系统的建设，提高污水处理率；应根据当地自然条件以及水资源供需预测，合理配比各类供水来源（如外调水、雨水、污水再生水、海水淡化水），实现生态城市水资源的综合利用和梯级利用；还应制定一套保障和促进水资源合理利用的管理体系，为水系统合理构建提供政策保障。

城市能源的构成、利用效率及其他特征，不仅对城市的社会经济发展和城市生态环境起着重要作用，而且对国家和整个人居环境质量产生重要影响。因此在生态城市建设中，必须长期坚持节能降耗，提高能源利用率，将行业的节能降耗放在关键地位，在制定生态城市建设规划时根据城市自身特点设置节能降耗的指标作为生态城市建设和验收的依据。同时，促进能源结构调整，发展太阳能、风能、潮汐能、生物质能等多种形式的清洁能源和可再生能源，并制定合理的能源政策，支持新能源产业，加大对可再生能源利用技术的研发支持。

2.2.2.2 生态环境子系统

良好的生态环境是生态城市建设的基础。生态环境体系构建主要是在城市复合生态系统中运用景观生态学的原理构建一个多维的生态网络，其作用不仅仅是提供视觉审美效果或单纯为城市居民创造一个休憩、娱乐的场所，还参与了整个城市社会、经济复合生态系统的物质循环和能量流动。在以人为本、尊重地域和历史文化等原则的指导下，以景观生态学中"廊道-基质-斑块"原理指导的城市整体生态格局和生态网络的建设；科学规划城市绿地系统，合理确定绿地类型范围、选择植物的种类和植物群落，合理安排各类绿地的布局，以使城市绿地规划合理、结构完善，达到改善城市局部生态环境、满足市民户外游憩需求和创造优美的城市景观的目的。

2.2.2.3 生态产业子系统

经济系统是城市的命脉。对于任何一个城市来讲，无论其生态城市建设具有怎样的侧重点，循环经济与生态产业建设始终是规划的重要内容。生态城市建设中生态产业体系的构建，重在优化产业布局，调整产业结构，鼓励产业园区的建立，形成完整的生态产业体系；以企业为核心，形成循环经济发展的主体，推动企业的清洁生产，倡导行业的节能减排；引导绿色消费，倡导消费者在消费时选择有助于公众健康的绿色食品，注重对垃圾的处置；建立绿色技术体系，为发展循环经济提供坚实的技术支持；鼓励静脉产业发展，完善我国有关发展静脉产业的法规体系，综合运用财税、投资、信贷、价格等政策手段，对静脉产业的发展实行优惠政策。

2.2.2.4 人居环境子系统

生态人居环境是指以自然生态系统物质和能量多级循环、高效利用、不产生对环境有负面影响的废弃物等为特征的、人与环境高度和谐共生的、居住环境幽美、健康的人类理想的居住地。生态人居环境体系构建以完善的生态人居水系统，废弃物处理处置系统，创建空气清新的居住环境和"蓝天、白云"的视觉享受，良好的绿化系统，舒适、健康、高效、美观的生态住宅以及配套基础服务设施为特征。生态住宅的建筑材料及装饰材料应减少有害物质对环境和人体健康的影响；住宅设计能满足居民的审美需求，具有生态美学和节能的特征。生态住区的配套基础服务设施应为居民生活提供便利和均质的服务。服务设施应满足居民物质生活和文化生活的需要，具有合理的服务半径，方便日常生活和活动。控制居住密度，与绿地系统共建；建立方便、安全、高效、环保的区内及区间绿色交通系统，鼓励多样化交通工具，倡导绿色出行。

2.2.3 新型生态城市系统构建案例示范

中新天津生态城、天津空港、临港经济区的建设正是在生态文明理念的提出和生态城市建设在我国的广泛兴起这个大背景下开展的。其建设宗旨是实现人与人和谐共存、人与经济活动和谐共存、人与环境和谐共存；能复制、能实行、能推广；运用生态经济、生态社会、生态环境、生态文化的新理念，建设"生态、环保、节能、自然、宜居、和谐的人居环境"，成为可持续发展的范例。其建设特点体现在生态环境体系构建、水系统构建、绿色交通体系构建、能源体系构建、绿地系统建设、生态住区体系建设等不同方面，集合运用了区域再生水产、用总线系统构建技术、区域再生能源总线系统优化技术、滨海盐碱退化湿地修复与高盐景观水体水质改善技术、产业循环型生态联网构建技术与区域循环型发展模式构建技术等，为新型生态城市系统提供了经验示范。

▶▶▶▶▶▶▶▶▶▶

2.3 新型生态城市系统构建模式的特点

结合我国滨海城市的特点，通过将国内外先进生态城市的建设发展历程进行总结分析，以及创新综合运用各项生态城市规划技术方法和技术集成，建立"新型生态城市系统构建技术"。将生态城市看作一个新型生态城市系统，对其中的资源能源子系统、资源环境子系统、生态产业子系统、生态人居子系统等，通过区域再生水产、用总线系统构建技术、区域再生能源总线系统优化技术、滨海盐碱退化湿地修复与高盐景观水体水质改善技术、产业循环型生态联网构建技术与区域循环型发展模式构建技术等，集成新型城市构建技术，并通过一系列的规模化示范保障构建技术的应用及推广，为新型生态城市系统的构建提供指标引导和技术支持。

(1) 功能上——指导生态城市建设

新型生态城市系统的构建模式为城市向新型生态城市转变提供了技术指南。模式中包含了生态城市系统的主要组成部分，并提供了关键构建技术，使城市在指标体系的指导下逐步优化资源能源配置，完成生态产业的发展模式转变与生态人居环境的改善。

(2) 内容上——四大子系统

针对新型生态城市系统的几个子系统，新型生态城市系统的构建模式研究包括指标体系的建立研究和资源能源子系统、生态环境子系统、生态产业子系统和人居环境子系统 4 个子系统的关键构建技术集成研究。

(3) 方法上——系统理论支撑

基于系统论的相关理论，构建新型生态城市系统的构建模式。在分析各个子系统所包含的内容，以及对子系统内涉及的相关技术进行研究的基础上，对接并集成关键技术，使整个生态城市系统可以有效运行。

2.4 新型生态城市系统构建模式框图

新型生态城市系统构建模式框图见图 2-1。

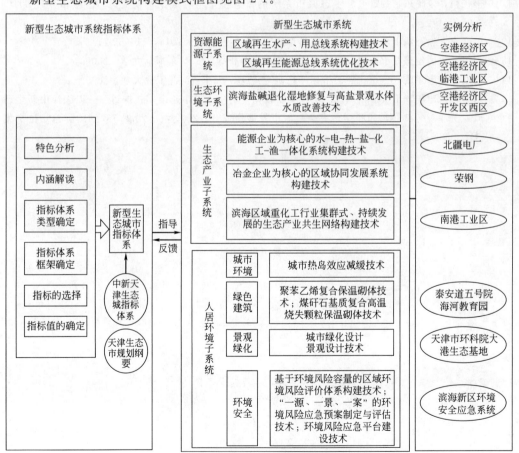

图 2-1　新型生态城市系统构建模式框图

参考文献

[1] 董宪军. 生态城市研究 [D]. 中国社会科学院研究生院，2000.

[2] 温朝霞，孙琪. 新型城市化发展与生态城市建设 [J]. 探求，2012，(5)：12-19.

[3] 文宗川，李赫男. 生态城市四元主体模型的构建 [J]. 资源开发与市场，2012，(12)：1086-1089.

[4] 姚江春，许锋，肖红娟. 我国生态城市建设方向与新型规划技术研究 [J]. 城市发展研究，2012，(8)：9-15.

[5] 孙建国，吴克昌. 基于生态城市理论的我国生态城市建设研究 [J]. 特区经济，2007，(2)：132-133.

[6] 程伟. 我国生态城市构建的类型研究 [J]. 天津城市建设学院学报，2007，(4)：239-242.

[7] 孟伟庆，李洪远，鞠美庭. 创新型城市与生态城市的比较分析 [J]. 环境保护与循环经济，2008，(10)：47-51.

[8] 樊丽. 马克思主义生态思想视野下我国生态城市建设研究 [D]. 西北师范大学，2012.

[9] 蒋皋. 我国生态城市战略方向和建设路径研究 [D]. 重庆大学，2008.

[10] 李敏. 生态绿地系统与生态城市 [A]// 中国风景园林学会. 第三届中国国际园林花卉博览会论文集 [C]. 2001：9.

[11] 李杨帆，朱晓东，黄贤金. 生态城市系统的概念模型与等级结构研究 [J]. 城市发展研究，2005，(4)：37-40.

[12] 王彦鑫. 生态城市新架构及其系统模型研究 [J]. 经济师，2010，11：69-71.

[13] 程伟. 我国生态城市构建及其影响因素的初步分析 [D]. 华东师范大学，2006.

[14] 李燃. 城市建成区生态化建设指标体系研究 [D]. 天津：河北工业大学，2008.

[15] 朱坦，吕建华，丁玉洁，冯蕊. 生态文明视角下的生态城市建设模式探讨——以天津中新生态城为例 [A]// 中国城市科学研究会. 城市发展研究——2009 城市发展与规划国际论坛论文集 [C]. 2009：6.

3

<<<

新型生态城市指标体系建立

按照钱学森教授的说法，对于一门学科的发展，应该包括相互连接深入的三个层次：一是注重宏观色彩的性质分析和推理分析，这是一门学科发展初期的理论准备；二是带有数量概念分析和效应分析，这是科学发展中期的量化准备，是学科迅速发展时期；三是带有实际操作性的制度建设，这是学科发展的高级成熟阶段，具有很强的实践运用价值。城市是一个包含着自然、经济、社会三部分的、由多个子系统有机结合而成的复杂巨系统，自 20 世纪 90 年代以来，经过许多学者的努力，基本上已经完成了对生态城市理论的概念性抽象和理论的简化总结，即对上述第一层次的概括，使得生态城市的理念、城市生态规划的理念等得到了空前的发展。

然而，理论只有转化为实践才能起到实质的作用，城市才能真正可持续发展。单纯进行生态城市理念的研究并不能将城市生态规划从概念和理论推向实践，与现实的区域社会经济和发展相结合，实现目标细化、任务具体化、责任明确化；与此同时，为使城市的生态规划具有可操作性，对城市可持续发展的监测就是不可缺少的。为了达到生态要求，需要构建生态城市的综合发展目标，对区域可持续发展状况、水平和能力进行衡量和评价，同时对区域实施可持续发展战略进行指导和监督，实现多方平衡。构建生态城市的指标体系，可以将抽象的建设目标落实到具体的数字上来，更加深刻地反映城市社会、经济和环境要求，极大地拓展了相关信息的直观性和实用性。指标体系的研究也标志着第二层次研究的展开，即城市生态规划研究的量化阶段的开始，同时也为这一研究走向更深入的第三层次实用阶段做好了准备。

3.1 可持续发展指标概述

3.1.1 可持续发展指标体系的作用与功能

生态城市是由自然、经济和社会三个子系统复合而成的复杂巨系统，建设和管理工作千头万绪，纷繁复杂，涉及方方面面，在决策和建设过程中，稍有不慎就可能造成城市的畸形和失衡的发展。人们要知道一个城市是否在生态城市内在要求的轨道上发展以及发展的总体水平与协调程度，就必须对这个城市进行测度与评价。因此，按照生态城市内涵要求建立起来的科学与合理的生态城市评价指标体系，在生态城市的建设与管理过程中将发挥重要的作用。一般来说，它主要有以下功能与作用。

（1）评价功能

评价功能是生态城市评价指标体系的一项基本功能。运用指标体系可以对生态城市各项建设和城市总体运行状况进行定量地测算，根据预先设定的等级划分标准，进而评定城市的发展度、协调度与持续度的级别。根据评价结果，人们就可以知晓城市建设所取得的成就，同时明确建设过程中的不足和缺陷，为下一阶段建设指明努力的方向。有可能或需要时，可以对生态城市进行纵向和横向地比较。

（2）监测功能

监测功能评价指标是生态城市某个性质或侧面的描述和反映。通过指标反馈的信息，人们能随时监测生态城市不同阶段中的发展动态，及时发现问题，以便在实践中及时改正。这时，指标体系就成为一种"晴雨表"和指示器，发挥着指示和监测生态城市发展动向的功能与作用。生态城市评价的绝大部分数据来源于当地城市的统计部门。生态城市的评价一般是以一年作为评价周期的，而对城市建设进行决策时也一般以一年作为基本时间单位。因此，评价周期与决策周期基本吻合，能很好地发挥指标体系的监测功能与决策功能。

（3）导向功能

导向功能是评价指标对城市建设的方向与内容的指引作用。从理论上来说，指标体系应能反映生态城市的所有性质，应把它们都纳入指标体系中。但是在实际操作中，任何一个指标体系只能选取那些对生态城市发展起主要作用的单项或综合指标。指标一旦确定，它在建设中就将发挥导向功能作用。导向功能具有正向效果和负向效果的双重作用。指标体系运用得当，指标体系将发挥正向效果的导向作用；如果运用不当，为了取得一个更高的评价综合值，而在生态城市的建设中只重视所确立的指标方面的建设而忽略未能纳入指标体系中的其他方面的建设与管理，这就必然促使生态城市朝着狭窄方向片面地发展，违背生态城市的全面和谐与协调发展的本质要求，这时，指标体系就有一定的负面作用。如果生态城市的评价与城市政府的政绩挂钩时，导向功能的这种负面作用将表现得更为明显。

（4）决策功能

决策功能评价只是一种手段，而不是目的，评价是为决策服务的。指标体系最大的优势是能为人们提供比较科学、准确和定量的评价结果，避免了单纯运用定性评价方法所得结果的模糊性和主观性，从而为下一阶段的决策提供科学的参考和依据。上述所述功能是生态城市评价指标体系的主要功能。它们是一个相互联系、不可分割的功能集合体，只不过是它们在评价的不同阶段所表现的形式不同而已。

3.1.2 指标体系划分的原则

(1) 科学性原则

指标体系要能较客观地反映系统发展的内涵、各个子系统和指标间的相互联系，并能较好地度量区域可持续发展目标实现的程度。指标体系覆盖面要广，能综合地反映影响区域可持续发展的各种因素（如自然资源利用是否合理，经济系统是否高效，社会系统是否健康，生态环境系统是否向良性循环方向发展），以及决策、管理水平等。

(2) 层次性原则

由于区域可持续发展是一个复杂的系统，它可分为若干子系统，加之指标体系主要是为各级政府的决策提供信息，并且解决可持续发展问题必须由政府在各个层次上进行调控和管理。因此，衡量社会的发展行为与发展状况是否具有可持续性，应在不同层次上采用不同的指标。

(3) 相关性原则

可持续发展实质上要求在任何一个时期，经济的发展水平或自然资源的消耗水平、环境质量和环境承载状况以及人类的社会组织形式之间处于协调状态。因此，从可持续发展的角度看，不管是表征哪一方面水平和状态的指标，相互间都有着密切的关联，也就是说，对可持续发展的任何指标都必须体现与其他指标之间的内在联系。

(4) 简明性原则

指标体系中的指标内容应简单明了、具有较强的可比性并容易获取。指标不同于统计数据和监测数据，必须经过加工和处理使之能够清晰、明了地反映问题。

(5) 因地制宜的原则

应从当地实际情况出发，科学合理地评价各项建设事业的发展成就。

(6) 可操作性原则

指标的设置尽可能利用现有统计指标。指标具有可测性，易于量化，即在实际调查中，指标数据易于通过统计资料整理、抽样调查、典型调查和直接从有关部门获得。在科学分析的基础上，应力求简洁，尽量选择有代表性的综合指标和主要指标，并辅之以一些辅助性指标。

3.1.3 指标体系的分类

(1) 单一指标类型

联合国开发计划署提出的人文发展指数（HDI）是由三个指标组成的综合指标：平均寿命、成人识字率和平均受教育年限、人均国内生产总值。平均寿命用以衡量居民的健康状况，成人识字率和平均受教育年限用以衡量居民的文化知识水平，购买力平价调整后的人均国内生产总值用以衡量居民掌握财富的程度。有人主张用该综合指标来衡量可持续发展。人文发展指数用以综合衡量社会发展还是比较好的，但用来衡量可持续发展就不适宜了，因为它不能反映资源、环境等方面的情况，社会、经济、人口等方面也仅仅反映了很少一部分。世界银行开发的新国家财富指标虽然由生产资本、自然资本、人力资本、社会资本组成，但它仍属于单个指标——国家财富。通过它来反映可持续发展的状况。新国家财富指标是一个全新的指标，既包括生产积累的资本，还包括天然的自然资本；既包括物方面的资本，还包括人力、社会组织方面的资本，应该说是比较完整的。但是用新国家财富指标来衡量可持续发展仍然有不足之处，主要表现在可持续发展涉及的方面和内容很多，四种资本无论如何也不能把它们的大部分内容都包括进去，甚至连主要的方面也不能包括进去；同时四种资本之间可以互相替代，反映的仅仅是弱可持续性发展。这种类型的指标优点是综合性强，容易进行国家之间、地区之间的比较，缺点是反映的内容少，估算中有许多假设的条件，大量的可持续发展的信息难以得到，难以从整体上反映可持续发展的全貌。

（2）综合核算体系类型

联合国组织开发的环境经济综合核算体系（SEEA）就是将经济增长与环境核算纳入一个核算体系，借以反映可持续发展状况。该方法的研究取得一定的进展，但仍有许多问题，难以推行。荷兰将国民经济核算、环境资源核算、社会核算有机地结合在一起，建立了国家核算体系，反映一个国家的可持续发展状况。社会核算的主要内容有食物在家庭中的分配、时间的利用和劳务市场的作用；环境核算方面建立了环境压力投入产出模型，将资源投入、增加值、污染物排放量分行业进行对比分析，计算出经济增长与资源消耗、污染物排放量之间的比率关系及其变化，借以反映可持续发展状况，这些都属于综合核算体系型指标。这种类型的指标优点是，基本上解决了同度量问题，也就是各个指标可以直接相加，缺点是人口、环境、资源、社会等指标的货币化问题，许多人还难以接受，实施起来还有相当的难度。

（3）菜单式多指标类型

例如联合国可持续发展委员会（CSD）提出的可持续发展指标一览表（计有142个指标）、英国政府提出的可持续发展指标（计有118个指标）、美国政府在可持续发展目标基础上提出的可持续发展进展指标等都属于这种类型，它是根据可持续发展的目标、关键领域、关键问题而选择若干指标组成的指标体系。为了反映可持续发展的方方面面，指标一般较多，少的也有几十个，多的超过一百多。目前有比利时、巴西、加拿大、中国、德国、匈牙利等16个国家自愿参与联合国可持续发展委员会菜单式多指标类型指标的测试工作。这种类型指标的优点是覆盖面宽，具有很强的描述功能，灵活性、通用性较强，许多指标容易做到国际一致性和可比性等，缺点是指标的综合程度低，从可持续发展整体上进行比较尚有一定的难度。

（4）菜单式少指标类型

针对联合国可持续发展委员会提出的指标较多的状况，环境问题科学委员会提出的可持续发展指标就比较少，只有十几个指标，其中经济方面的指标有经济增长率（GDF）、存款率、收支平衡、国家债务等，社会方面的指标有失业指数、贫困指数、居住指数、人力资本投资等，环境方面的指标有资源净消耗、混合污染、生态系统风险/生命支持、对人类福利影响等。荷兰国际城市环境研究所建立了一套以环境健康、绿地、资源使用效率、开放空间与可入性、经济及社会文化活力、社区参与、社会公平性、社会稳定性、居民生活福利等指标组成的评价模型，用以评价城市的可持续发展。北欧国家、荷兰、加拿大等根据多少不等的几个专题，在每个专题下选择二个、三个或四个指标，组成指标体系。这类指标多是综合指数，直观性差一些，与可持续发展的目标、关键问题联系不太密切。

(5) "压力-状态-反应"指标类型

这是由加拿大统计学家最先提出、欧洲统计局和经合组织进一步开发使用的一套指标。他们认为，人类的社会经济活动同自然环境之间存在相互作用的关系：人类从自然环境取得各种资源，通过生产、消费又向环境排放废弃物，从而改变资源的数量与环境的质量，进而又影响人类的社会经济活动及其福利……如此循环往复，形成了人类活动同自然环境污染之间存在着"压力-状态-反应"的关系。压力是指人类活动、大自然的作用造成的环境状态、环境质量的变化；状态是指环境的质量、自然资源的质量和数量；反应是人类为改善环境状态而采取的行动。压力、状态、反应三者之间存在一定的关系，例如人类的生产活动带来氮氧化物、二氧化硫、灰尘等的排放（压力），上述排放物影响空气质量、湖泊和土壤酸碱度等（状态），环境污染必然引来人类的治理，需要投入资金费用（反应）。压力、状态、反应都可以通过一组指标来反映。一些机构借用类似的框架模式来反映可持续发展中经济、社会、环境、资源、人口之间的关系。这类指标的优点是较好地反映了经济、环境、资源之间相互依存、相互制约的关系，但是可持续发展中还有许多方面之间的关系并不存在着上述压力、状态、反应的关系，从而不能都纳入该指标体系。

>>>>>>>>> 3.2 国内外可持续发展指标体系

3.2.1 国外可持续发展指标体系的发展

由于传统的国民经济核算指标 GNP（及 GDP）在测算发展的可持续性方面存在明显缺陷，一些国际组织及有关人员从 20 世纪 80 年代开始努力探寻能定量衡量一个国家或地区发展的可持续性指标。

自 1987 年世界环境与发展委员会提出可持续发展概念以来，特别是 1992 年联合国环境与发展大会通过的《21 世纪议程》中，提出研究和建立可持续发展指标体系的任务以后，联合国率先以可持续发展委员会（简称 CSD）为主，设立了"可持续发展指标体系"研究项目。"中国 21 世纪议程"优先项目中，亦设立了"中国可持续发展指标体系与评估方法"项目。可持续发展指标体系的设计与评价是当前可持续发展研究的核心，是衡量可持续性的基本手段，是对研究对象进行宏观调控的主要依据。在国际、国家、区域和部门等不同层次的可持续发展指标体系也不断涌现，具有代表性的有加拿大、美国、荷兰以及加拿大阿尔伯塔、美国俄勒冈等地区的指标体系等。欧盟在对地区城市发展的目标设置和选择上也做了许多工作，并确定了一些控制性指标，在希腊的

Amaroussion 以及英国的刘易斯城都有这些指标体系的应用实践。

3.2.2 国外可持续发展指标体系的实践

由于传统的国民经济核算指标 GNP（及 GDP）在测算发展的可持续性方面存在明显缺陷，一些国际组织及有关人员从 20 世纪 80 年代开始努力探寻能定量衡量一个国家或地区发展的可持续性指标。联合国开发计划署（UNFP）与 1990 年 5 月在其第一份《人类发展报告》中首次公布了人文发展指数，1992 年联合国环境与发展大会后，建立"可持续发展指标体系"被正式提上国际可持续发展研究的议事日程。1995 年联合国可持续发展委员会正式启动了"可持续发展指标工作计划（1995～2000）"。随着可持续发展评估指标（体系）设计和应用研究的不断深入，可持续发展定量评估的各种指标（体系）/指数不断提出。20 世纪 90 年代以来，国际上出现了联合国可持续发展委员会（UNCSD）可持续发展指标体系、经济合作与发展组织（OECD）可持续发展指标体系、瑞士洛桑国际管理发展学院（IMD）国际竞争力评估指标体系、世界保护同盟（IUCN）"可持续晴雨表"评估指标体系以及联合国统计局（UNSD）可持续发展指标体系等多个可持续发展评估指标（体系）。

国际上典型可持续发展指标体系对比如表 3-1 所列。

由表 3-1 所列，通过从功能、框架模式、计分方法、特点、指标这五个方面对 UNCSD、OECD、IMD 国际竞争力评估指标体系、IUCN "可持续性晴雨表"、UNSD 可持续发展指标体系、EIU 全球宜居城市评价指标这几个国际上典型的可持续发展指标体系进行对比分析，可以看到：从功能上这些指标体系是评估人类与环境的相处状况以及向可持续发展迈进的进程，评估城市是否宜居；主要采用的是压力状态响应模式或者分级指标模式；计分方法为加权求和；通过分析可以看到国外指标体系指标数目多，系统性不强，指标体系往往侧重经济社会方面或者环境方面的其中一个方面；总体来看，这些指标体系都会涵盖社会、经济、环境三个方面。

3.2.3 国内可持续发展指标体系的发展

国内对生态城市建设相关的指标体系的探讨主要从城市生态系统理论的角度出发，尝试通过指标体系描述和揭示城市生态化发展水平。目前主要有两类，一类是从城市的经济、社会和自然各子系统建立指标体系，这类指标体系的应用较广泛，如原国家环境保护总局制定的《城市环境综合整治定量考核指标体系》、《环境保护模范城市考核指标体系》，以及 2003 年发布的《生态县、生态市、生态省建设指标（试行）》，盛学良等提出的生态城市建设指标体系也是这一类型；另一类是从城市生态系统的结构、功能和协调度等方面开展研究，如宋永昌等提出的生态城市评价指标体系。

但是，国内现有的研究往往是侧重于解决城市发展中的关键问题——环境，较缺乏对城市整体生态化水平的调查与研究。《城市环境综合整治定量考核指标体系》、《环境保护模范城市考核指标体系》等一些指标体系尽管对经济、社会方面的内容有所体现，但主要是以描述性的环境指标为主体，同生态城市建设的相关性还不够，难以满足综合决策和公众参与的要求。原国家环保总局于 2003 年底发布的《生态县、生态市、生态

■ 表 3-1 国际上典型可持续发展指标体系对比表

指标体系名称	UNCSD	OECD	IMD 国际竞争力评估指标体系	IUCN"可持续性晴雨表"	UNSD 可持续发展指标体系	EIU 全球宜居城市评价指标
编制单位	联合国可持续发展委员会	经济合作与发展组织	瑞士洛桑国际管理开发学院	世界保护同盟	联合国统计局	英国"经济学人智库"
功能	可持续发展	跟踪环境进程;保证在各部门的压力与实施中考虑环境问题;主要通过环境核算等保证在经济政策中综合考虑环境问题	对国家的环境如何支撑其竞争力的领导性分析报告	评估人类与环境的状况以及向可持续发展迈进的进程		评估全球宜居城市
框架模式	PSR 压力-状态-响应模式	PSR 压力-状态-响应模式	分级指标	将结果以可视化图表形式表示	PSR 压力-状态-响应模式	分级指标
计分方法	加权求和	加权求和	加权求和	—	加权求和	加权求和
特点	①初步指标:突出了环境与环境之间的压力与环境退化之间的因果联系,这类联系,但对社会经济分类方法有一定缺陷,即驱动力指标与状态指标之间没有必然的逻辑联系;这些指标属于"驱动力指标"还是"状态指标"界定不尽合理,粗细分解不均②核心指标:克服了初步指标重复、缺乏相关性和明确的含义,缺乏验证并广泛接收的计量方法等弊端	是基于政策的相关性,分析的合理性和指标的可测量性,遴选的指标,为各成员国提供指标测量和排出恢复测量结果	①该指标体系将企业效率、政府效率等纳入指标之中,通过企业管理生产率、全球化影响等此类指标来体现国家国际竞争力的一个侧面②不足之处在于:指标为主观指标,1/3指标为主观指标,因而其评价结果受人为因素影响比较明显,导致对评价结果的波动较大明显	①以可持续发展是人类福利和生态系统福利的结合,并称为"福利卵"②评估指标和方法将结果以可视化图表形式表示③不足之处在于:指标处理取决于人员的主观判断,计算过于有科学性上共享的标准,而且只有有数个框架化的目标或标准时才可以计算,另有百分比尺度任意性大小,计算中的不确定性说明性大大,计算中的不确定性说明显	①指标数目多且混乱②对环境方面反映较少,对社会经济方面反面反映较少,制度方面没有涉及	①指标内容注重城市安全、稳定和基础设施建设②偏重对人居功能的评估,对生态、环境评估的指标较少
指标	四大类指标 社会指标 环境指标 经济指标 制度指标	三大类指标: 核心环境指标 部门指标体系 环境核算类指标(关键环境指标)	四大类指标: 经济表现 政府效率 企业效率 基础设施	两个子系统 人类福利:健康与人口、财富,知识与文化,社区,公平 生态系统福利:土地,水资源,空气,物种,基因	九个方面: 经济问题 社会/统计问题 空气/气候 土地/土壤 水资源 其他自然资源 废弃物 人类住区 自然灾害	五大类指标: 城市安全服务 医疗服务 文化与环境 教育 基础设施

省建设指标（试行）》中对经济、社会方面的内容涉及较多，但 2007 年底发布的《生态县、生态市、生态省建设指标（修订稿）》删除了部分经济、社会方面的指标，增加了部分环境相关指标，又回归了原来弱化城市经济和社会指标的状态。

近年来，我国的生态城市建设大多以原国家环保总局于 2003 年发布的《生态县、生态市、生态省建设指标（试行）》，根据自身的实际情况，对指标体系进行调整，制定符合自身情况的生态城市建设指标体系。

生态城市作为城市生态化建设的终极目标，从长远意义来看，其建设范围不应只包含城市建成区，而应强调城与乡的空间融合以及大区域内城市之间的联合与合作。但是，对于我国的现状，区域上的城市往往包括相对较小的建成区和广大的农村地区，在人民的生产生活方式、政府的政策制定和措施实施上都有很大的区别。而现有的指标体系研究，由于考虑到在城市发展的过程中，周边的农村为城市提供了大量的原材料、能源和人力资本，以及容纳污染和废弃物的场所，进而造成农村地区资源的耗竭和生态环境的破坏，往往以城乡大区域为研究和评价对象，所建立的评价体系和由此得出的评价结果不能很好地揭示出城市与农村地区的相互关系和相互影响，依据评价结果提出的发展模式、建议对于城市建成区和广大农村地区也是界限模糊，针对性不强，在政策的制定和措施的选择及实施过程中，更不能起到很好的参考和指导作用。

目前国内应用于城市生态评价主要是在基于 AHP 法建立的两套评价体系的基础上发展起来的。

例如根据马世骏和王如松 1984 年提出的社会、经济、自然复合生态系统的理念建立的以社会、经济和自然三个子系统作为一级指标的城市生态系统的评价体系。早在 1991 年王发曾就以经济、社会、生态环境分别作为一级指标，并在各项以及指标下分别设立若干个二级指标，建立城市生态系统综合评价体系。这一体系在以后的评价和研究过程中得到不断的完善和发展。顾传辉等以广州市为例，将人口作为与社会、经济、自然并列作为准则层指标构建了城市生态评价体系。黄光宇等在《生态城市理论与规划设计方法》一书中也是采用此体系，并做了进一步的完善。朱兴平等依据此体系建立了生态城市的数学模型。孙永萍对广西南宁、柳州等五城市，毕东苏等对长三角地区八城市的城市生态系统综合评价也是采用的此体系。薛怡珍等对我国台湾地区生态城市进行评价时也是采用了将环境、经济和社会作为一级评价指标的体系。

该体系综合指标以下一般只设两级指标，较为简洁，容易操作，而且比较清楚地体现了城市生态系统中经济、社会和自然三者之间的关系，能够客观、科学地反映城市生态综合水平的现状。目前国家环保局颁布的生态县、生态市、生态省的建设指标也是建立在此体系的基础上。

国内采用较多的第二种城市生态评价体系是宋永昌等于 1999 年建立的三级评价体系（图 3-1）。该体系是在对上海等五个沿海城市的有关资料进行调研的基础上所建立的一个具有四层次结构的指标体系，最高级（0 级）指标为生态综合指数，其下的一级指标包括城市生态系统结构、功能和协调度；二级指标是在一级指标下选择若干因子所组成；三级指标又是在二级指标下选择若干因子组成，指标涉及人口指标、生态环境指标、经济指标与社会指标等几个方面。从根本上讲，该体系也是建

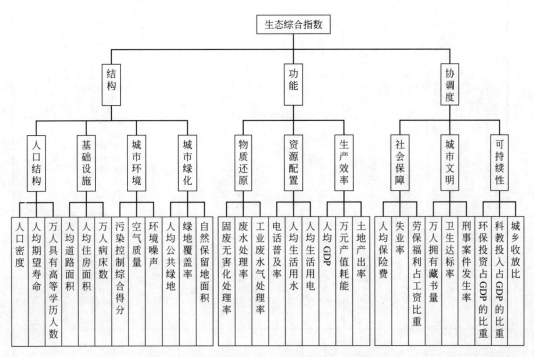

图 3-1 宋永昌城市生态评价三级评价体系框图

立在马世骏和王如松的理论之上的，但是该体系在评价中更注重于城市的结构、功能和协调度。

国内对南京、天津、大连、青岛、郑州、武汉、济南等城市的生态评价主要是采用的该体系。在评价过程中，一、二级指标一般不变，只是在三级指标上，根据各城市的发展程度不同有所取舍。如王静在对天津市进行评价时，分析了 48 个原始指标后，经过筛选，最后确定 32 个指标作为评价指标。另外，除了对这两套体系进行不断完善外，近几年一些学者也提出了一些新的评价思路。如陈雷等将耗散结构理论纳入评价体系的构建。苏美蓉等采用比拟的方法将城市生命体概念引入到城市生态系统评价中，构建了包括生产力、生活态、生态势和生机度的城市生命力指数框架，并进一步给出了具体的评价指标体系、评价模型及评价结果分级标准。并以重庆万州为例，开展了城市生命力指数评价的案例研究。

3.2.4 国内可持续发展指标体系的实践

国内有代表性的生态城市指标体系主要有环境保护部生态县、生态市、生态省建设指标（修订稿）、"十一五"国家环境保护模范城市考核指标、生态城市指标体系的构建与生态城市示范评价项目指标体系框架、"绿色北京"行动计划指标体系、中新天津生态城建设指标体系、上海建设生态城市评价指标体系以及天津生态市建设指标体系（试行）；有代表性的宜居城市指标体系主要有建设部宜居城市科学评价标准、全面建设小康社会的指标体系以及中国人居环境奖参考指标。国内生态城市指标体系对比如表 3-2、表 3-3 所列。

■表 3-2 国内生态城市指标体系对比表（国家级）

指标体系名称	生态城市				宜居城市		
	生态城市指标体系的构建与生态城市示范评价体系项目指标体系框架	环境保护部 生态县建设指标（修订稿）	"十一五"国家环境保护模范城市考核指标	"十一五"城市环境综合整治定量考核指标	建设部宜居城市科学评价标准	全面建设小康社会的指标体系	中国人居环境奖参考指标体系
编制单位	中国城市科学研究会	国家环保部	国家环保部	国家环保部	建设部	国家统计局	建设部
框架模式	包括目标层、路径层和指标层	指标及标准值	指标及标准值	指标及标准值	指标及标准值	指标、分指标及标准值	指标及标准值
计算方法	—	—	百分制、加权求和	百分制、加权求和	百分制、加权求和	百分制、加权求和	百分制、加权求和
指标模块	社会和谐 经济高效 生态良好	经济发展 生态环境保护 社会进步	经济社会 环境质量 环境建设 环境管理	环境质量 污染控制 环境建设	社会文明度 经济富裕度 环境优美度 资源承载度 生活便宜度 公共安全度 综合评价否定条件	发展动力 发展质量 发展公平	定量指标 定性指标相关条件
特点	定量分析与定性分析相结合，注重城市发展的区域差异性和阶段差异性	包括基本条件和指标体系两部分；指标体系中的指标分为参考指标和约束性指标	包括基本指标、考核指标和参考指标		设置综合评价否定条件，具有一票否决权；设置宜居预警城市，即累计得分<60分但有二项以上否定条件的城市，或60分≤宜居指数<80分但有一项否定条件的城市	设置发展动力这一模块，主要考工业化程度、信息化程度、科技水平等	对于未通过目标评估的城市，可当作城市人居环境建设引导；但对于已通过考核的城市指导意义又不是很大，不能动态反映宜居水平的变化趋势

■ 表 3-3 国内生态城市指标体系对比表（地方级）

指标名称	"绿色北京"行动计划指标体系	中新天津生态城建设考核指标	上海建设生态城市评价指标体系	崇明生态岛建设指标体系	天津生态市建设指标体系
指标结构	指标＋标准＋指标性质	指标＋二级指标＋指标值＋时限	结构＋功能＋协调度	压力-状态-响应（PSR）框架模式	指标＋国家标准值＋现状值＋目标值
指标模块	绿色生产 绿色消费 生态环境	生态环境健康 社会和谐进步 经济蓬勃发展	结构模块 功能模块 协调度模块	社会进步 经济发展 资源环境 管理调控	经济发展 环境保护 社会进步
特点	设置指标性质说明，分为引导性和约束性指标	定量指标＋引导性指标；采用"本地植物指数"指标评价对本土植物的保护程度	标准值部分分为现状值、规划值、目标值	大部分指标来源于国家生态市建设指标； 部分指标为建议性指标	将"农民年人均纯收入"作为经济发展指标之一 对 2010 年、2015 年提出了阶段性目标值，体现了城市发展趋势，对城市发展具有指导意义

通过对国内生态城市指标体系的指标结构、计算方法、指标模块、特点这四个方面进行对比分析，可以看到：国内主要采用的指标体系框架模式上主要为目标层、路径层和指标层模式以及指标及标准值模式，计算方法与国外一样，采用的是加权求和方法；模块同样涵盖社会、经济、生态环境三部分内容。

3.3 新型生态城市指标体系构建

3.3.1 新型生态城市指标体系构建"六步法"

城市是一个由自然、经济、社会子系统复合的特殊的人工复杂巨系统，又是以生物为主体的自然生态和以人为主的人工生态在空间上的叠加，其中各组成要素之间依靠一定的物流、能流、信息流产生联系并相互作用，在空间上构成特定的分布组合形式，共同完成小城镇系统所承担的各种功能。

因此，在规划和建设生态城市的时候，应当考虑规划区独特的环境与性质，依照"特色-内涵-指标体系类型-框架-指标-指标值"这六步方法进行指标体系的构建。

（1）特色分析

生态城市指标体系是生态城市建设的要求和标准，是通过对生态城市的个性特征的描述来反映城市建设的方向和内容。然而，如果单纯只是依据生态城市的要求去构建指标体系，那么所构建的指标体系将会千篇一律，放之四海而皆准，也就失去了指导生态城市可持续建设的意义了。因此，在指标体系制定的时候，必须考虑与当地的具体情况相结合，做到整合某一特定区域的观点、需求和特色，使指标体系适应本地社会经济发展的需要。在构建生态城市指标体系之前，应当首先对该城市进行特色分析，依据建设目标找到其关键问题。

通过对以往指标体系构建的经验总结，认为可以从以下几个方面进行特色分析。

① 社会特征　即生态城市的定位、人民生活水平、地域文化特征、百姓生活习惯等。例如崇明生态岛，在构建指标体系时即应考虑到其岛上居民的文化特征，在构建指标体系时与内陆地区的文化特征区分开来；再如构建天津市生态宜居高地的指标体系时，应当充分考虑天津所特有的文化特征，即开放、先进、码头文化、妈祖文化等，在社会方面的指标上予以体现。

② 生态环境特征　在对现状进行充分调研的基础上，分析城市所处的地理位置（如所处的经度、纬度、地貌特征、行政区位置和交通位置等）、地质地形地貌特征（如山地、平原、盆地等）、气候与气象特征（即所在地区的主要气候特征、温度、湿度、风向、日照以及飓风、梅雨等主要天气特征）、水环境特征（包括地面水环境和地下水环境）、动植物与生态特征（如植被情况、有无国家重点保护物种、本地物种情况、当地的主要生态类型等），为生态环境方面的指标构建奠定基础。

③ 产业特征　即城市现状及规划的产业特征，如三次产业比例、主导产业等。如果二产比例过高的话，应当在指标中予以体现，调整优化产业结构。

④ 建设重点　每一个城市在可持续建设时都会拥有自己的建设重点，如在水资源的高效利用上、能源高效利用上突出自己的特色等，因此在指标体系的构建时也应着重强调这些内容。

（2）内涵解读

掌握了城市的特色，即可依据建设目标和特色总结出该生态城市的内涵。依据新城发展总体目标，结合地域特色，从特色的各个组成要素确定该生态城市内涵，并对其内涵进行解读，将内涵分解为多个层次，逐层分析各个组成要素，以及该城市建设所彰显的理念、目标和特点。生态城市内涵为指标体系建立奠定基础，提供框架支撑。

（3）指标体系类型

指标体系类型包括单一指标型、综合核算体系类型、菜单式多指标类型、菜单式少指标类型以及"压力-状态-响应"型等。依据不同的指标体系的特点以及构建要求，选择正确的指标体系类型。

依据其形式特点，可以将其归类为"压力-状态-响应"类型、"目标-路径-指标"类型和"指标＋标准值"类型。不同的指标类型特点和适用范围比较见表3-4。

（4）指标体系框架

指标体系的框架是指标的纲领。只有确定了指标体系的框架，才能够据此提出相应的指标，进行评价与指导。

依据特色与内涵，在所选指标体系类型的基础上建立指标体系框架。具体构建时可以分为定量指标与定性指标、引导性指标与控制性指标等，根据构建要求进行框架的构建。同时，在每一类中可以根据社会经济、生态环境、人居环境等不同的方面进行指标框架的构建。

■ 表3-4　指标体系类型对比表

指标体系类型	类型特点	适用范围
PSR 压力-状态-响应	PSR 类型回答了发生了什么、为什么发生、我们将如何做三个基本问题。PSR 模型用于分析环境压力、现状与响应之间的关系	适用于对具有一定问题且问题比较明确的系统,评价现状如何、是否具有措施方案且措施是否得当
目标-路径-指标	该类型首先给出发展目标,并依据目标提出路径和相应的指标,直接回答了应当怎么做的问题	适用于指导性指标体系,给系统未来发展提出建议,具有一定的指导意义
指标＋标准值	该类型不对指标性质进行区分,直观地将指标进行铺排,给出标准值	适用于指标不易分类,指标之间关系不明显,系统性不强的指标体系构建

(5) 指标的选择

指标体系的构建需要有严格的科学性。在指标的选择上,按照可操作性原则,应当尽量选择公认的、有官方统计的、易于获取的指标,每一个指标都应当有明确的指标解释和严密的模型运算推求,这样才能保证指标体系的准确性与科学性。另外,在进行指标选择时还应综合考虑指标数目、指标量化、权重分配、数据的获取以及指标可比性方面,对指标进行相关性分析,避免指标之间的重复、交叉与矛盾,设计出合理有效的指标体系。

另外,除在国际国内已有的指标中选取所需指标之外,也可以根据该城市的特色进行创新,提出新的指标。在创建指标时,必须给出正确的统计数据计算标准,避免那些模糊不清、难以统计与计算的指标。

(6) 指标值的确定

一个指标体系如果只有指标而没有指标值则不成为一个完整的指标体系,因此,指标值的确定工作是十分重要的。在确定指标值时,首先可进行相关城市的对比分析,明确该城市与其他城市的优势与差距。然后结合建设目标的要求,提出相应的指标值。

为了指导和评价生态城市的建设,指标体系本身也应当具有一定的可持续性,即应当提出不同时段不同建设阶段的指标值。如提出规划期-运营期-服务期的指标值;或提出近期-中期-远期的指标值等。

3.3.2　新型生态城市指标体系共性技术

3.3.2.1　基本条件

① 领导重视,组织落实,配备专门的环境保护机构或专职环境保护工作人员,建立相应的工作制度。

② 按照《小城镇环境规划编制导则》、《生态县、生态市建设规划编制大纲》、《生态县、市、省建设指标》,编制或修订乡镇环境规划,认真实施。

③ 认真贯彻执行环境保护法律法规,乡镇辖区内无滥垦、滥伐、滥采、滥挖现象,无捕杀、销售和食用珍稀野生动物,近三年内未发生重大污染事故或重大生态破坏事件。能够严格执行国家和地方生态保护规划,"十五小"取缔、关、停率100%,严格执行资源开发环境影响评价和"三同时"制度。

④ 城镇布局合理,管理有序,街道整洁,环境优美,城镇建设与周围环境协调。

⑤ 镇郊及村庄环境整洁,无脏乱差现象,"白色污染"基本得到控制。

⑥ 乡镇环境保护社会环境氛围浓厚，有健全的公众参与及监督保证措施，群众对环境状况满意。

3.3.2.2 具体指标

(1) 社会经济发展指标

城镇规模（万人）

城镇人口密度（人/km^2）

城镇人口自然增长率（‰）

城镇人均住房面积（m^2/人）

城镇人均生活用水量（L/d）

城镇人均生活用电量（kW·h/d）

城镇国民教育素质（初中以上文化程度占总人口比例）

城镇儿童教育普及达标率（%）

城镇气化率（清洁燃料普及率）（%）

户均电话占有率（%）

人均期望寿命（平均年龄）

万人拥有医生数（人）

社会福利院数（所/万户）

养老保险覆盖率（%）

医疗保险覆盖率（%）

城镇国内生产总值（GDP）年增长率（%）

工业中主导型产业占总产值的比例（%）

农产品商品化程度（%）

农业生产年增长率（%）

农业收入结构（或种植业收入所占比例）（%）

第二、第三产业产值比例（%）

城镇人均纯收入年增长率（%）

农民人均纯收入年增长率（%）

城镇单位 GDP 能耗（吨标准煤/万元）

城镇单位 GDP 耗水量（m^3/万元）

城镇环保投资占 GDP 比例（%）

城镇科教投资占 GDP 比例（%）

科技成果转化率（%）

(2) 城镇建成区环境指标

城镇卫生达标率（%）

机动车尾气达标率（%）

空气环境质量

声环境质量

工业污染源排放达标率（%）

生活垃圾无害化处理率（%）

生活污水集中处理率（%）

人均公共绿地面积（m²/人）

主要道路绿化普及率（%）

清洁能源普及率1（%）

清洁能源普及率2（%）

集中供热率（%）

城镇卫生厕所普及率（%）

（3）乡镇辖区生态环境指标

森林覆盖率（山区、丘陵、平原）（%）

农田林网化率（只考核平原地区）（%）

水土流失治理率（%）

农田有机肥和无机肥施用比例

单位化学农药使用量（t/hm²）

农膜回收率（%）

农业污灌水质达标率（%）

工业污染治理稳定达标率（%）

固体废物处置率（包括综合利用率）（%）

节水措施利用率（%）

生态系统抗灾能力（指一般灾害减产幅度）（%）

农林病虫害综合防治能力（%）

3.3.3 考核指标解释与指标值计算

3.3.3.1 社会经济发展指标

（1）城镇居民人均可支配收入

指标解释：指城镇居民家庭在支付个人所得税、财产税及其他经常性转移支出后所余下的人均实际收入。

计算公式：

城镇居民人均每年可支配收入＝年人均收入－个人所得税－财产税－其他经常性转移支出

（2）公共设施完善程度

指标解释：公共设施完善是指城镇建成区主要街道设置路灯；排水管网服务人口比例不低于80%；人均道路面积不低于6m²；住宅电话普及率不低于50%；文化娱乐活动场所不少于1处；体育场（馆）不少于1处；中心卫生院级以上的医疗机构不少于1处；适龄儿童入学率不低于98%；临江河的乡镇建成区需有完善的防洪构筑物，无侵占河道的违章建筑，无直接向江河湖泊排放污水和倾倒垃圾的现象。

考核指标：完善。

（3）城镇建成区自来水普及率

指标解释：指城镇建成区使用自来水的常住人口数量占常住人口总数的比例。

计算公式：

$$城镇建成区自来水普及率=\frac{建成区使用自来水的常住人口数量}{建成区常住人口总数}\times100\%$$

(4) 城镇人口密度

指标解释：城镇人口密度是城镇建设发展的重要指标，城镇人口密度的高低直接影响着城镇社会、经济与生态环境的发展。也是反映城镇建设与生态环境建设是否相适应、是否合理的标志，同时也反映城镇人民生活环境综合质量的高低。具体指标是指城镇建成区常住人口与城镇建成区总面积的比值。

计算公式：

$$城镇人口密度=\frac{城镇建成区常住人口数量（人）}{城镇建成区总面积（km^2）}$$

(5) 城镇人口自然增长率

指标解释：该指标是反映城镇人口增长的速度，以及造成环境压力的程度。自然增长率是指在一定时期内（通常为一年）人口自然增加数（出生人数减死亡人数）与该时期内平均人数（或期中人数）之比，采用千分率表示。

计算公式：

$$人口自然增长率=\frac{本年出生人数-本年死亡人数}{年平均人数}\times1000‰$$

(6) 城镇人均住房面积

指标解释：城镇人均住房面积是体现城镇人民生活质量的重要指标。住房是指钢筋砖木结构的住房，人均住房面积是指城镇住房总面积与城镇建成区常住人口总数的比值（按建筑面积计算）。

计算公式：

$$城镇人均住房面积=\frac{城镇住房总面积}{城镇建成区常住人口总数}$$

(7) 城镇人均生活用水量

指标解释：城镇人均生活用水量是反映城镇人民生活质量的标志，同时也反映城镇节水措施和人民节水意识的水平。具体指标是指城镇建成区常住人口每天的生活用水量（饮用水、生活用水）与常住人口总数量的比值。

计算公式：

$$城镇人均生活用水量=\frac{常住人口每天的生活用水总量}{常住人口数量}$$

(8) 城镇人均生活用电量

指标解释：城镇人均生活用电量将反映城镇人民生活质量和需求的高低，是城镇电力建设与发展的重要依据。具体指标是指城镇建成区常住人口每天的生活用电量。

计算公式：

$$城镇人均生活用电量=\frac{城镇建成区每天的生活用电总量}{常住人口数量}$$

(9) 城镇国民教育素质

指标解释：指城镇初中以上文化程度人口占总人口的比例，它将反映城镇人口素质和教育水平的高低，也从侧面反映社会发展水平。

计算公式：

$$城镇国民教育素质 = \frac{城镇初中以上文化程度}{城镇常住人口数量} \times 100\%$$

（10）城镇儿童接受普及九年教育达标率

指标解释：指城镇区域内适龄儿童接受普及九年教育的程度，也是从侧面反映社会发展水平以及人民接受教育意识和脱贫的标志。

计算公式：

$$\frac{城镇儿童接受普及}{九年教育达标率} = \frac{城镇区域内适龄儿童接受普及九年义务教育的人数}{城镇区域内适龄儿童总人数} \times 100\%$$

（11）城镇气化率（清洁燃料普及率）

指标解释：城镇气化率指城镇居民在生活燃料中采用清洁燃料（沼气、液化气、天然气等）的普及情况，是与使用非清洁燃料（煤炭、秸秆等）用户的比值。它是反映城镇居民生活水平、改善生态环境质量的标志。

计算公式：

$$城镇气化率 = \frac{城镇居民采用清洁燃料的用户}{城镇居民采用燃料的用户总数} \times 100\%$$

（12）户均电话占有率

指标解释：是反映城镇人民生活水平与质量的一个方面，同时也是反映该区域经济和服务业发展水平的标志。

计算公式：

$$户均电话占有率 = \frac{城镇居民拥有电话户数}{城镇居民总户数} \times 100\%$$

（13）人均期望寿命

指标解释：这一指标在国际上是衡量一个国家或地区社会经济发展的重要标志之一。它是指年度内当地死亡人口总年龄数量与死亡人口数的比值。

计算公式：

$$人均期望寿命 = \frac{年度内当地死亡人口总年龄数量}{死亡人口数量}$$

（14）万人拥有医生数

指标解释：这是一项反映社会发展的医疗保健事业的指标，同时也是该地区经济与社会发展、人民生活质量提高的标志。

（15）医疗保险覆盖率

指标解释：该指标是社会综合发展能力的体现，也是反映社会进步与物质文明的一项标志。它是社会人员参与医疗保险人数与社会人员总数之比值。

计算公式：

$$医疗保险覆盖率 = \frac{社会人员参与医疗保险}{社会人员总数} \times 100\%$$

（16）养老保险覆盖率

指标解释：该指标是反映社会进步与物质文明的一项标志。它是社会老龄人员参与养老保险人数与社会老龄人员总数之比值。

计算公式：

$$养老保险覆盖率 = \frac{老龄人员参与养老保险人数}{老龄人员总数} \times 100\%$$

（17）社会福利院数

指标解释：这是一项反映社会发展的福利事业的指标，也是反映社会进步与文明的标志。

（18）城镇国内生产总值（GDP）年增长率

指标解释：它是本年度城镇国内生产总值与上年度国内生产总值之比。体现国民经济发展速度，是衡量区域经济发展能力的标志。

计算公式：

城镇国内生产总值（GDP）年增长率 =

$$\frac{本年度城镇国内生产总值 - 上年度国内生产总值}{上年度国内生产总值} \times 100\%$$

（19）工业中主导型产业占总产值的比例

指标解释：对城镇生态建设评价来说，工业的结构合理性与否也十分重要，为了强化城镇工业产业结构调整，要求城镇必须形成自己的主导型产业，以适应市场经济的发展，本指标的内涵是在工业总产值中主导型产业产值所占的比例。

计算公式：

$$工业中主导型产业占总产值的比例 = \frac{主导型产业产值}{工业总产值} \times 100\%$$

（20）城镇人均纯收入年增长率

指标解释：是指城镇常住居民本年度人均纯收入与上年度人均纯收入之比，它是反映城镇居民生活水平的增长速度。

计算公式：

$$城镇人均纯收入年增长率 = \frac{本年度人均纯收入 - 上年度人均纯收入}{上年度人均纯收入} \times 100\%$$

（21）城镇单位 GDP 能耗

指标解释：城镇单位 GDP 能耗是指城镇总能耗与本建成区国内生产总值之比。

能源部分应计算建成区消耗的全部能源，包括建成区自己生产并使用的一次能源和外部输入的一次能源和二次能源的总和。要将各类能源换算成标准煤作为统一的计量单位，其中输入电力的计算采用发电所耗标准煤的计算方法（一般不采用每度电含能量的计算方法）。而经济部分包括国内生产总值即一产、二产和三产的总合。

计算公式：

$$城镇单位 GDP 能耗 = \frac{城镇总能源消耗总量（t 标准煤）}{建成区国内生产总值（万元）}$$

（22）城镇单位 GDP 耗水量

指标解释：城镇单位 GDP 耗水量是指建成区用水总量与建成区国内生产总值之比。也是考核地区节水措施的重要指标。

用水量只计算建成区消费水量部分，不计算农业用水量。

计算公式：

$$城镇单位GDP耗水量 = \frac{建成区用水总量(t)}{建成区国内生产总值(万元)}$$

(23) 城镇环保投资占GDP比例

指标解释：该指标是指城镇环境保护投资与国民生产总值之比。它是反映地区环境保护意识与能力的重要标志，是城镇生态建设的重要指标。

计算公式：

$$城镇环保投资占GDP比例 = \frac{城镇环境保护投资}{国民生产总值} \times 100\%$$

(24) 城镇科教投资占GDP比例

指标解释：是指城镇科学教育投资与国民生产总值之比。它是反映地区科学教育意识与能力的重要标志，是城镇精神文明与物质文明的反映，是社会发展的重要基础，是城镇生态建设的重要指标。

计算公式：

$$城镇科教投资占GDP比例 = \frac{城镇科学教育投资金额}{国民生产总值} \times 100\%$$

(25) 科技成果转化率

指标解释：是指该地区已转化的科技成果数量与研制及开发的科技项目数量之比。是检验该地区科技成果转化能力、科学普及能力、科研成果的科学性与应用性、地区政府及领导的重视性以及地区生态环境建设能力的重要标志。统计时限建议自《全国生态环境保护纲要》实施之日起至统计之日止。

计算公式：

$$科技成果转化率 = \frac{已转化的科技成果数量}{研制及开发的科技项目} \times 100\%$$

3.3.3.2 城镇建成区环境指标

(1) 空气环境质量

指标解释：空气环境质量达到环境规划要求，是指乡镇建成区大气环境质量达到乡镇环境规划的有关要求。

(2) 声环境质量

指标解释：声环境质量达到环境规划要求，是指乡镇建成区噪声污染控制在乡镇环境规划要求的范围内。

(3) 工业污染源排放达标率

指标解释：指乡镇辖区内实现稳定达标排放的工业污染源数量占所有工业污染源总数的比例。

计算公式：

$$工业污染源排放达标率 = \frac{辖区内实现稳定达标排放的工业污染源数量}{辖区内所有工业污染源总数} \times 100\%$$

(4) 生活垃圾无害化处理率

指标解释：指乡镇建成区内经无害化处理的生活垃圾数量占生活垃圾产生总量的百分比。生活垃圾无害化处理指卫生填埋、焚烧、制造沼气和堆肥。卫生填埋场应有防渗设施，或达到有关环境影响评价的要求（包括地点及其他要求）。执行《国家生活垃圾填埋污染控制标准》 （GB 16889—1997）和《国家生活垃圾焚烧污染控制标准》（GDKB3—2000）等垃圾无害化处理的有关标准。

卫生填埋是指按卫生填埋工程技术标准处理乡镇建成区生活垃圾的垃圾处理方法，其填埋场地有防止对地下水、环境空气和周围环境污染以及防止沼气爆炸的设施，并符合响应的环境标准，有利于裸卸堆弃和自然填埋等可能污染环境的方法。

焚烧是指在一定温度下，生活垃圾经自然或助燃的方法焚烧，达到减量化和无害化的处理方法，其产生的热能可以加以利用。

制造沼气是指生活垃圾在一定范围内封存，控制适当温度，使垃圾在容器中发酵，并产生可燃性气体的处理方法。其可燃性气体可以作为燃料加以利用。

堆肥是指生活垃圾按一定形状，控制适当温度，使垃圾在堆中发酵、生物分解的无害化资源处理办法。

计算公式：

$$生活垃圾无害化处理率 = \frac{乡镇建成区内经无害化处理的生活垃圾数量}{乡镇建成区内生活垃圾产生总量} \times 100\%$$

（5）生活污水集中处理率

指标解释：指乡镇建成区内经过污水处理厂或其他处理设施处理的生活污水折算量占城镇建成区生活污水排放总量的百分比。污水处理厂包括一级、二级集中污水处理厂，其他处理设施包括氧化塘、氧化沟、净化沼气池以及湿地废水处理工程等。

计算公式：

$$生活污水集中处理率 = \frac{二级污水处理厂处理量 + 一级污水处理厂排江、排海工程处理量 \times 0.7 + 氧化塘、氧化沟净化沼气池及湿地处理系统处理量 \times 0.5}{乡镇建成区生活污水排放总量} \times 100\%$$

（6）人均公共绿地面积

指标解释：指乡镇建成区公共绿地面积与建成区常住人口的比值。公共绿地，是指乡镇建成区内常年对公众开放的绿地（包括园林），企事业单位内部的绿地除外。

1999 年我国《城市规划定额指标暂行规定》，到 2010 年人均公共绿地面积 $7\sim11m^2$。

计算公式：

$$人均公共绿地面积 = \frac{公共绿地面积(m^2)}{区域内人数}$$

（7）主要道路绿化普及率

指标解释：指乡镇建成区主要街道两旁栽种行道树（包括灌木）的长度与主要街道总长度之比。

计算公式：

$$主要道路绿化普及率 = \frac{乡镇建成区主要街道两旁栽种行道树的长度}{主要街道总长度} \times 100\%$$

（8）清洁能源普及率 1

指标解释：清洁能源普及率指乡镇建成区清洁能源消耗量占能源消耗总量的百分

比。清洁能源指消耗后不产生或很少产生污染物的低污染的化石能源（如液化气、天然气、煤气、电等），以及采用清洁能源技术处理后的化石能源（如清洁煤、清洁油）。

计算公式：

$$清洁能源普及率 1 = \frac{乡镇建成区清洁能源 1 消耗量}{能源消耗总量} \times 100\%$$

（9）清洁能源普及率 2

指标解释：本指标主是指可再生能源（包括水能、太阳能、生物质能、沼气、风能、地热能、海洋能等）

计算公式：

$$清洁能源普及率 2 = \frac{乡镇建成区清洁能源 2 消耗量}{能源消耗总量} \times 100\%$$

（10）集中供热率

指标解释：集中供热率是指乡镇建成区集中供热设备总容量占建成区供热设备总容量的百分比。集中供热率只考核北方城镇。

计算公式：

$$集中供热率 = \frac{乡镇建成区集中供热设备总容量}{乡镇建成区供热设备总容量} \times 100\%$$

（11）机动车尾气达标率

指标解释：指机动车尾气达标台数占实际测试台数的百分率，是改善城镇空气环境质量的重要指标。

计算公式：

$$机动车尾气达标率 = \frac{机动车尾气达标台数}{实际测试台数} \times 100\%$$

（12）城镇卫生厕所普及率

指标解释：是指城镇公共厕所和居民家庭中有墙、有顶的厕所，并且厕坑及蓄粪池无渗漏、清洁、无苍蝇，粪便定期清除并进行无害化处理。

计算公式：

$$城镇卫生厕所普及率 = \frac{卫生厕所数}{总厕所数} \times 100\%$$

（13）旅游环境达标率

指标解释：旅游环境达标率由资源环境安全指数（占 50%）、心理环境健康指数（占 25%）和环境质量达标指数（占 25%）三项组成。

其中，资源环境安全指数指不破坏国家和地方重点保护的珍稀濒危动植物资源，不存在资源环境安全隐患的旅游开发活动；心理环境健康指数指游人心理可以承受的游客容量，一般风景资源旅游活动以每 10m 游道容纳 3 名游客为限值；环境质量达标指数，指水、气、噪声、固体废物排放的达标情况（见下面注释）。

计算公式：

$$旅游环境达标率 = (0.5 资源环境安全指数 + 0.25 心理环境健康指数 +$$
$$0.25 环境质量达标指数) \times 100\%$$
$$资源环境安全指数 \ X = X_1 + X_2$$

不破坏珍惜濒危物种资源 $X_1=0.5$，否则 $X_1=0$；

不存在安全隐患则 $X_2=0.5$，存在 N 项安全隐患扣 10%，则 $X_2=0.5-0.2N$，$N \geqslant 3$ 时 $X_2=0$；

$$心理环境健康指数 Y=(5-y)/2$$

式中，y 为每 10m 游道客个数。

$$环境质量达标指数 Z=0.2+0.2z(1\leqslant z\leqslant 3 时)$$

式中，z 为水、气、噪声、固体废物排放四项指标达标项数，以上四项指标全部合格为达标，否则，为不达标。

数据来源：县级以上环保部门、旅游部门。

气体：要求达到大气环境质量标准一级标准。

噪声：要求达到城市区域环境噪声标准一类标准。

固体废物排放：要求达到固体废弃物污染环境防治法要求。

注释：1. 安全隐患主要存在于以下 6 处（每一处存在隐患，算做一项）：①星级宾馆；②景区（点），参观点；③定点购物店、餐厅；④接待游客的运载工具；⑤娱乐场所及游乐设施；⑥其他游客聚集场所。

2. 心理环境健康的要求视地区、旅游吸引的类型、每个旅游者的具体特点不同，心理容量的范围也不相同。通常，在观景点每位游客需要 $20m^2$（或 $1m^2$ 扶手护栏）的空间，在人口密集的营地，每位游客的需要的空间为 $10m^2$。

3. 环境质量要求：水环境达标要求海水浴场、人体直接接触海水的海上运动或娱乐区达到二类海水质标准；滨海风景旅游区地表水要求达到相应功能区标准。

3.3.3.3 生态环境指标

(1) 森林覆盖率

指标解释：指乡镇辖区内森林面积占土地面积的百分比。森林，包括郁闭度 0.2 以上的乔木林地、经济林地和竹林地。国家特别规定了灌木林地、农田林网以及村旁、路旁、水旁、山旁、宅旁林木面积折算为森林面积的标准。

目前发达国家森林覆盖率已达到 50% 以上。我国一些生态旅游地区的森林覆盖率已达到 40% 以上，但大部分地区的森林覆盖率尚不足 10%。

计算公式：

$$森林覆盖率=\frac{乡镇辖区内森林面积}{乡镇辖区内土地面积}\times100\%$$

(2) 水土流失治理率

指标解释：指经治理合格的水土流失面积占乡镇辖区内水土流失面积的百分比。

计算公式：

$$水土流失治理率=\frac{治理合格的水土流失面积}{乡镇辖区内水土流失总面积}\times100\%$$

(3) 工业污染源治理稳定达标率

指标解释：指工业污染源稳定治理达标的工业企业数量占工业企业总数量的百分率。要求镇域内无"十五小"、"新六小"等国家明令禁止的重污染企业。

计算公式：

$$工业污染源治理稳定达标率 = \frac{工业污染源治理达标的企业数量}{工业企业总数量} \times 100\%$$

(4) 固体废物处置率（包括综合利用率）

指标解释：指城镇固体废物中进行了填埋、焚烧和资源化（综合利用）等无害化处理的数量占固体废物排放总量的比例。

计算公式：

$$固体废物处置率 = \frac{固体废物无害化、资源化处理的数量}{固体废物排放总量} \times 100\%$$

(5) 节水措施利用率

指标解释：指采用滴、渗、喷灌等节水措施浇灌耕地的面积占应浇灌耕地的总面积的百分率，它是严重缺水地区节水灌溉、提高抗旱能力的有效措施。

计算公式：

$$节水措施利用率 = \frac{采用节水措施浇灌耕地的面积}{总耕地的面积} \times 100\%$$

(6) 绿化覆盖率

指标解释：指区域绿化面积占区域总面积的百分比，它是衡量区域生态环境建设的重要指标。

计算公式：

$$绿化覆盖率 = \frac{区域绿化面积}{区域总面积} \times 100\%$$

(7) 生态系统抗灾能力（指一般灾害减产幅度）

指标解释：是指区域内当年农业生态系统受到一般灾害与上一年相比的减产幅度。系统的稳定性是生态建设所追求的目标之一。

计算公式：

$$生态系统抗灾能力 = \frac{当年农业生态系统受到一般灾害后的产值}{上一年农业生态系统的产值} \times 100\%$$

(8) 农林病虫害综合防治率

指标解释：指施用农药以外的综合防治农作物病虫害面积的比例，主要防治措施如生物农药、天敌昆虫、栽培措施、育种措施等。

计算公式：

$$农林病虫害综合防治率 = \frac{综合防治农作物病虫害面积}{农作物病虫害总面积} \times 100\%$$

3.3.4 无锡低碳生态城

3.3.4.1 无锡低碳生态城背景简介

无锡市政府将无锡太湖新城规划为生态城的建设区域，并称之为太湖新城生态城，将其中 2.4km² 的地区规划为示范区，称为无锡中瑞低碳生态城。无锡中瑞低碳生态城由国家住房和城乡建设部授予"国家低碳生态城示范区"称号，探索制定适应中国国情的生态城建设指标体系，即在英国奥雅纳公司提出的太湖新城指标体系框架的基础上，由中国建筑科学研究院、江苏省建设厅科技发展中心及无锡市城市规划设计研究院联合研究编制的《无锡太湖新城·国家低碳生态城示范区规划指标体系及实施导则（2010～2020)》。

无锡中瑞低碳生态城是中瑞携手应对全球气候变化、节约资源能源、加强环境保护、建设和谐社会的重要合作项目。中瑞低碳生态城位于无锡新的城市中心太湖新城的核心区，西侧紧邻贯穿整个核心区的湿地公园，南侧是纵深约 1km 的环太湖湿地保护区，北侧是部分已建成投用的国际博览中心，占地面积 2.4km²。其建设目标就是打造"中国一流、世界有影响力"的低碳生态精品工程、样板工程和示范工程，如图 3-2所示。

图 3-2　中瑞无锡生态城规划平面

3.3.4.2　中瑞无锡低碳生态城指标体系

(1) 特色分析

中瑞无锡低碳生态城是我国首个由住建部正式授牌的低碳生态城，在原有的生态城的基础上加入了低碳的理念，成为低碳生态。因此，低碳城市的理念将在中瑞无锡低碳生态城的建设指标体系中有所体现。

中瑞无锡低碳生态城位于无锡，拥有丰富的山、湖、河、田自然资源，具有特有的生态特征。

① 水网纵横　无锡属太湖平原的低洼河网区，水网密布，河道密度为 3～4km/km²，是典型而独特的江南水乡城市。

② 山体林地构成城市基本的生态保障空间　无锡森林覆盖率为 21%，山体林地主

要集中在城市的西郊和南郊，与太湖绵延相连，形成山中有湖、湖中显山、山立城中的无锡主要的山水景观生态格局，如图3-3所示。

图3-3　中瑞无锡生态城规划效果图

中瑞无锡低碳生态城特征还表现在七大子系统。

① 可持续的城市功能　中瑞无锡生态城规划打造可持续城市功能，包括住房、工业和服务等，公寓文化与体育设施用地、居住用地、医院用地、教育用地容积率低，家庭友好型结构，混合使用综合的环境方案，用于推广和普及的游客中心。

② 可持续的生态环境　保护利用自然地貌，提高空气、噪声、地表水质标准，保持良好自然环境；增大人均公共绿地面积，提升排氧能力和碳汇能力，以本地为主选用绿化物种，确保区域景观丰富多样。

③ 可持续能源利用　结合本地气候和资源条件，积极使用太阳能和地能，提高可再生能源使用比例；全面使用建筑节能材料和设施，降低单位面积建筑年耗能，大力压降单位国内生产总值二氧化碳排放量。规划建设能提供区域供暖供冷的热电冷联产，其特色在于，冷/热是由中瑞无锡生态城真空垃圾收集系统产生的沼气提供能量，并利用污水作为热交换的热源。

④ 可持续的水资源利用　使用节水管材及器具，采用统一的雨水收集、中水回用和净水直供等系统，最大限度地提高水循环利用效率，倡导节水生活方式，降低人均淡水消耗量。

⑤ 可持续废弃物管理　应用固体废物无害化、减量化、资源化处理技术，建设垃圾真空收集系统，实现垃圾分类收集、资源循环利用和储运无损漏，提高垃圾回收再利用率。

⑥ 可持续交通运输　优化公交线路设置，提高公交设施使用的便利程度，打造环境宜人、便于通达的慢行交通系统，倡导绿色出行方式；建设可再生能源充电（气）站，到2020年所有公交车辆全部使用可再生能源。

⑦ 可持续的建筑设计　考虑长江中下游地区特点，以南北向建筑布局为主，鼓励

自然通风设计；大量采用遮阳、保温、隔声等环保技术，最大限度地提高建筑节能，降低单位建筑能耗，如图 3-4 所示。

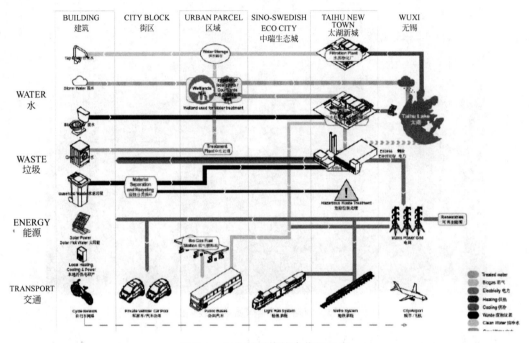

图 3-4　七大子系统综合作用示意

（2）内涵

中瑞低碳生态城坚持以科学发展观为指导，着眼于建立"低碳生态城市"的需要，积极适应全球气候变化，认真研究生态经济、生态人居、生态文化和生态环境的理念和方法，探索城市可持续发展建设的新模式，从可持续城市功能、可持续生态环境、可持续能源利用、可持续水资源利用、可持续固废处理、可持续绿色交通、可持续建筑设计这七个方面建立起具有国际水准的中瑞低碳生态城指标体系。

（3）指标体系类型

依据科学性与可操作性相结合的原则，无锡中瑞生态城建设指标体系所采用的是"目标-路径-指标"类型的指标体系。

（4）指标体系框架

依据特色分析中所给出的七个特色和无锡中瑞生态城的内涵，得到指标体系框架，

无锡中瑞低碳生态城建设指标体系						
可持续城市功能	可持续生态环境	可持续能源利用	可持续水能源利用	可持续固废处理	可持续绿色交通	可持续建筑设计
·合理高效布局	·自然环境良好	·能源节约利用	·水源节约利用	·垃圾收集管理	·交通能源使用	·建筑环保节能
·基础设施完善	·景观绿化丰富	·再生能源利用	·水源健康卫生	·垃圾再生利用	·交通设施便利	
·配套设施齐全			·水源循环利用			

图 3-5　无锡中瑞低碳生态城建设指标体系

包括 7 大子系统、15 个子项，28 个主要指标，如图 3-5 所示。

（5）指标体系及指标值

依据每一个子系统的规划建设目标，分别给出每一个子系统下相应的指标及指标值。中瑞无锡生态城建设指标体系见表 3-5。

■ 表 3-5　中瑞无锡生态城建设指标体系

子系统	指标层	二级指标层	单位	指标值
可持续城市功能	合理高效布局	综合容积率		1.5～2.0
		公共空间有效结合	%	100
	基础设施完善	市政管网普及率	%	100
	配套设备齐全	公共配套设施可达	m	幼儿园≤300；小学≤500；中学≤1000；商业≤500；停车场≤150；基层社区中心≤500；基层社区公园≤500
可持续生态环境	自然环境良好	自然地貌保护		尽量保护原生态
		地表水质量		不低于Ⅲ类水质
	景观绿化丰富	人均公共绿地	m²/人	≥16
		本地物种指数		≥0.8
		物种多样性	种	≥15
		绿化用地植林率	%	≥45
可持续能源利用	能源节约利用	单位面积的建筑年耗能	kW/(m²·a)	150
	再生能源利用	可再生能源占总能耗的比率	%	≥20
可持续水资源利用	水源节约利用	供水管网漏损率	%	≤2
		节水起居普及率	%	100
	水源健康卫生	直饮水使用率	%	100
		雨水的收集和利用		开发前后雨水下渗量零影响
	水源循环利用	城市污水处理率	%	100
		回水处理、中水回用	%	≥50
可持续固废处理	垃圾收集管理	生活垃圾分类收集率	%	100
		垃圾真空运输系统	%	100
	垃圾再生利用	垃圾回收再利用	%	生活垃圾再回收率100；建筑垃圾再利用率≥75；餐饮垃圾再利用率100
可持续绿色交通	交通能源使用	使用生物质、电能等新型能源比例	%	100
	交通设备便利	公交线路网密度	km/km²	3
		慢行交通路网密度	km/km³	3.7
		公交设施可达	m	500
可持续建筑设计	建筑环保节能	自然环保设计	%	100
		建筑节能材料使用	%	100

3.3.5　上海崇明生态岛

3.3.5.1　上海崇明生态岛背景介绍

崇明岛是中国的第三大岛，也是世界上最大的河口冲击岛屿。长期以来，崇明一直作为上海城市发展的战略储备地。在经历了"跨越苏州河发展"、"跨越黄浦江发展"之后，上海的城市发展又迎来了"跨越长江发展"的第三次大发展。这为外通大洋、内联长江、堪为龙口之珠和上海"北大门"的崇明岛振兴和发展提供了新的机遇。上海市委、市政府根据崇明岛资源优势和区位优势，以环境优先、生态优先为基本原则，按照建设世界级生态岛的标准，走发展循环经济和开展生态建设的可持续发展之路，把崇明建设成为现代化生态岛。

生态岛的建设旨在建立与岛屿资源相适应的生态经济体系、资源利用模式、生产生活方式和价值观，实现经济繁荣、生态环境良好、社会文明和谐。

(1) 建设目标

以科学发展观为统领，按照构建社会主义和谐社会的要求，围绕建设现代化生态岛区的总目标，大力实施科教兴县主战略，坚持三岛功能、产业、人口、基础设施联动，分别建设综合生态岛、海洋装备岛和生态休闲岛，依托科技创新，推行循环经济，发展生态产业，努力把崇明建设成为环境和谐优美、资源集约利用、经济社会协调发展的现代化生态岛区。

(2) 功能定位

崇明三岛功能定位主要体现以下 6 个方面。

① 森林花园岛　形成以长江口湿地保护区、国际候鸟保护区、平原森林、河口水系为主体的生态涵养功能。

② 生态人居岛　形成布局合理、环境幽雅、交通便捷、文化先进的生态居住功能。

③ 休闲度假岛　形成以休闲度假、运动娱乐、疗养、培训、会展为主体的生态旅游功能。

④ 绿色食品岛　形成以有机农产品、特色种养业和绿色食品加工业为主体的生态农业功能。

⑤ 海洋装备岛　形成以现代船舶制造和港机制造为主体的海洋经济功能。

⑥ 科技研创岛　形成以总部办公、科技研发、国际教育、咨询论坛为主体的知识经济功能。

3.3.5.2　上海崇明生态岛指标体系

(1) 特色分析

崇明生态岛与一般其他的生态城有所区别，它是建在一个小岛屿上，因此在构建指标体系时应当首先考虑到其岛屿的特征。

从生态学的角度看岛屿生态系统，其最大的特征就是四面环水，其系统结构相对独立、系统关系相对封闭。岛屿生态系统的发展受到其自身地理位置的孤立性、资源的有限性和生态环境的脆弱性的限制。概括而言，小岛屿的生态系统具有以下几点特征。

① 孤立性　地理上隔离，与外界交流不便，成本高，发展机会有限。

② 有限性　幅员小，人口少，资源有限，难以实现规模化发展。

③ 依赖性　独立自主的发展能力不足，资源、信息要依托大陆腹地的支持。

④ 脆弱性　生态环境承载力有限，对人类活动、自然灾害和环境变化敏感。

⑤ 独特性　岛屿通常孕育和保有独特的生物多样性资源及地方文化传统。

崇明生态岛建设的优势和瓶颈，都来源于其独有的岛屿特征。独立的生态系统使得崇明虽然毗邻城市化程度很高的大上海及周边城市群，但仍然能保持相对理想的生态系统完好度和优良的环境质量，堪称区域发展的一块净土。崇明岛优越的自然资源条件、良好的生态环境质量等优势日益突显，是其发展具有特色的社会经济体系的重要依托和坚实基础。

但是，在三岛大交通体系——长江隧桥贯通之前，崇明岛以农耕为主的生态系统与外部自然和人工系统的生态流关系基本上完全依赖水路交通维持，交通条件的限制使得经济社会的发展都缺乏推动力。其生态系统不够完整和开放的特点，也表现为社会、经济、环境各方面非常显著的孤立性和生态系统的脆弱性。具体的问题包括：海水倒灌日趋严重、灾害性天气较频繁、环境管理和污染治理相对薄弱、能源供需结构和利用效率不理想、经济和社会发展水平较低、基础设施水平较落后等方面。

(2) 内涵

生态岛作为全新的概念，学术界至今还没有标准的定义。根据可持续发展的理念和岛屿生态系统自身的特点，认为生态岛理念是一种综合环境观的阐释，从空间角度论，它是岛屿城市环境观与区域环境观的有机结合；从时间角度论，它是岛屿城市历史环境观与现实环境观的有机结合；从功能角度论，它是岛屿城市经济环境观、社会环境观与生态环境观的有机结合，如图 3-6 所示。

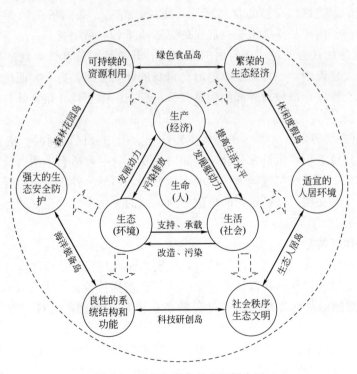

图 3-6　崇明生态岛的内涵概念图

概括而言，生态岛的内涵包含以下几个方面。

① 强大的生态安全防护体系　岛屿作为一个孤立的系统，相对脆弱和敏感，强大的生态安全防护体系是生态岛建设的核心。主要包括对台风等自然灾害、海岸带侵蚀、海水倒灌等外部干扰的较强防护能力，以及水体自净、生物多样性保护等实现岛屿生态系统良性循环的自我调节能力。

② 良性的生态系统结构和功能　结构的合理既包括区域复合生态系统的物种、景观、建筑、文化及生态系统的多样性和异质化，也包括宏观上生态岛地理、水文、自然及人文生态系统的时空连续性和完整性。功能的完善包括自然生态功能（水和气的自净/流通、水源涵养、土壤肥力、生命活力等）以及人与自然之间的交互和融合（土地开发、资源利用、城市建设、环境管理、生态保护等）。

③ 可持续的资源利用方式　岛屿的封闭性、脆弱性、自给性与独立性要求岛屿生态系统以强化环境承载力为前提，实现资源的高效、持续利用，尤其是土地资源、能源、矿产资源和水资源等。同时建立对外围大陆腹地良性的依托关系。

④ 繁荣而有活力的生态经济　打破经济发展和环境保护之间相互牵制的不良循环。经济结构合理，功能高效和完整，且保持持续、快速强化的发展；资源消耗少、环境污染小、经济效益好的生态产业主宰经济发展；发展清洁能源、有机农业等生态技术，建立高效率的流转系统，保证系统循环的连续性。

⑤ 舒适宜人的人居环境　环境宜人、生活舒适、满足人的共性和个性需求，人类聚集所依赖的自然、经济、社会和文化等因素实现协调、均衡和可持续的发展。同时强调生态系统维持对人类的服务功能，以及确保人类自身健康及社会经济健康不受损害的作用。建设清洁、美好、安静的自然环境，便捷、舒适、周到的生活服务，和谐、公正、平等的社会氛围，从整体上提高居民的生活质量和生命福利。

⑥ 和谐秩序的社会关系　岛屿周围海域具有开放性、流动性，且岛屿边缘效应明显。在海岛开发建设中，一方面要维护海岛自身的社会秩序，另一方面应协调好海岛与周边地区的社会秩序，加强对外部的信息及系统反馈的敏感性，培育具有较强的应对环境变化的能力。

⑦ 先进而普及的生态文明　在发展生态产业、生态社区的同时，造就一批具备较高文化素质和环境意识，生活方式合理的居民。要引导一种适合中国国情的高效率、低损耗、适度消费、融传统与现代为一体的生活方式，倡导一种物质与精神相匹配、人与自然相融合的生态文明。弘扬正确的价值导向，高的文化素质，良好的竞争、共生意识和道德修养。

（3）指标体系类型

崇明岛指标体系共包含四套指标体系，分别为面向过程的指标体系、面向状态的指标体系、面向要素的指标体系以及崇明生态岛综合指标体系。本书选择采用压力-状态-响应（PSR）思路的指标体系（面向过程的指标体系）为例，进行"六步法"方法的分析。

根据对国际国内指标体系的调研，面向过程的指标体系采用由经济合作与发展组织（OECD）的"压力-状态-响应"（Pressure State Response，PSR）模型构建面向过程的生态岛指标体系。

（4）指标体系框架

指标体系方案共分为 5 个主题（其中 3 个核心主题、2 个扩展主题），36 个具体指标，其中压力指标 12 项，状态指标 12 项（核心和扩展主题分别含 9 项、3 项），响应指标 12 项（核心和扩展主题分别含 10 项、2 项）。在指标体系的主题构建上，重点参考了同样基于 PSR 模型构建的美国 ESI 指标体系的结构，但规避其指标选取上的不平衡性和指标体系评价对象针对性，如图 3-7 所示。

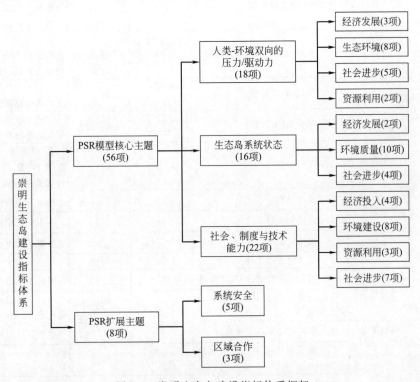

图 3-7　崇明生态岛建设指标体系框架

（5）崇明生态岛面向过程的指标体系

崇明生态岛面向过程的指标体系见表 3-6。

■ 表 3-6　崇明生态岛面向过程的指标体系

一级指标（领域层）	二级指标（主题层）	三级指标（要素层）		单位	标准值	指标来源
人类-环境相互的压力/驱动力	经济发展	1. 人均 GDP		万元	≥3.3	国家生态市指标
		2. 农民年人均纯收入		元/年	11000	国家生态市指标
		3. 城镇居民年人均可支配收入		元/人	≥24000	国家生态市指标
	生态环境	4. 二氧化硫排放强度		kg/万元 GDP	<5.0	国家生态市指标
		5. 酸雨频率		%	<30%	国家生态省指标
		6. COD 排放强度	全岛	kg/万元 GDP	<5.0	国家生态市指标；崇明三岛总规要求比现状削减 30%
			排入近海海域		待定	

续表

一级指标 （领域层）	二级指标 （主题层）	三级指标（要素层）		单位	标准值	指标来源
人类-环境 相互的压 力/驱动力	生态环境	7. 化肥施用强度（折纯）		kg/hm²	≤250	国家生态县指标
		8. 农药施用强度（折纯）		kg/hm²	≤3	全国生态示范区建设指标
		9. 海水倒灌侵害程度		—	定性	建议以海水倒灌侵害面积超过岛屿面积60%天数为定量指标
		10. 外来入侵物种危害程度		—	定性	建议以侵害面积超过岛屿面积30%的入侵物种数为定量指标
	资源利用	11. 单位GDP能耗		吨标煤/ 万元GDP	≤0.5	崇明三岛总规设定；国家生态市标准为1.2
		12. 单位GDP水耗		m³/万元 GDP	≤100	崇明三岛总规设定；国家生态市标准为≤150
	社会进步	13. 人口密度		人/km²	≤567	崇明三岛总规要求2020年，总人口不突破80万折算所得
		14. 基尼系数		—	0.3～0.4	国家生态市指标
		15. 恩格尔系数		%	<40	国家生态市指标
		16. 城市化水平		%	≥55	国家生态市指标
		17. 老龄化人口比例		%	待定	
生态岛 系统状态	经济结构	18. 第三产业产值占GDP比例		%	≥45	国家生态市指标
		19. 主要农产品中有机及绿色产品的比重		%	≥50	崇明三岛总规设定；国家生态县标准为20%
	环境质量	20. 空气环境质量Ⅰ级天数		天	120	崇明三岛总规设定
		21. 地表水中Ⅱ类及以上水体比例		%	待定	
		22. 饮用水源地水质达标率		%	100	崇明三岛总规设定
		23. 森林覆盖率		%	≥25	根据崇明现状的建议值；生态市平原地区标准≥15
		24. 生物多样性保护		—	定性	建议以年观测到国家一级保护鸟类种数为定量指标
		25. 噪声达标区覆盖率		%	≥95	国家生态市指标
		26. 旅游区环境达标率		%	100	国家生态市指标
		27. 生态示范点创建		—	定性	包括环境优美乡镇、环保生态村等
	社会进步	28. 平均期望寿命		岁	≥80	崇明三岛总规设定
		29. 社会综合保险投保率	农村	%	98	崇明三岛总规设定；深圳市基本实现现代化指标体系：95%
			城镇		100	
		30. 千人拥有计算机量		台	≥272	科教兴市十大核心指标
		31. 绿色消费水平		—	定性	

一级指标 (领域层)	二级指标 (主题层)	三级指标(要素层)	单位	标准值	指标来源
社会、制度和技术能力	经济投入	32. 环保投入占 GDP 比重	%	3	发达国家外推值,远景可为 2.5% 崇明"十一五"规划要求 5%
		33. R&D 投入占 GDP 的比重	%	≥2.5	崇明三岛总规设定;科教兴市十大核心指标
		34. 高新技术产业占 GDP 比例	%	待定	—
		35. 规模化企业通过 ISO 14000 认证比率	%	≥20	国家生态市指标
	环境建设	36. 城镇污水集中处理率	%	≥80	国家生态市指标
		37. 工业固体废物处置利用率	%	≥95	国家生态市指标
		38. 城镇生活垃圾无害化处理率	%	≥100	国家生态市指标
		39. 规模化畜禽粪便综合利用率	%	≥90	国家生态县指标
		40. 退化土地恢复率	%	≥90	国家生态市指标
		41. 受保护地区面积比例	%	≥17	国家生态市指标
		42. 城镇人均公共绿地面积	m²/人	>11	国家生态市指标
		43. 农林病虫害综合防治率	%	≥80	国家生态县指标
	资源利用	44. 清洁能源使用比例	%	>30	崇明三岛总规设定
		45. 公交出行比例	%	待定	国际通用指标
		46. 秸秆综合利用率	%	100	国家生态县指标
		47. 新增劳动力平均受教育年限	年	≥14	崇明三岛总规设定;中国教育公平评价指标
	社会进步	48. 每万人病床数	张	≥90	生态园林城市指标
		49. 环境保护宣传教育普及率	%	>85	国家生态市指标
		50. 自然保护区管理水平	—	定性	—
		51. 事故预警与应急能力	—	定性	科教兴市十大核心指标
系统安全	扩展"状态"指标	52. 城市生命线完好率	%	≥80	国家生态市指标
		53. 绿色 GDP	万元	待定	SISD,可持续经济福利指数
		54. 环境质量指数	—	待定	科教兴市十大核心指标
		55. 灾害损失占 GDP 的比例	%	待定	
		56. 公众对环境的满意率	%	>90	国家生态市指标
		57. 公众幸福指数	—	待定	科教兴市十大核心指标
区域合作	扩展"响应"指标	58. 区域环境合作	—	定性	建议以跨区域合作项目数作为定量指标
		59. 岛屿文化保护与传承	—	定性	
		60. 控制温度气体排放	—	定性	国际通用指标

参考文献

[1] 李强. 城市生态规划指标体系研究——以河南省商丘市为例 [D]. 天津：天津大学，2004.

[2] 杨根辉. 南昌市生态城市评价指标体系的研究 [D]. 乌鲁木齐：新疆农业大学，2007.

[3] 顾京津. 我国生态城市建设的对策分析 [D]. 天津：天津商业大学，2010.

[4] 苟淼. 国家级环境优美乡镇规划指标体系研究 [D]. 绵阳：西南科技大学，2008.

[5] 潘智慧. 我国小城镇可持续发展评价指标体系研究 [D]. 重庆：重庆大学，2004.

[6] 尹春艳. 镇级区域可持续发展评价指标体系的研究——以大魏家镇为例 [D]. 大连：大连理工大学，2008.

[7] 何报翔. 洞庭湖区域经济可持续发展战略研究 [D]. 长沙：中南大学，2007.

[8] 刘建兴. 中国经济发展中的资源压力总量及其产业结构研究 [D]. 沈阳：东北大学，2008.

[9] 张志强，程国栋，徐中民等. 可持续发展评估指标、方法及应用研究 [J]. 冰川冻土，2002，24（4）：344-360.

[10] 徐娟. 可持续发展指标体系的评价与创新的可能途径 [D]. 昆明：云南师范大学，2005.

[11] 曹新磊. 社会物流水平表征指标体系及评价方法研究 [D]. 北京：北京交通大学，2010.

[12] 李燃. 城市建成区生态化建设指标体系研究 [D]. 天津：河北工业大学，2008.

[13] 张翔，余红英，万鹏等. 我国城市生态评价研究进展 [J]. 四川环境，2009，28（3）：89-93，113.

[14] 林勇. 小城镇生态建设评价研究——以龙口市为例 [D]. 青岛：青岛大学，2008.

[15] 欧瑞华. 我国生态政区类型研究 [D]. 中国海洋大学，2011.

[16] 余红，杨建东，殷建华等. 建设全国环境优美乡镇，开创环境保护新局面 [J]. 云南环境科学，2004，s1：91-93，96.

[17] 张涛，刘晟呈. 天津市生态小城镇规划指标体系数据库的研究 [J]. 天津科技，2007，34（6）：52-53.

[18] 杜忠晓. 天津市建设生态城市发展战略研究 [D]. 天津：天津大学，2006.

[19] 闫晨红. 乡村旅游用地可持续利用研究——以龙胜县和平乡为例 [D]. 桂林：桂林理工大学，2012.

[20] 张莹. 低碳视角下的苏州西部生态城规划探讨 [D]. 苏州：苏州科技学院，2011.

[21] 无锡太湖城管委会. 无锡中瑞低碳生态城规划 [J]. 建设科技，2010，（13）：66-67.

[22] 张桂莲. 崇明岛区生态承载力现状及预测 [D]. 上海：华东师范大学，2008.

[23] 胡俊，蒋建明，陆飞等. 科学发展观和生态优先思想在城市规划中的实践——上海市崇明三岛总体规划简析 [J]. 城市规划学刊，2007，（1）：9-14.

[24] 宋言奇. 生态城市理念：系统环境观的阐释 [J]. 城市发展研究，2004，11（2）：71-74.

4

◄◄◄

资源能源子系统构建技术

　　水是人类生存和发展不可替代的资源，是经济和社会可持续发展的基础。在全球资源环境问题日益突出的 21 世纪，水资源短缺已经成为首要问题，将直接威胁人类的生存和发展。我国是世界上缺水较为严重的国家，淡水资源极其紧缺，加之自然水体污染日益严重，水已不再是一种"取之不尽，用之不竭"的自然资源。水资源已成为社会-资源-环境复杂系统中资源子系统的一部分，其供给、利用、再生和循环，受系统中其他要素的影响，同时也影响着其他要素和系统整体的存在状态和发展趋势。水环境和水资源两个系统是息息相关的，水既是一种极为重要的资源，也是一种重要的污染物受纳体。水环境受到污染，可利用的水资源就会随之减少；自然水体中水量减少，自净能力降低，水环境污染也会越来越严重。因此，水资源系统与水环境系统应该作为一个整体来进行研究，才能真正实现水资源利用与水环境保护的可持续发展。

　　能源是整个世界发展和经济增长的最基本的驱动力，是人类赖以生存的基础。在某种意义上讲，人类社会的发展离不开优质能源的出现和先进能源技术的使用。但是，由于社会的不断发展和工业化进程的不断加快，人类在享受能源带来的经济发展、科技进步等利益的同时，也遇到一系列无法避免的能源安全挑战，能源短缺、资源争夺以及过度使用能源造成的环境污染等问题威胁着人类的生存与发展。在全球经济高速发展的今天，能源安全已上升到了国家的高度，各国都制定了以能源供应安全为核心的能源政策。同时大量消费能源，尤其是碳素能源而大量排放的温室气体，造成全球气候变暖，由此带来的灾害性天气增多、生态系统面临失衡等问题，也已成为当今社会普遍关注的全球性问题。

　　本书在对区域水资源体系和能源系统进行综合分析的基础上，开展区域再生水产、用总线系统构建技术和区域再生能源总线系统优化技术研究。

新型生态城市资源能源子系统

水资源体系——区域再生水产、用总线系统
构建技术研究

能源体系——区域再生能源总线系统构建
技术研究

新型生态城市生态环境子系统
土地资源体系——盐碱退化湿地修复技术研究

新型生态城市生态产业子系统系统构建
区域层面——生态工业园构建关键技术
以能源企业为核心的水—电—热—盐—化工—渔
一体化循环经济系统构建技术研究
以冶金企业为核心的区域协同发展循环经济
系统构建技术研究
滨海区域重化工行业集群式、持续发展的生
态产业共生网络循环经济系统构建技术研究

新型生态城市人居环境子系统构建
城市热岛效应缓解技术研究
绿色建筑相关技术研究与集成
城市景观设计与绿化设计相关技术研究集成
环境安全相关技术研究

4.1 水资源体系——区域再生水产、用总线系统技术

4.1.1 再生水利用存在的问题

水的再生利用会产生较大的社会效益和经济效益，在一定程度上可减少对新鲜水资源的需求，而且间接增加了可利用的水资源量，并且水的循环及重复利用还具有巨大的环境效益，可以减少废水排放，防止环境污染。

从生态城市的内涵及指标出发，要求建设中必须更多地考虑对水资源集约节约利用以及对非传统水资源的合理利用。目前我国城市通常采用的做法是建立城市分质供水体系，建设自来水和再生水两套供水设备和管网系统，实现水资源优质优用、低质低用。城市的再生水大都来自城市中水管网，由集中再生水厂统一提供。这样的优点是便于集中管理和保障水质安全，但缺点是忽略了分散再生水设施（如企业、居住区内再生水设施）的生产能力，而且偏远地区管网敷设成本较高。

目前，在城市内工业园等企业集中分布地区，再生水的产生与需求通常是不平衡的：一方面大量企业及市政设施对再生水有极大需求，而对水质的要求不高，另一方面有些企业有一定富余的再生水产水能力，有一定外供能力。在这种情况下，采用区域再生水系统构建技术将解决再生水产生与需求不平衡的问题，实现区域水资源的协调调度

与优化利用，同时可更充分地利用现有再生水水资源，降低再生水设施运行费用，提高再生水利用率。

4.1.2　区域再生水产、用总线系统

区域再生水产、用总线系统是通过对水系统的现状分析，建设厂域和区域两个层次的再生水供水系统，并将再生水划分为优质、一般、低质三种，按需供应，形成"两级三类"再生水回用网络，实现区域外排污染物减量化、区域内水环境总体提升、区域缺水现状有效缓解以及整个区域内生态系统的完善和重建工作。

区域再生水产、用系统建设包括两层次：一层次是结合城市集中污水处理厂建设再生水厂，并敷设再生水配套管网，保证再生水及时有效送达企业；另一层次接受企业处理达标的再生水，在区内合理调度，实现区域资源优化配置。进入水资源再生回用体系的再生水水质的应符合《城市污水再生利用　工业用水水质》（GB/T 19923—2005）、《城市污水再生利用　城市杂用水水质》（GB/T 18920—2002）、《城市污水再生利用　景观环境用水水质》（GB/T 18921—2002）等城市污水再生利用标准后确定，可以满足一般生产生活需要。如果考虑将再生水回用于工艺，则回用企业可根据工艺对水质的要求，在厂内进行进一步处理。

再生水回用的用途包括以下几项。

（1）一般生产用水

工业用水总量达到总用水量的80%左右，再生水可用于工业冷却用水和工艺低质用水。工业循环冷却水对水质的要求，如碱性、硬度、氯化物以及锰含量等，再生水均能满足。考虑重复使用的要求，补充用水量占总取水量的30%以上，是再生水回用于工业的首选对象。工艺用水，包括洗涤、除尘、产品用水等，在水质能够满足工艺要求时均可采用再生水替代，这类用水只要满足《城市污水再生利用　工业用水水质》（GB/T 19923—2005）标准即可。

（2）绿化用水

主要用于公共绿地、绿篱及路心池绿墙、工业企业厂区内部的绿地等的灌溉用水。这部分再生水的水质要求并不高，可不经过特别处理而直接利用。

（3）景观河道生态补水

按照《城市污水再生利用　景观环境用水水质》（GB/T 18921—2002）标准，再生水厂出水水质只要满足此标准即可用于景观用水，这部分水可与绿化用水结合起来，直接采用景观水作为临近道路、河道两侧绿化用水水源。

（4）生活和市政杂用

主要用于区内工业企业、办公建筑以及居住区的生活杂用，包括冲厕、道路洒水、冲洗车辆和消防等，只要满足《城市污水再生利用　城市杂用水水质》（GB/T 18920—2002）标准即可。

通过以上方面的合理设计，可大大提高规划区的中水回用率，有效节约新鲜水用量的同时大大降低污水排放量，获得显著的经济效益和环境效益。

4.1.3 区域再生水产、用总线系统构建关键技术

区域再生水产、用总线系统构建的关键是再生水产、用总线系统的建设。区域再生水产、用总线系统是以集中再生水厂为主导，分散再生水设施为补充的再生水供水体系。把分布在各企业的再生水处理站纳入市政中水管网系统，得出合理的开放型再生水产、用总线与封闭型再生水产、用总线构建方案，实施区域再生水统一管理、统筹使用，将会产生更好的经济和环境效益。通过区域再生水总线系统建设，可实现区域外排污染物的减量化、区域内水环境的总体提升，以及对整个城市水生态系统的完善和重建。

再生水产、用总线构建主要包括以下内容。

4.1.3.1 封闭型再生水产、用总线工程

多水源供水管网是个复杂系统，再生水管网系统比起自来水管网系统更加复杂。各企业再生水水源有较大差异，例如有的是啤酒废水、有的是循环冷却水、有的是纺织废水。各企业的再生水处理工艺也不尽相同，生产的再生水水质不完全一样。原先各企业再生水主要为满足本企业需要，因此设计供水压力都较低，与市政中水管网很难匹配。因此需要一系列工程使再生水供水保持稳定。

(1) 水源协调工程

区域再生水由集中再生水厂提供，通过再生水管网接入企业，为企业提供统一而稳定的再生水源。原位再生水由具备污水处理设施的企业内部根据对再生水的需要，将生产用水进行不同工序间梯级利用或将生产污水处理达标后回用于厂内生产、绿化、生活杂用等方面。

区域再生与原位再生利用可以互相结合，企业内部不能消耗的原位再生水可进入区域再生利用管网，形成相互交错的水资源循环利用网，如图 4-1 所示。

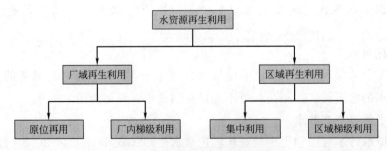

图 4-1　水资源再生利用示意

结合原位再生、厂内梯级利用、集中再生和区域梯级利用的特点和适用范围，废水产生量较大的企业内部可实施水资源的原位再生和厂域梯级利用；废水产生量较小的企业，统一排入区集中污水处理厂处理后在区域内再生回用。

已具备污水处理设施的企业，应对处理后的再生水进行合理利用，污水经处理达标后可回用于绿化、冲厕、卫生等生活杂用水或回用于生产过程中，减少新鲜水的使用量。同时鼓励区内企业自建污水处理设施，对本厂污水处理达标后实现就地回用。

自身不具备污水处理设施的企业，废水排入集中污水处理厂，再生水厂建成投产

后，对于大多数自身不具备再生水处理设施和处理能力的企业，可以利用区域再生水厂的再生水，作为企业的生产、生活低质用水水源，甚至还可根据生产工艺需求，在经过成本核算，对再生水进一步深度处理后，作为特定的生产工艺用水。再生水厂出水水质能够满足城市污水再生利用相关标准，可作为稳定的再生水源。

(2) 水质调节

分析不同企业提供的再生水水质差异，制定再生水进入再生水产、用总线系统的水质标准。制定多水源情况下，再生水管网水质稳定控制方案；制定水源切换情况下供水系统的水质安全保障措施，有效保证再生水水质。

根据对水质需求的不同，将再生水进一步划分为优质、一般、低质再生水三类，各类再生水有不同的供应方式。

① 优质再生水　根据企业工艺需要，以企业为主体，将管网输送的一般再生水经反渗透或其他工艺深度处理后，达到纯水、去离子水等标准，成为优质再生水，用于工业生产。

② 一般再生水　这类再生水是需求量最大的，是进入再生水管网体系需要达到的水质。一般再生水由集中再生水厂统一提供，作为对水质要求不高的企业的低质工业用水（循环冷却水、车间厂房冲洗或卫生用水等）、生活杂用水（清洗车辆、冲洗厕所等）及市政用水（道路浇洒等）。企业再生水处理达到一般再生水水质要求的也可以提供给规划区，实现区域回用。

③ 低质再生水　结合景观河道补水需要，将污水处理厂合格的一级 A 或一级 B 出水通过湿地处理系统的净化后直接作为景观河道生态用水，也可以作为普通绿地绿化用水。

4.1.3.2　开放型再生水产、用总线工程

(1) 水系连通工程

水系连通工程是根据城市现有水系条件，提出合理的水系连通方案，实现区域内水系与景观湖的良好流通，使区域内水质得到较大提升，使整个城市的生态环境得到有效改善。

① 确定重点工程　水系连通方案首先应结合城市特点确定工程实施的若干重点区域，分区域施工。一般重点施工区应与城市自然水体、景观水体、生态廊道的建设相结合，如局部区域连通工程、景观水系连通工程、城市河道改造工程等。各工程根据需要设定工程长度、土方量、清淤量等具体参数。

② 工程难点　河道现状复杂；雨污、输配水、电力、燃气等多类管道呈深浅不一、纵横交错排列；河道周围基础设施状况较差，河道存在断口，周边建筑已形成等因素，都会阻碍连通工程开展。

③ 工程实施方案　采用人工湿地的形式实现河道。人工湿地的建设，可以形成一条有效的环河水系通道。此外，较大面积的人工湿地可以附加实现雨季的短时蓄水功能，缓解城市雨水外派的压力。由于湿地的运行要使用水泵提水，亦可实现部分环河水的循环流动。

经过的道路采用河道开挖和管涵方式。在与高速公路出口交汇处，连通工程采用深埋 4 段管涵过路的形式，在每个交汇处各铺设 2 段 15m 长度的 DN1000 混凝土管。

此方案的优点是：可直接利用现有的雨水管网，施工量小，造价低，并可附加实现雨季和旱季的水量调蓄功能。另外，需考虑在连通位置设置闸阀。为使湖水与环河水的调蓄更具灵活性，可考虑在连接位置设置抽水机。

(2) 人工湿地工程

通过生态湿地建设，利用湿地技术特有的净化手段，使包括污水处理厂排放污水、生活污水以及雨水径流等一系列污水得到有效的净化处理，使淡水资源的再次开发与利用成为可能。结合水系连通与循环方案，根据所属区域的用水需求建设不同形式的人工湿地，创造出新的动植物栖息地并打造出多功能的立体式生态廊道。

水量调蓄与循环方案主要结合人工湿地的功能特点来提出。人工湿地的主要功能为内河水处理、污水厂出水的水质提升以及生态和文化示范等。人工湿地的可利用面积可结合城市建设进度，分期建设。

① 人工湿地形式　对于景观型人工湿地，湿地形式可采用表面流湿地，湿地的设计充分考虑周围河道的自然形态，在走势上与河道自然顺接。结合景观需要与生态目标，有针对地选择湿地及湿地周围的植被。在设计上综合考虑其功能与自然表现形式的结合，将人工湿地建成集环河水质处理与观光、休闲和娱乐为一体的旅游休闲场所。

对于污水处理厂尾水深度净化湿地，湿地形式可采用潜流湿地，分布于狭长范围内。污水处理厂尾水深度净化湿地采用 6 个地块并联的方式进行设计，每个地块又分布若干按功能划分的设计单元。湿地的布局考虑地块形状与河道位置，以实现均匀布水，节约能源，优化处理效率，以及外部景观与周围环境和谐的目的。

此外还可采用潜流与表面流结合的形式。潜流区为主要的水质处理区，表面流段则重点实现景观效果。另外，景观湖湿地将通过合理分区与布局实现其他特殊功能（如观赏性和研究性植物园）。

② 配水设计方案　布水形式可以考虑明渠布水或者管道布水，布水的前提是要充分利用污水处理厂尾水的出厂水头，尽量不使用外加能源。湿地各单元的布局，要考虑布水条件。在尾水通过处理区之后的集水环节，应从河道循环的需要考虑集水形式。

③ 人工湿地效率　当人工湿地的功能分区齐全，水利负荷低，对 BOD_5 处理效果可达 70% 以上；COD 处理效果可达 60% 以上；SS 处理效果可达 60% 以上；TN、TP 处理效果可达 50% 以上。

④ 附件功能　景观湖湿地一方面可以保证湖水的水质提升，另一方面可以实现景观湖水量的动态平衡。另外，通过湿地的运行，还可实现河道与景观湖水体的循环。

污水处理厂尾水深度净化湿地在水系水量调蓄和水体循环中具有重要作用。一方面，再生水可以参与河道水的新陈代谢；另一方面，通过确定合理地集水方式以及合理地利用南部泵站，亦可促进整个水系的循环流动。

(3) 水系调蓄与循环工程

水系调蓄与循环系统将会和区域的管网系统一起形成两个既相互独立又实则为统一整体的系统，一方面可以提高城市的防洪标准，减少雨水的外排量，减少对区域外排涝设施的压力；另一方面，可以提高雨水的利用率，使之成为该区域的新水源。

① 雨季和旱季的调蓄方法　雨季和旱季水系的调蓄方法见图 4-2、图 4-3。

在雨季，可由湿地和景观湖储存河水，缓解河道泄洪压力。

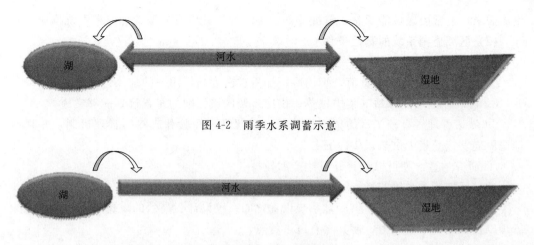

图 4-2 雨季水系调蓄示意

图 4-3 旱季水系调蓄示意

在旱季，可由湖水补给河道，进而维持湿地运转。

② 湿地正常水位的保障方法　在枯水期，人工湿地可考虑接受污水厂出水和湖水补给，通过控制湿地出流的办法，保证湿地在正常水位运行。

③ 整个水系水量的保障方式　以某工业区为例，景观湖水面面积 45 万平方米，河网水面面积 154.8 万平方米，多年平均蒸发量为 1805.9mm，平均年下渗量为 28.3mm，按此计算，水系平均日亏空量在 0.9 万立方米左右。

图 4-4 水系水量平衡示意

污水厂日处理能力为 3 万吨。通过污水厂尾水深度处理湿地的正常运转，能够满足整个水系的水量平衡要求（图 4-4）。

4.2 能源体系——区域再生能源总线系统优化技术

4.2.1 区域再生能源总线系统

(1) 区域能源系统

通常我们所称的区域能源系统指集中的供热、供冷系统，与之对应的是分散的供热、供冷系统。集中供热作为一项城市基础设施，在我国北方地区城市已经成为一项公共事业；随着节能减排要求的不断提高，集中供冷系统也正在成为公用事业和城市基础设施的新内容。

区域能源（集中供热、供冷）系统可以满足某一特定区域内建筑群体的集中供热、供冷需求，通常由区域能源站、输配管网、终端换热站以及能源管理监控系统构成。

（2）区域能源系统的基础条件

区域能源系统的实施需要一定的基础条件，主要有以下几点。

① 明确、稳定的冷热负荷，平均冷、热需求密度高，用户的加入计划明确。

② 可确保区域能源站（集中供热、供冷）及区域管网的布置规划能够实施。

③ 城市管理者有较丰富的集中供热特许经营管理经验和成熟的管理机制，并且当地居民能够接受集中供热、供冷服务。

④ 研究的达产期可以预计并且达产期较短。

（3）区域能源系统的特点

区域能源（集中供热、供冷）系统以优化的系统设计、高效的设备系统、专业化的管理以及长距离输送能力，使其具有以下特点。

① 可靠、稳定、高效　多种能源形式，多机组及多系统并联运行，专业化的管理，使区域能源系统实现可靠、稳定的能源供应，同时具备较高的能源利用效率。

② 规模化利用低品位的非传统能源　可减少低品位冷/热源的浪费，充分利用目前已经具备的长距离输送能力，采用大容量高能效设备对各种余热、地表水及浅层地能等进行高能效、规模化利用。

③ 节约能源降低排放　与分散系统相比，区域能源（集中供热、供冷）系统通常可以节能 15%～25%，有效减少能源消费。

④ 节约投资　实践表明，即便不考虑节约的建筑面积所带来的商业价值，与分散能源（供热、供冷）系统相比，区域系统也可实现约 15% 的投资节约。

⑤ 需要专业化运行管理　区域能源（集中供热、供冷）系统建设系统庞大、工艺较复杂，需要专业化的运行管理。

（4）区域再生能源总线系统

区域再生能源总线系统是在满足区域能源系统要求的基础上，通过地源热泵、非常规水源热泵等能源利用技术，实现区域内的工业余热、土壤及地表水的低温热等低品位的非常规热源的规模化利用。系统中拥有低品位热源的用户可将自身剩余的热量上传到总线系统，其他用户可根据自身需要从总线系统中获取采暖热源。区域再生能源总线系统不但可以实现能源的多级利用，减少化石能源的消耗，还可以有效降低大气污染物和二氧化碳的排放，实现区域整体环境质量的整体提升，实现低碳和可持续发展。

区域再生能源总线系统的构建，常用的热源包括工业余热和浅层地热能，常用的技术为非常规水源热泵和地源热泵。

4.2.2　区域再生能源总线系统中的热源

4.2.2.1　工业余热

余热是在一定经济技术条件下，在能源利用设备中没有被利用的能源，也就是多余、废弃的能源。它包括高温废气余热、冷却介质余热、废汽废水余热、高温产品和炉渣余热、化学反应余热、可燃废气、废液和废料余热以及高压流体余压等。根据调查，各行业的余热总资源约占其燃料消耗总量的 17%～67%，可回收利用的余热资源约为余热总资源的 60%。

电厂余热和循环冷却水是区域再生能源总线系统中最常用的工业余热热源。对于设有自备电厂或附近有电厂的工业园区，可以利用电厂余热为园区提供集中供热，以此降低能源的消耗总量。

很多大型生产型企业都会有大量的循环冷却水，一般循环冷却水在经过热交换后水温度在 30℃ 左右，用冷却塔对其进行冷却后，水温可以降低 5℃ 左右。虽然水温降低的幅度不是很大，但由于冷却水循环量非常大，损失的热量也非常可观。未经冷却塔冷却的循环水采用热泵技术利用循环冷却水中的热量冬天取暖、夏天制冷，也可以用于职工淋浴水的加热，在节约电能、蒸汽热能等的同时节约循环水的补水量和冷却塔所需的投资。循环冷却水是非常理想的低温热源。循环冷却水蓄能量大，属于低位热源，通过热泵的转换即可成为生活和生产过程的有用热量。使用热泵技术供热采暖、制冷，对大气及环境无任何污染，而且高效节能，属于绿色环保技术和装置，符合目前我国能源、环保的基本政策。

4.2.2.2 浅层地热能

浅层地热能是指地表以下一定深度范围内（一般为恒温带至 200m 埋深），温度低于 25℃ 的土壤和地下水中所蕴藏的低温热能。浅层地热能是地热资源的一部分，相对深层地热能，具有分布广泛、储量巨大、再生迅速、采集方便、开发利用价值大等特点。浅层地热能的应用，不但可以满足供暖（冷）的需求，同时还可以实现供暖（冷）区域的零污染排放，直接改善本区域的大气质量。截至 2009 年 6 月，我国应用浅层地热能供暖制冷的建筑项目共有 2236 个，建筑面积近 8000 万平方米，其中 80% 集中在京津冀辽等华北和东北南部地区。其中，北京市有 1500 万平方米的建筑利用浅层地热能供暖制冷，沈阳市则超过 2000 万平方米。2008 年，我国通过开发利用浅层地热能，实现 CO_2 减排 1987 万吨。浅层地热能的利用主要通过地源热泵技术。

4.2.3 区域再生能源总线系统中的能源利用技术

4.2.3.1 非常规水源热泵技术

非常规水源热泵是以非常规水源作为提取和储存能量的冷热源，借助热泵机组系统内部制冷剂的物态循环变化，消耗少量的电能，从低品位热源中提取热量，将其转换成高品位清洁能源，从而达到制冷制暖效果的一种创新技术。非常规水源热泵主要依靠城市污水、工业或电厂冷却水、海水、河水等作为冷热源，通过工程设计、施工、管网安装、检修、售后维护，实现可再生能源在建筑中的应用，解决日益增长的建筑用能与传统能源匮乏之间的矛盾。

国际上非常规水源热泵最早起源于扬图夫斯基等对河水、污水、海水等热能利用的探讨，并于 1978 年提出利用莫斯科河水作热泵供热方案。目前河水等低质水源热泵在国际上应用已较为普遍；污水源热泵最早于 1980 年挪威奥斯陆开始建设，1983 年投入运行，此后引起了各供热发达国家的重视，瑞典、日本、美国、德国相继建成一批以污水为低温热源的大型热泵站；在海水源热泵的研究和应用上，中欧、北欧国家较为广泛和普遍。

国内污水源热泵应用是近年来才提出的，在北京高碑店污水处理厂等地进行了小型实验并取得了良好的效果后，在北京、天津、山西、陕西、新疆等各省、市、自治区均建造了污水源热泵站，并都已投入运行；对于低质天然水水源热泵，近年来国内也有了长足进步，很多小区集中生活热水系统利用水源热泵从小区的景观水、河水等低质水源中取能，效果非常明显；在海水源热泵的应用上，近年来国内已开始重视这类热泵的应用，天津市、青岛市、大连市等沿海城市已开始应用这种热泵技术并取得一定成效。目前，国内非常规水源热泵的应用已发展为区域型规模化，并且在整个居住区或工业园区中应用是未来的发展趋势。

另外，近期国内开发出原生污水源热泵技术，有效克服了传统污水源热泵的缺陷，提高了污水能的利用效率和应用范围。传统污水源热泵中，浸泡式系统所需换热面积很大，相应的管材用量和污水池占地也极大；以城市二级污水出水为热源的热泵系统由于使用的是污水处理厂的出水而必须依傍在城市污水处理厂周边，有一定的地域局限性。而原生污水源热泵打破了这两种热泵的局限性，截取建筑物或园区的原生污水，直接以未经处理的污废水为热源。同时由于加入了水力连续反冲洗设备，有效地克服了污水堵塞问题，因此原生污水源热泵能够直接安装在污水干管和污水泵站上，并且在提取热量之后污水再回流至污水管道流向污水处理厂，不影响污水收集系统的工作，大大地提升污水源热泵技术的应用范围，可直接应用在城镇建成区、集中居住区或工业园区。

目前，非常规水源热泵主要分为城市污水源热泵、工业用水源热泵、地表水源热泵三种。污水源热泵可主要应用在距离热电联产距离较远、供热能力达不到的区域，或需要拆除锅炉房的区域，如建成区的居住或工业园区中，成为现有集中供热的有效补充；工厂冷却水源热泵主要应用于工厂邻近区域，直接采用水源热泵系统汲取工厂冷却水中的冷/热量；海水源热泵可应用在临海区域，直接使用海水进行冷热能量置换。

由于非常规水源热泵技术利用城市污水、工业用水、地表水等作为空调机组的制冷制热的源，具有充分利用可再生能源、高效节能、环境效益显著、应用范围广、运行稳定等特点。

4.2.3.2　地源热泵技术

作为一种高效节能的可再生能源技术，地源热泵技术近年来已经引起社会的重视。地源热泵是一种利用地下深层土壤热资源（也称地能，包括地下水、土壤或地表水等）的热转换装置，是既可供热又可制冷的高效节能系统。地源热泵利用地热一年四季地下土壤温度稳定的特性，冬季把地热作为热泵供暖的热源，夏季把地热作为空调制冷的冷源。地源热泵空调系统每消耗 1kW 的能量，用户即可得到 4kW 左右的热量或冷量，比传统的风冷热泵空调节能 40%，比电采暖节能 70%，而且地埋管的寿命长达 70 年。

相比较传统锅炉集中供热，地源热泵具备以下优点：①开关灵活，可自主调节设备运行时间，便于节约成本、减少能耗；②不耗用煤炭等一次能源，可大量减少燃煤带来的 SO_2 等大气污染物和 CO_2 等温室气体的排放量；③一套设备可以同时解决全厂供热与制冷，节省管材和安装费用。

参考文献

[1] 李璨. 天津滨海新区再生水利用及市场化研究 [D]. 天津理工大学, 2010.

[2] 吕德华. 两级曝气生物滤池处理生活污水的试验研究 [D]. 天津大学, 2006.

［3］ 袁书林. 过热蒸汽流化床气流粉碎分级机的数值模拟与实验研究［D］. 西南科技大学，2010.

［4］ 曹琦. 质疑"浅层地热能"［C］. 2008 年陕西制冷地源热泵空调技术专题研讨会论文集，2008：19-25.

［5］ 白文娟，刘凤，姚立英等. 工业园能源利用"低碳"发展途径研究［C］. 中国环境科学学会 2010 年学术年会论文集，2010：182-184.

［6］ 邓玲玲. 能源-经济-环境（3E）系统协调度评价及其影响因素研究［D］. 湖南大学，2012.

［7］ 崔立志. 能源、经济和环境作用机制及其实证分析［J］. 工业技术经济，2013，1：32-40.

［8］ 胡绍雨. 我国能源、经济与环境协调发展分析［J］. 技术经济与管理研究，2013，4：78-82.

［9］ 骆进. 能源子系统中灰色数列预测的数学方法及其微机程序［J］. 甘肃科学学报，1992，1：61-67.

［10］ 王光净，杨继君，李庆飞. 区域经济可持续发展的系统动力学模型及其应用［J］. 改革与战略，2009，1：128-132.

［11］ 吕连宏，罗宏，张征. 中国"能源-环境-经济"复合系统的协调性分析［J］. 北京林业大学学报（社会科学版），2009，2：80-83.

5

<<<

生态环境子系统构建技术

随着土地资源短缺问题在我国沿海发达城市日益凸显，土地资源修复与利用开始受到越来越多的关注，也成为建设生态城市、实现可持续发展所必须面对的重要课题。针对北方滨海城市面临的盐生湿地退化和再生水高盐景观水体水质恶化的问题，在生态城市构建中需要综合考虑非常规水源的生态应用、排水系统调控、城市湖库与河道生态景观水体建设及景观水质改善、湿地栖息地生态保育、水环境承载力提升等多方面的实际需求，将水污染物削减、水环境质量改善和水生态修复作为一个整体系统加以考虑，运用盐碱退化湿地修复与高盐景观水体水质保持技术体系，从而使土地资源、水资源得到充分利用，实现生态城市目标和指标中的要求。

本书主要针对盐碱退化湿地修复与高盐景观水体水质保持技术体系开展研究，包括以下一系列技术的综合运用：滨海盐碱地区城市高盐景观水体生态恢复与非常规水源调控净化利用关键技术、水体生态净化关键技术。

5.1 >>>>>>> 退化湿地诊断及预测技术研究

5.1.1 退化湿地诊断技术

在过去的20多年中，伴随着我国城市经济的快速发展，湿地景观格局发生了剧烈的变化，农业、工业、交通及城镇、港口建设对土地资源产生巨大的需求，对湿地景观格局的变化产生重大影响。湿地诊断技术正是在深入研究湿地变化的基础上，诊断湿地景观演化的驱动因素，总结其变化产生的生态经济效应，区分人为干扰的直接作用和自然环境变化对湿地生态系统产生的影响，预测不同政策发展模式下，湿地未来景观格局变化趋势的一种技术。对寻求湿地保护与经济发展的统一、协调开发用地和湿地保护的矛盾，提高区域生态环境承载能力，促进区域可持续发展具有重要意义。

5.1.1.1 研究材料与方法

采用近年的遥感影像及土地利用现状图为基础数据，综合运用土地科学、景观生态学、地理学、统计学、生态经济学等理论和方法，在遥感和地理信息系统技术支持下，利用景观指数分析景观格局变化，寻找湿地转化的主要驱动因素，利用模型预测不同政策模式下景观格局的时空变化，评价湿地景观格局变化引起的生态系统服务价值变化。

参考《湿地公约》、《全国湿地资源调查与监测技术规程》和全国《土地利用现状分类》（GB/T 21010—2007），结合生态城市特征，将土地一级分类与二级分类进行整合，湿地利用类型通常分为水域（包括河流和水库）、盐田、未利用地（盐生沼泽地）与滩涂四类湿地利用类型，各类型的定义见表5-1。

■ 表5-1　生态城市湿地类型分类

土地利用分类	含义
水域	包括河渠、湖泊、水库坑塘、滩地
盐田	包括盐田和鱼塘
未利用地	指沼泽化草甸湿地
滩涂	位于5m等深线以内的浅水海域

注：湿地公约定义中等深线6m以内的水域为湿地，且常规海图中渤海海域等深线标准为6m，因此本研究将5m等深线内的浅水海域等定义为滩涂湿地。

以生态城市近年地表形态图为底图提取滨海范围内的天然湿地，并将其矢量化得到底图时段内天然湿地面积，分析湿地面积和景观破碎化程度。

5.1.1.2 生态城市景观格局变化动态评价与分析

（1）研究方法

景观格局分析是景观生态学基本理论研究的重要组成部分，也是景观生态评价、规划、管理及建设等应用方向的基础。其中，景观格局是指具体生态系统存在"元素"的空间关系——主要指与生态系统的大小、形状、数量、类型及相关的能量、物质和物种的分布。景观生态系统空间结构在很大程度上制约其功能的特征及其发挥，影响着其中物质、能量和信息各种流的过程及其形，并对景观的性质、变化方向起着决定性作用。分析景观结构的目的在于从看似无序的景观中发现潜在的有意义的有序或规律，并把景观的空间特征与时间过程联系起来，研究其随时间的变化、演替和外界干扰对景观结构的影响，而能够更为清楚地研究和把握景观结构与生态过程相互作用的内在规律性，揭示土地利用/覆盖变化所导致的景观格局变化对生态环境的影响。

景观指数是指能够高度浓缩景观格局信息，反映其结构组成和空间配置某些方面特征的简单定量指标。景观格局特征可以在以下三个层次上分析。

① 单个斑块（individual patch）。

② 由若干单个斑块组成的斑块类型（patch style 或 class）。

③ 包括若干斑块类型的整个景观镶嵌体（landscape mosaic）。

因此，景观格局指数亦可相应地分为斑块水平指数（patch-level index）、斑块类型水平指数（class-level index）以及景观水平指数（landscape-level index）。

（2） 景观指数选取

选取合适的景观格局指数是正确进行景观格局评价的关键，对景观指数的评价应从 3 个方面考虑。

① 就单个指数而言，主要考虑它的提出有无较完善的理论基础，能否较好地描述景观格局、反应格局与过程之间的联系。

② 就指数体系而言，体系中的各个景观指数除了要满足对单个指数的要求，还要考虑相互独立性。

③ 就实际应用而言，要求景观指数不但有较强的纵向比较能力，还要求它有较强的横向比较能力。

综合考虑景观指数特点及滨海地区景观特征，从斑块类型和景观水平尺度选取若干景观指数，形成生态城市景观格局评价指标体系（表 5-2）。

■ **表 5-2　某生态城市景观格局评价指标体系**

指标分类	指标名称	应用尺度
面积指标	斑块类型面积（CA）	类型/景观
密度大小及差异指标	斑块个数（NP）	类型/景观
	斑块密度（PD）	类型/景观
	斑块所占景观面积的比例（PLAND）	类型/景观
	最大斑块所占景观面积的比例（LPI）	类型/景观
边缘指标	边界密度（ED）	类型/景观
形状指标	景观形状指数（LSI）	类型/景观
	平均分维数（FRAC_MN）	类型/景观
聚散性指标	蔓延度指数（CONTAG）	类型/景观
	散布与并列指数（IJI）	类型/景观
	聚集度（AI）	类型/景观
多样性指标	香农均度指数（SHEI）	景观
	香农多样性指数（SHDI）	景观

（3） 生态城市整体景观格局变化分析

为了反映景观整体格局变化，可借助于景观格局分析软件 Fragstats 3.3，计算得到研究区调查年份的景观水平特征指数，见表 5-3。

景观斑块总数 NP 的增加反映了景观的破碎化在加剧，反之则 NP 值下降。斑块密度 PD 的增加反映了土地利用集约度的增强。最大斑块所占面积的比例 LPI 则反映了人类的活动对主要土地利用类型利用方式的影响和改变。边界密度可以进一步反映景观的破碎化程度，如景观水平上的边界密度在逐年增大，除了能够表明景观的边界长度在增加和景观在逐渐破碎化外，还可说明景观边界形状的复杂程度也在增加。边界密度与斑块数变化趋势一致，不断增长，表明破碎化也不断增长。

■ 表 5-3   景观格局变化分析常用的景观指数

	景观指数
密度大小及差异指标	斑块个数（NP）
	斑块密度（PD）
	最大斑块所占景观面积的比例（LPI）（%）
边缘指标	边界密度（ED）
形状指标	景观形状指数（LSI）
	平均分维数（FRAC_MN）
聚散性指标	蔓延度指数（CONTAG）（%）
	散布与并列指数（IJI）（%）
	聚集度（AI）（%）
多样性指标	香农均度指数（SHEI）
	香农多样性指数（SHDI）

LSI 随景观形状不规则的增加，或随景观优势的数额增加而增加。景观形状指数 LSI 的增加可反映出景观利用多样性增加，景观形状越来越多样化。景观的平均分维数反映了区域景观形状复杂性。当城乡规划执行较好，建设用地能够比较合理地进行布局时，平均分维数变小，土地利用类型趋向稳定，说明区域城市化水平正逐步进入成熟阶段。

蔓延度指数（CONTAG）和散布与并列指数（IJI）这两个指标是衡量景观总体分布的指标。蔓延度指数描述的是景观中不同斑块类型的团聚程度，而散布与并列指数是指不同斑块类型在景观中的混杂。景观蔓延度指标的变化可以说明景观连通性的好坏。景观蔓延度指数的下降反映了景观连通性的下降。散布与并列指数（IJI）在景观级别上计算各个斑块类型间的总体散布与并列状况，当散布与并列指数（IJI）减少，反映出土地利用类型的减少。聚集度指数反映优势景观在整体中的优势程度，若聚集度指数较大，表明景观由少数景观类型所控制。

香农多样性指数（SHDI）与香农均匀度指数（SHEI）也反映了生态城市景观破碎程度，当城市经济迅速发展，建设用地猛增，导致景观中建设用地优势度明显增加，SHDI 与 SHEI 均会迅速减少。

5.1.1.3   基于 CLUE-S 模型的湿地景观空间变化模拟

(1) CLUE-S 模型原理

CLUE-S（The Conversion of Land Use and its Effects at Small Region Extent）模型是一种在较小尺度上模拟土地利用变化及其环境效应的模型，该模型是在对区域土地利用变化经验理解的基础上，通过对土地利用变化与其社会、经济、技术及自然环境等驱动因子之间的关系的定量分析，来模拟土地利用变化，探索土地利用时空演变的基本规律，进而对未来土地利用变化进行预测的经验量化模型。

CLUE-S 模型是 CLUE 模型的改进，与 CLUE 模型相比，CLUE-S 模型是基于高分辨率（一般大于 1 km×1 km）空间图形数据构建的，适用于中小尺度土地利用变化研究。CLUE-S 模型的假设条件是，一个地区的土地利用变化是受该地区的土地利用需求驱动的，并且一个地区的土地利用格局总是和土地需求以及该地区的自然环境和社会经济状况处在动态的平衡之中。在此假设的基础上，CLUE-S模型运用系统论的方法处理不同土地利用类型之间的竞争关系，实现对不同土地利用变化的关联性，土地利用变化的等级特征，土地利用变化的竞争性和土地利用的相对稳定性等。

① 模型结构　CLUE-S模型分为两个模块（图5-1），即非空间需求模块（或称非空间分析模块）和空间分配过程模块（或称空间分析模块）。非空间需求模块计算研究区每年所有土地利用类型的需求面积变化；空间分配过程模块以非空间需求模块计算结果作为输入数据，以栅格为基础系统根据模型规划对每年各种土地利用类型的需求进行空间分配，实现对景观变化的空间模拟。

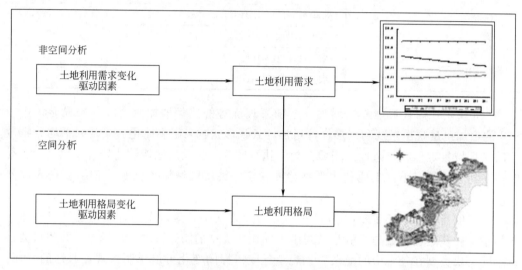

图 5-1　CLUE-S 模型流程示意

② 模型参数　模型需要输入的主要参数包括四个方面：政策和限制区域、土地利用需求、空间位置分配规则和土地利用类型转化规则。

对土地利用变化进行模拟时，其结果必须支持土地利用方面的相关政策。一些政策在某区域限制任何土地利用变化，如自然保护区等。有些政策可能在一定程度上限制土地利用的变化，如农田的基本面积保护政策等。对于严格禁止开发的区域在CLUE-S模型中生成限制图层来控制其变化；而那些对土地利用变化有影响的政策可通过模型中的转移矩阵来体现。土地利用需求由非空间需求模块完成，也称非空间模块。非空间模块中的土地利用需求基于一系列的方法，不同的预案可以应用不同的方法，包括从简单的历史趋势外推法到复杂的经济学模型等多种方法。模型的选择主要依据研究区土地利用变化的主要特点和需要考虑的研究区的不同情景，但这些结果必须以年为步长。

土地利用需求在空间模块中的分配是综合对土地利用的经验分析、空间变异分析以及动态模拟实现的（图5-2）。其中，经验分析和空间变异分析主要揭示土地利用空间分布与其备选驱动因素以及空间制约因素的关系，往往揭示了土地利用的空间分配与其驱动力之间的关系，可以生成不同土地利用类型概率分布适宜图，衡量不同土地利用类型在每一空间单元（栅格）分布的适合程度。此外，空间模块还允许作者根据研究地区土地利用的实际情况定义一组规划对不同土地利用转化的难易程度进行控制，比如通过

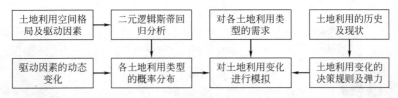

图 5-2　基于栅格地图的土地利用变化分配示意

对耕地设定较高的稳定性参数，以增加耕地向建设用地的转化难度，达到保护耕地的目的等。

(2) 模拟与验证

在情景模拟之前需要对模型的模拟精度进行检验。模拟与验证需要选取当地数据，并用 kappa 指数对模拟结果进行检验。

① 数据准备　由于 CLUE-S 模型面积比例的限制，需要将分类系统整合，并将矢量景观类型图用软件 ARCVIEW3.3 转化为栅格格式（GRID 文件格式），栅格大小为 200m×200m，然后转化为 ASCⅡ文件，以便输入 CLUE-S 文件进行模拟。

② 空间分辨率和时间尺度设定　空间分辨率和预测时间尺度的设定对模型模拟结果有着决定性的影响，是模型工作研究的前提。

空间尺度指模型模拟过程中采用的空间分辨率（栅格大小），依据前人研究结果。

③ 空间分析　CLUE-S 模型所需的驱动力因素是直接影响各土地利用类型空间分布格局的驱动因素。以某地区 B 为例，选取距主要水库距离、高程、距海岸线距离、距各区村庄距离、距主要道路距离、距主要河流距离、人口密度、城市化水平、GDP、财政支出和全社会固定资产投资总额 11 个自然因素、社会经济因素与政策因素作为驱动力。其中，高程反映区域自然状况，距主要水库距离、距海岸线距离、距各区村庄距离、距主要道路距离、距主要河流距离、人口密度、城市化水平和 GDP 代表区域社会经济状况，财政支出和各区全社会固定资产投资总额反映政府对该地区政策倾斜程度，因此代表政策因素。分别把这 11 个驱动力空间化，即制作成模型可以调用的 ASCⅡ格式文件。各驱动力空间分布见图 5-3。

通过模型自带的 cover 工具把单一土地利用类型图和驱动力文件一并转为 spss 软件可以读取的 stats. txt 文件，用 SPSS 软件进行二元逻辑斯蒂回归运算，并进行 ROC 检验。根据回归结果分析距主要水库的距离等驱动因子与各类土地利用类型变化的相关性，确定驱动因子，也得到影响土地利用变化的主要因素。

④ 转化强度与转化规则设定　根据遥感解译数据与土地利用现状图矢量数据，利用内插法得到土地利用数据。土地利用类型转化强度（即变化弹性参数 ELAS）是根据区域土地利用系统中不同土地利用类型变化的历史情况以及未来土地利用规划的实际情况而设置的，其值越大，稳定性越高。需要说明的是，稳定性参数的设置主要依靠对研究区土地利用变化的理解与以往的知识经验，当然也可以在模型检验的过程中进行调试。根据前人研究工作中的设置和研究区土地利用现状特点和变化特征，分别给不同的土地利用类型赋予 ELAS 参数值，为最后的模拟选择一个较为合适的参数方案。

⑤ 模拟与检验　完成以上参数文件设定以后，运行 CLUE-S 模型，生成土地利用类型模拟图。CLUE-S 模型生成的模拟图文件格式是 ASCⅡ文件，这种格式的文件不

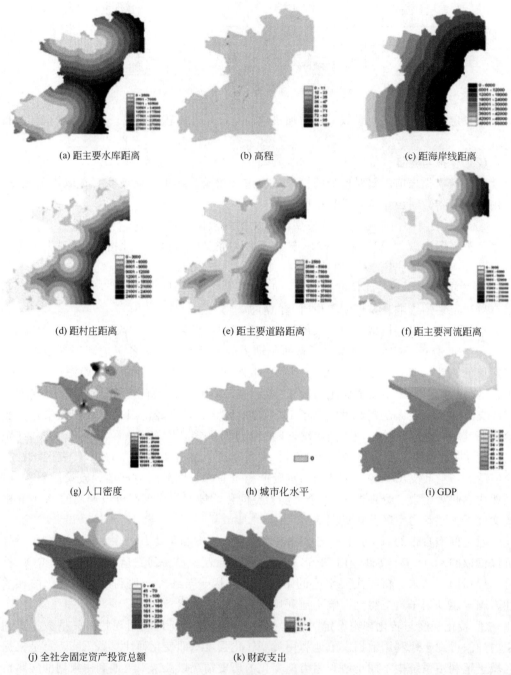

图 5-3　驱动因子空间化图

能直接显示成空间图，需要用 Acview 软件将其读取为面 grid 文件，最终生成空间化的土地利用类型模拟图。

模拟的精度如何，可以通过用土地利用现状图对模拟图加以验证。Kappa 指数可以定量地反应模拟效果。利用 Acview 软件对 2004 年的土地利用现状图和模拟图进行栅格运算，计算出标准 Kappa 指数为 0.80。模拟效果比较理想，说明 CLUE-S 模型可以较好地模拟土地利用/覆被变化，可以将其应用于不同土地利用情景模式下的土地利用/覆被变化模拟。

（3）模拟结果

土地需求量预测的方法很多，但主要分为回归分析法、时间序列分析法和模型法。时间序列分析是根据所给的有序数的集合，进行统计规律分析，构选出拟合这个时间序列的最佳数学模式，浓缩时间序列的信息，然后利用数学模式预测未来的发展趋势，并对预测结果做出误差分析。采用时间序列分析预测研究区土地需求量的变化趋势主要基于两个基本假设：一是决定土地利用需求量的历史因素，在很大程度上仍决定土地需求量的未来发展趋势，这些历史因素作用的机理和数量关系保持不变或变化不大；二是未来的变化趋势表现为渐进式，而非跳跃式。

传统的平均增长法、回归分析法、用地定额指标法等土地需求量预测方法，虽然简单实用，但在先进性和准确性方面相对比较欠缺。ARIMA 模型在做时间序列分析时，根据历史数据的变动规律，找出数据变动模型（移动平均数、周期成分），从而实现对未来的预测。它不仅预测准确，而且灵活有度。灰色预测建模 GM（1，1）方法具有所需信息较少、方法简单的特点。本书采用时间序列分析中的 ARIMA 方法和 GM（1，1）方法结合的方法，并根据研究区土地面积对计算结果加以调整。

5.1.1.4 生态城市生态系统服务价值对湿地演变响应

（1）生态城市生态系统服务价值体系构建

在科学界有关生态系统服务价值的研究中，广为学术界所接受的研究成果是 1997 年 Costanza 等在《Nature》上发表的"全球生态系统服务价值和自然资本"一文。该项研究使生态系统服务价值估算的原理及方法从科学意义上得以明确，并以生态服务供求曲线为一条垂直直线为假定条件，逐项估计了各种生态系统的各项生态服务价值。该方法在中国被迅速应用于评估各类生态系统的生态服务经济价值，在生态系统服务领域的多个方面都获得了一些研究成果。但 Costanza 的方法及其在中国的应用仍然存在很大争议和缺陷。无论用什么方法评估生态系统服务价值可能永远有争议，在没有更恰当、科学和正确的方法的情况下，基于 Costanza 的方法并根据中国生态系统和社会经济发展状况进行改进，是一项有意义的工作。因此，谢高地等在 Costanza 研究的基础上，对我国 200 位生态学者进行问卷调查以及进行修正，得出了我国陆地生态系统单位面积生态服务价值当量（表 5-4）。

■ 表 5-4 中国生态系统单位面积生态服务价值当量

一级类型	二级类型	森林	草地	农田	湿地	河流/湖泊	荒漠
供给服务	食物生产	0.33	0.43	1.00	0.36	0.53	0.02
	原材料生产	2.98	0.36	0.39	0.24	0.35	0.04
调节服务	气体调节	4.32	1.50	0.72	2.41	0.51	0.06
	气候调节	4.07	1.56	0.97	13.55	2.06	0.13
	水文调节	4.09	1.52	0.77	13.44	18.77	0.07
	废物处理	1.72	1.32	1.39	14.40	14.85	0.26

续表

一级类型	二级类型	森林	草地	农田	湿地	河流/湖泊	荒漠
支持服务	保持土壤	4.02	2.24	1.47	1.99	0.41	0.17
	维持生物多样性	4.51	1.87	1.02	3.69	3.43	0.40
文化服务	提供美学景观	2.08	0.87	0.17	4.69	4.44	0.24
合计		28.12	11.67	7.9	54.77	45.35	1.39

① 生态城市生态系统服务类型确定　区域内生态系统的总量是一个随时间变化的量值，它是本区域内所有生态系统类型提供的生态系统服务功能及其生态资源价值的总和，并随着区域内所含有的生态系统类型、面积、质量的变化而变化。关于价值的评价也是结合自然生态系统为人类生存直接提供各种原料或产品，并在大尺度上产生调节气候、净化污染、涵养水源、保持水土、防风固沙、减轻灾害、保护生物多样性等功能的基础上，采用服务功能价值系数进行量化。因此，对区域的生态系统服务进行评估，首先应确定生态系统类型与生态服务类型（表5-5）。

■ 表5-5　生态服务类型的划分

一级类型	二级类型	与Costanza分类的对照	生态服务的定义
供给服务	食物生产 原材料生产	食物生产 原材料生产	将太阳能转化为能食用的植物和动物产品 将太阳能转化为生物能，作建筑物或其他用途
调节服务	气体调节 气候调节 水文调节 废物处理	气体调节 气候调节、干扰调节 水调节、供水 废物处理	维持大气化学组分平衡，吸收SO_2等有害气体 对区域气候的调节作用，如增加降水、降低气温 生态系统的淡水过滤、持留、储存及供给淡水 植被对有害化合物的去除和分解作用，滞留灰尘
支持服务	抵御侵蚀 保持土壤 生物多样性	侵蚀控制 土壤形成、营养循环 栖息地、基因资源	防止海岸被风、水侵蚀 有机质积累，养分循环和累积 野生动植物基因来源和进化、栖息地
文化服务	美学景观	休闲娱乐、文化	具有（潜在）娱乐用途、文化和艺术价值的景观

滨海地区耕地、未利用地、盐田、水域和滩涂5类生态系统划分为食物生产、原材料生产、景观愉悦、气体调节、气候调节、水源涵养、抗御海岸侵蚀、土壤形成与保持、废物处理、生物多样性维持10项生态服务功能（表5-5）。

② 生态系统类型当量值确定　谢高地等基于生态系统服务价值不能由可观察到的或间接的市场行为确定等原因，采用意愿调查价值评估法，通过问卷调查和基于调查对象的回答来确定生态系统服务类型的当量值。此外可结合专家咨询，确定生态系统服务价值当量（表5-6）。

■ 表5-6　某地生态系统单位面积生态服务价值当量表

一级类型	二级类型	林地	耕地	水域	盐田	滩涂	未利用地
供给服务	食物生产 原材料生产	0.33 2.98	1.00 0.39	0.53 0.35	0.20 0.96	0.45 0.10	0.36 0.24
调节服务	气体调节 气候调节 水文调节 废物处理	4.32 4.07 4.09 1.72	0.72 0.97 0.77 1.39	0.51 2.06 18.77 14.85	0.12 0.35 0.47 2.01	0.66 2.35 3.98 16.80	2.41 13.55 13.44 14.40

一级类型	二级类型	林地	耕地	水域	盐田	滩涂	未利用地
支持服务	抵御海岸侵蚀	1.02	1.01	0.53	1.54	4.67	1.87
	保持土壤	4.02	1.47	0.41	0.45	1.03	1.99
	维持生物多样性	4.51	1.02	3.43	0.41	3.43	3.69
文化服务	提供美学景观	2.08	0.17	4.44	1.56	4.55	4.69
	合计	29.14	8.91	45.88	8.07	38.02	56.64

③ 生态系统单位面积生态服务价值确定　根据 Costanza、鲁春霞、胡瑞法等的研究，谢高地等计算中国 1 个生态服务价值当量因子的经济价值量为 449.1 元/hm²，该价值为全国平均状态的生态系统生态服务价值量。

一般来说，生态系统的生态服务功能大小与该生态系统的生物量有密切关系，生物量越大，生态服务功能越强。谢高地等假定生态服务功能强度与生物量成线性关系，提出以生物量大小来修订生态服务单价公式，以便该研究成果在各地域的应用。其修订办法见公式(5-1)：

$$p_{ij} = (b_j/B)p_i \tag{5-1}$$

式中　p_{ij}——订正后的单位面积生态系统的生态服务价值；

i——不同的生态系统服务功能；

j——不同的生态系统；

b_j——j 类生态系统单位面积平均生物量；

B——全国生态系统类型单位面积平均生物量；

p_i——不同生态系统服务价值单价。

本研究借鉴其修订公式，p_i 直接代表中国 1 个生态服务价值当量因子的经济价值量 449.1 元/hm²。

由于气候生产力反映的是在特定气候条件下、在适宜的土壤条件下，植物的生长速度与环境对生物量的容纳程度，因此，以各省（市、区）气候生产力与全国气候生产力均值的比值代替公式(5-1) 中 b_j 与 B 的比值，对研究区生态系统的单位生态服务价值进行修正，见公式(5-2)：

$$p_{ij}^k = (NPP_k/NPP)p_i \tag{5-2}$$

式中　p_{ij}^k——k 省（市、区）j 类生态系统各项生态服务价值单价；

NPP_k——k 省（市、区）的气候生产力；

NPP——全国气候生产力平均值；

p_i——中国 1 个生态服务价值当量因子的经济价值量。

对全国气候生产力的计算，以分布于全国各地的 731 个气象站点自 1972～2001 年共 30 年时间长度的实测气象数据为原始计算数据，运用 Miami 模型进行气候生产力估算，具体见公式(5-3)、式(5-4)：

$$NPP = 3000/[1 + \exp(1.315 - 0.119t)] \tag{5-3}$$

$$NPP = 3000[1 - \exp(-0.000664p)] \tag{5-4}$$

式中　NPP——气候生产力，g/(m² · a)；

t——年均温，℃；

p——年均降水，mm；NPP 的值以以上两个公式得出的较小值为最终值。

由以上公式得出的气候生产力为 $808g/(m^2 \cdot a)$，全国气候生产力平均值为 $1101.8g/(m^2 \cdot a)$。

根据公式(5-1)，订正后的 1 个生态服务价值当量因子的经济价值量为 327.26 元/hm^2。以该价值量与各生态系统单位面积生态服务价值当量相乘即得到单位面积生态系统的生态服务价值单价。

(2) 生态系统服务价值对湿地演变动态响应

对研究区生态系统服务功能价值的计算的研究套用 Costanza 的 ESV 计算公式来计算。生态系统服务价值的计算公式为：

$$ESV = \sum VC_k \times A_k \tag{5-5}$$

$$ESV_f = \sum VC_{fk} \times A_k \tag{5-6}$$

式中　ESV——生态系统服务总价值，元；

VC_k——生态价值系数，元/$(hm^2 \cdot a)$；

A_k——研究区内土地利用类型 k 的分布面积，hm^2；

ESV_f——生态系统单项服务总价值，元；

VC_{fk}——单项服务功能价值系数，元/$(hm^2 \cdot a)$。

采用 Costanza 的 ESV 计算[式(5-5)]生态系统服务价值，并根据生态系统单项服务功能价值（ESV_f）变化总体趋势分析各项服务功能水平，根据分析结果确定保持和提升生态承载力的主要手段。

5.1.2　基于 NDVI 的湿地变化及预测技术

由于植被具有明显的季节变化和年际变化的特点，是连接土壤、大气和水分的自然"纽带"和影响全球生态变化的主要驱动因子，在自然诸因素中，植被是指示生态环境变化依赖性最大的一个因素，它对其他因素（气候、地形、地貌、土壤、水文条件等）的改变最为敏感，因此在生态城市范围内开展植被覆盖度动态变化的定量研究，剖析其变化原因，对当地生态环境变化研究、区域景观恢复以及生态建设具有一定的指导意义。

以往针对植被覆盖度的研究中是以定性的分析为主，定量分析主要包括目测估算法、概率估算法和仪器测量法，传统的测量方法既耗时耗力，局限性较大，又容易造成较大的误差，不利于大范围、多时相植被信息的提取。采用遥感量测法可以快速、大范围地提取植被信息。遥感量测法即利用遥感技术提取研究区的植被光谱信息，再将其与植被覆盖度建立相关关系，进而获得植被覆盖度，最后借助土地空间变化转移矩阵对区域内不同植被覆盖的转移趋势进行定量分析评价。

5.1.2.1　数据来源与预处理

(1) 遥感数据来源及选取

遥感数据选取 USGS（美国地质调查局）所提供的美国陆地卫星（Landsat）TM 和 MSS 遥感数据以及 Landsat7 所提供的 ETM 遥感影像，遥感影像的选取时间上保持相对一致，同时利用 Erdas 平台的监督分类模块对遥感影像进行分析，进而最大程度上避免因季节变化以及陆域面积的差异对植被覆盖研究所造成的影响。

（2）预处理过程

① 图像波段合成 Landsat 卫星遥感数据下载后需要对各波段进行彩色合成，利用 ERDAS9.0 的 interpreter 模块中 utilities 菜单下的 layer stack 选项，可以对下载的各波段数据根据实际需要进行波段合成。

② 图像几何校正 根据地形图，运用 ERDAS IMAGINE 9.0 软件下的图像几何校正计算模型对遥感影像进行几何纠正，采用二次多项式拟合法进行影像配准，然后运用临近点插值法进行重采样，均方根误差控制在 0.5 个像元以内。

③ 辐射增强 ERDAS9.0 为使用者提供了直方图均衡化、直方图匹配、亮度反转、降噪处理等多种辐射增强的方法，以直方图匹配方法为例，该方法是对图像查找表进行数学变换，使一幅图像某个波段的直方图与另一幅图像对应波段相似，或使一幅图像的所有波段的直方图与另一幅图像所有对应波段相似，多用于多时相遥感图像动态变化研究的预处理工作。

④ 投影转换 为了使陆地卫星数据资料与地面辅助图形、掩膜文件的空间参考信息一致，必须对研究中所需的栅格及矢量数据进行统一投影转换，本书选取 WGS84 地理坐标系和 UTM（通用横轴墨卡托）投影方式。

⑤ Landsat7ETM＋图像修复 由于 Landsat7 于 2003 年 5 月 31 日发生故障，导致所提供的遥感影像出现坏行，难以正常使用，国际科学数据服务平台（http：//dat-amirror.csdb.cn/）提供了 Landsat7ETM＋的多影像固定窗口回归分析模型，利用多景不同时相的遥感数据并采用局部回归分析方法对一景影像进行缝隙填充，以达到图像修复的目的，修复结果见图 5-4。

图 5-4　ETM＋遥感影像修复前后对比

⑥ 掩膜裁切 为了使区域范围具有参照可比性，陆域边界参照行政区划进行矢量，在 Arcgis9.2 中矢量后区域范围导入 ERDAS8.7 转成 aoi 格式，作为研究区域裁切的掩膜图层。

经过预处理后的遥感影像如图 5-5 所示。

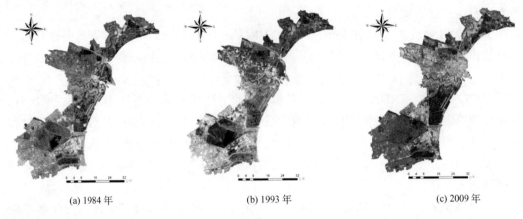

| (a) 1984 年 | (b) 1993 年 | (c) 2009 年 |

图 5-5 预处理后遥感影像

5.1.2.2 NDVI 和植被覆盖度遥感定量模型计算

(1) NDVI（归一化植被指数模型）计算

植被指数是遥感监测地面植物生长和分布的一种方法。由于不同绿色植被对不同波长光的吸收率不同，光线照射在植物上时，近红外波段的光大部分被植物反射，而可见光波段的光则大部分被植物吸收，通过对近红外和红外波段反射率的线性或非线性组合，可以增强植被特征，得到的特征指数称为植被指数。在遥感应用领域，植被指数已被广泛用于定性和定量评价植被覆盖及其生长活力。目前，使用较多的植被指数有 DVI、RVI、GVI、DDVI、PVI、EVI、NDVI 等几十种，其中 NDVI（归一化植被指数模型）是遥感监测中最常用的参数，模型的计算公式为：

$$\text{NDVI} = \frac{\text{IR} - R}{\text{IR} + R} \tag{5-7}$$

在 ERDAS IMAGINE9.0 软件的光谱增强模块中用 indices 命令对 TM、ETM+影像进行 NDVI 计算，得到研究区不同时相的 NDVI 灰度图，式中，IR 为近红外光波段，R 为红光波段。NDVI 灰度影响见图 5-6。

(2) 植被覆盖度遥感定量模型计算

为使植被指数能够定量地反映植被信息，研究选用植被覆盖度遥感定量模型，将 NDVI 指数转换为植被覆盖度，进而对植被覆盖度进行等级划分，以达到植被覆盖量化的目的，使植被生态景观面积变化的定量评价更为直观。

$$f = \frac{\text{NDVI} - \text{NDVI}_{\min}}{\text{NDVI}_{\max} - \text{NDVI}_{\min}} \tag{5-8}$$

式中 f——植被覆盖度；

$\text{NDVI}_{\min}$、$\text{NDVI}_{\max}$——最小、最大归一化植被指数值。

在通过以上模型得到区域不同时相的植被覆盖灰度图的基础上，对其进行重新分类，将植被覆盖度按其灰度值大小划分为 5 个等级，分类依据主要参考国家"土地利用

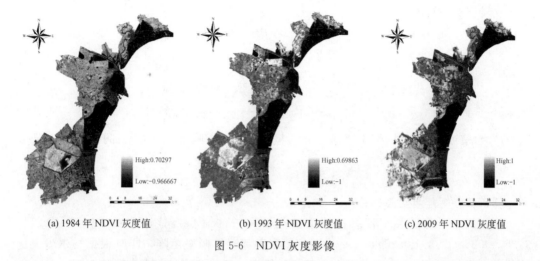

(a) 1984 年 NDVI 灰度值　　　(b) 1993 年 NDVI 灰度值　　　(c) 2009 年 NDVI 灰度值

图 5-6　NDVI 灰度影像

现状调查技术规程"以及全国"草场资源调查技术规程"中关于区域植被覆盖等级的相关内容，分类情况见表 5-7。

■ **表 5-7　植被覆盖度等级划分对应表**

级别	植被覆盖度	覆盖等级	植被描述
一级	＞60％	优等覆盖	密灌木地、密林地、灌木林地等
二级	30％～60％	良等覆盖	高盖度草地、林地等
三级	15％～30％	中等覆盖	中低产草地、沙地等
四级	5％～15％	差等覆盖	有稀疏林地和零星植被分布等
五级	5％以下	劣等覆盖	植被覆盖较少，水域及居民区等

(3) 各级各时相植被覆盖的面积

利用 Arcgis9.2 的数据转换功能（Conversion Tools），将植被覆盖度的栅格数据转换为矢量数据，并利用属性数据的空间计算器对研究区域不同时相各级植被的覆盖面积进行分别统计。各级植被覆盖发生的变化成为植被演变的有力佐证。

(4) 不同时相植被覆盖转移矩阵结果

为了进一步定量地描述植被覆盖度动态变化的具体情况，研究选用 Arcgis9.2 空间分析模块下的转移矩阵模块，两个时间段分别建立植被覆盖等级面积的转移矩阵和各级植被覆盖面积转出转入统计表。

5.1.2.3　基于马尔可夫链理论的植被变化分析预测

(1) 马尔可夫链模型

马尔可夫链模型在土地利用变化建模中应用广泛，是预测土地利用数量变化的较好方法。选用马尔可夫链模型对植被覆盖变化进行预测分析，从而分析现有自然与人为驱动因素下植被覆盖未来的变化趋势，该理论是一种用于随机过程系统的预测和优化控制问题的理论。它研究的对象是事物的状态及状态的转移，通过对各种不同状态初始占有率及状态之间转移概率的研究，来确定系统发展的趋势，适用于在外部条件相对稳定条件下，土地覆盖动态变化的预测研究。为提高模型预测精度，需利用多年的植被覆盖变化建立转移概率矩阵。

$$P = \begin{bmatrix} P^{11} & P^{12} & P^{13} & \cdots & P^{15} \\ P^{21} & P^{22} & P^{23} & \cdots & P^{25} \\ P^{31} & P^{32} & P^{33} & \cdots & P^{35} \\ \cdots & \cdots & \cdots & \cdots & \cdots \\ P^{n1} & P^{n2} & P^{n3} & \cdots & P^{n5} \end{bmatrix} \tag{5-9}$$

P_{ij} 为植被覆盖类型 i 转移为 j 的转移概率，转移矩阵每一个元素都具有以下特点：

$$0 \leqslant P_{ij} \leqslant 1; \sum_{j=1}^{n} P_{ij} = 1$$

(2) 转移矩阵与动态模拟

初始状态矩阵以某年各级植被覆盖类型所占的面积百分比表示 $S(0) = (0.11,$ $0.35, 0.25, 0.06, 0.23)$，以一个时间段来确定转移概率矩阵，同时根据马尔可夫链的基本方程[公式(5-10)]，可以得到某年后任何一年的植被覆盖概率转移矩阵。

$$P_{ij} = \sum_{k=0}^{n-1} P_{ik} P_{ij}^{(n-1)} = \sum_{k=0}^{n-1} P_{ik}^{(n-1)} = P_{kj} \tag{5-10}$$

5.2 区域水系统规划与构建技术研究

5.2.1 湖库污染信息系统软件开发

5.2.1.1 开发设计技术平台和支撑软件

该系统不仅是对监测资料的储存和管理，而且针对未来底泥疏浚工程及环境管理开发了分析、计算功能，为未来的治理提供了依据。

(1) 平台选择

本系统采用 ESRI 提供的 ArcGIS 产品作为开发平台，ESRI 是唯一为 GIS 各个领域提供解决方案的 GIS 软件供应商，从为单用户设计的小应用到复杂的企业级应用，随着对 GIS 需求的增长，ESRI 软件解决方案也随着提高。因为 ArcGIS 是作为整体系统设计的，所以通过从产品系列中选择合适的产品就可以创建自己的 GIS 结构。本系统将使用到 ESRI 产品，包括：

① ArcSDE——ArcSDE 是个通道，可以很方便地管理存在于数据库管理系统中的空间数据。ArcSDE 可以管理四个商业数据库的地理信息：IBM DB2，IBM Informix，Microsoft SQL Server 和 Oracle，也可以用 ArcSDE for Coverages 管理文件形式数据。ArcSDE 为 ArcGIS Desktop 提供空间数据，并可通过 ArcIMS 分发到 Internet 上，它是管理多用户空间数据库的主要组成部分。

② ArcIMS——ArcIMS 是一个基于 Internet 的 GIS，它允许集中建立大范围的 GIS 地图、数据和应用并将这些结果提供给组织内部的或 Internet 上的广大用户。ArcIMS 包括了客户端和服务器端两方面的技术。它扩展了普通站点，使其能够提供 GIS 数据

和应用服务。ArcIMS 包括了免费的 HTML 和 Java 浏览工具，但 ArcIMS 同时也支持其他的客户端，比如 ArcGIS Desktop、ArcPad 和无线设备。

③ ArcEditor——ArcGIS 包含一套完整的应用 ArcMap、ArcCatalog、ArcToolbox。使用这三个应用程序，可以执行任何 GIS 任务，从简单到高级，包括制图、数据管理、地理分析、数据编辑和空间处理。此外，ArcGIS 通过 ArcIMS 服务获得 Internet 上丰富的空间数据和资源。ArcGIS 桌面是全面的、完整的、可伸缩的系统，可满足广大 GIS 用户的需求。

④ ArcEngine——ArcGIS Engine 是一组跨平台的嵌入式 ArcObjects，它是 ArcGIS 软件产品的底层组件，用来构建定制的 GIS 和桌面制图应用程序，或是向原有的应用程序增加新的功能。ArcGIS Engine 应用程序可以是简单的地图浏览器，也可以是定制的 GIS 编辑和分析程序。通过 ArcGIS Engine 构建的应用，既可以以地图显示为中心，也可以不是，这一点非常重要。这一特性使 ArcGIS Engine 特别适合于构建非 GIS 为中心的应用。

(2) 设计原则

① 先进性和成熟性　以开放的标准为基础，采用国际上成熟的、先进的、具有多厂商广泛支持的软、硬件技术来实现，保证整体架构在未来几年内不落后。

② 可靠性和稳定性　系统方案必须具有较高的可靠性，关键设备关键部件应有冗余配置，提供各种故障的快速恢复保证。

③ 易于实施、管理与维护　整个系统架构必须具有良好的可实施性与可管理性，同时还要具有较佳的易维护性。

④ 具有较好的可伸缩性　必须具有良好的可伸缩性。整个系统架构必须留有接口，关键功能应具有较强扩展的能力，以适应将来工程规模拓展的需要。

⑤ 安全性、可管理性　整个系统应具有较强的安全验证能力，对于信息的安全提供一定的安全保障，同时在权限管理上，做到操作方便、逻辑清晰。

(3) 开发原则

① 数据库开发

a. 数据库服务器使用 SUN 服务器，采用机热备份。

b. 数据库服务器的操作系统使用 Solaris 8。

c. 数据库软件使用 Oracle 9i。

d. 采用分布式数据库系统。

② 维护开发扩展

a. 提供详细的开发文档及部代码。

b. 请用户方技术人员全程参与系统开发。

c. 按照需求说明书，详细划分功能应用类及具体内容，根据功能应用类制作开发包。

d. 所有应用开发包需提供标准的函数、组件及接口，能够使用户在此基础上进行 UML 开发。

(4) 支撑软件

采用 Windows 98、Windows 2000 或 Windows XP。浏览器使用 IE 6.0 以上版本。

系统涉及大量的矢量数据计算和图形图像显示，因此系统 cpu 主频最好在 3.2G 或双核 2G 以上，内存 1.5G 以上。

5.2.1.2　系统简介

(1) 主页面介绍

系统主页面主要包括系统菜单、工具栏、选项栏、地图和状态栏五个部分（图 5-7）。

图 5-7　软件主页面

① 系统菜单　系统的所有功能均可通过相应的菜单选项得以实现。

② 工具栏　菜单命令的快捷方式，菜单中的大多数命令均可通过点击工具栏中的图标按钮实现。

③ 选项栏　在页面左侧的上部列出了各种污染物的名称，其中的红色结点表示该污染物具有二期采样数据，点击结点名称系统将针对该污染物的采样值进行计算，生成内插栅格图及相应的等值线；在页面的中下部提供用来制作内插图所采用的颜色方案和所使用的泥层数据。

④ 地图　页面的主体部分是地图界面。其中将分辨率为 0.6m 的 quickbird 遥感影像作为系统的背景图，向用户展示污水库所处的地理位置；红色的五角星符号表示的是一期采样点，黄色的小圆点表示的是二期采样点，样点边上的数字表示该采样点的编号；当鼠标划过地图时弹出的数字为鼠标所在位置的某污染物经过内插后得到的具体数值。

⑤ 状态栏　从左到右共有 4 个部分，依次为信息提示部分、当前鼠标位置的经纬度、制作单位标识和进度条。

(2) 文件菜单

点击"另存图片"后，弹出如图 5-8 所示界面。

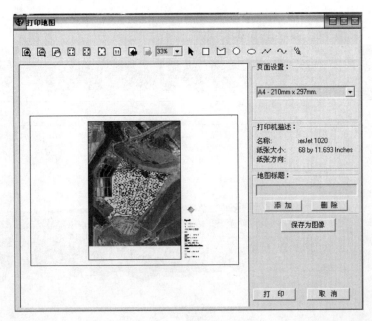

图 5-8　文件另存页面

通过选择上面工具栏中的各个工具，可以实现对页面的放大、缩小、漫游等操作，以及在将要保存（打印）的地图上绘制折线、矩形、圆形等要素。其中，工具栏中部的黑色箭头按钮为地图要素选择工具，用户点击选择该按钮之后，可以通过鼠标选中地图本身以及地图上的折线和圆等要素。当然，也可以选中图例和指北针，进而通过鼠标拖拽实现各个要素的位置和大小的调整，最终实现了地图布局的自定义功能。

页面右上方为页面设置部分，通过点击下拉列表，用户可以选择相应的页面，如 A4、A3 等。值得注意的是，随着页面设置的不同，用户打印以及保存图像的大小（分辨率）是不同的。

页面右侧的中部为地图标题部分，用户可以为地图添加和删除标题。

页面的下面是保存图像和打印按钮，分别用来完成将地图结果保存成图像和打印出图。

(3) 视图菜单

① 地图浏览操作　包括放大、缩小、漫游、全图显示、前一视图和后一视图等功能，其中放大和缩小既支持点击操作也支持拉框操作。

② 选择皮肤　系统有 22 种不同风格的系统界面，如时尚蓝色、红色管道等（图 5-9）。选择不同的皮肤，系统界面的颜色和风格将发生相应的变化。下次进入系统的时候，系统将使用上次退出时所使用的皮肤。

图 5-9　软件皮肤
选择下拉菜单

③ 水库三维表现　点击该按钮，系统将弹出新页面，用三维的方式表现污水库底泥的情况，如图 5-10 所示。

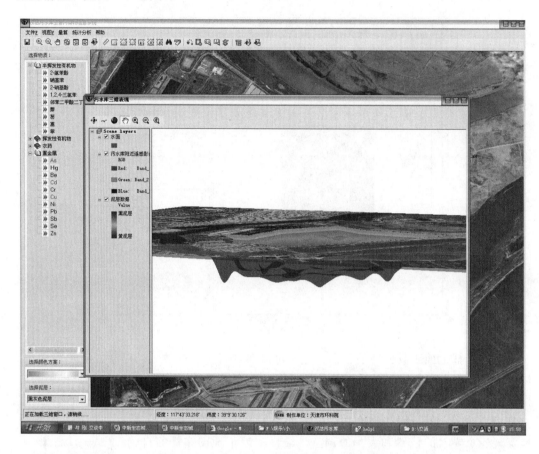

图 5-10　水库污水与底泥信息三维显示页面

通过页面上方工具栏的功能按钮，可以实现对污水库的三维浏览，包括放大、缩小、俯仰角的改变等。当选中其中的飞行功能（第二个工具栏按钮）之后，左键点击地图，地图将沿鼠标的方向向前飞行，用户的每次点击，飞行的速度将加快一倍；相应的右键为减速按钮，每次点击，飞行速度减小一倍，直至停止甚至向后飞行。

（4）量算菜单

① 基本量算功能　包括长度量算（可以计算，用户所画折线各个线段及折线总长）、矩形面积量算、多边形面积量算、圆形面积量算、矩形体积量算、多边形体积量算、圆形体积量算。其中，体积量算指的是选中范围内的污染底泥的体积，如图 5-11 所示。

② 条件体积量算　当用户点击条件体积量算功能按钮的时候，系统将弹出条件查询窗口如图 5-12 所示。

点击"添加条件"按钮，系统将弹出输入条件窗口，如图 5-13 所示。

从中可以选择相应的污染物及查询条件，注：查询的条件不能为空，且必须为数值型的。点击"确定"按钮将把相应的条件添加到"条件体积量算"窗口中。系统允许用

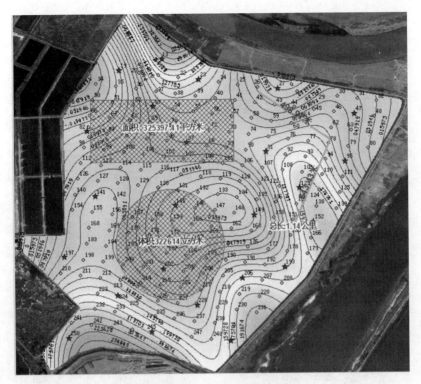

图 5-11　软件量算页面

图 5-12　软件条件体积量算页面

户添加一条或多条查询条件。

　　当添加完相应的查询条件之后，在"条件体积量算"窗口中，点击"确定"，系统将把满足条件的部分地图标识出来（图 5-14），同时把该部分的体积结果显示在地图中部及状态栏的左面。

　　③ 底泥剖面图　用户点击该工具之后，可在地图上任意位置画一条线段，系统将弹出所画位置的底泥剖面图，如图 5-15 所示。里面标识了各个泥层的剖面情况。

图 5-13　软件量算的输入条件窗口

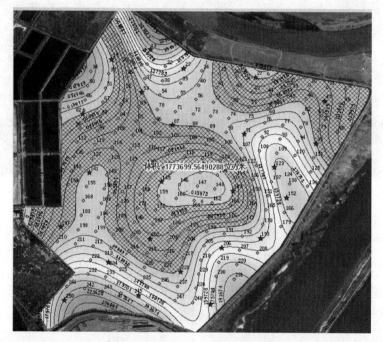

图 5-14　软件量算的地图输出页面

④ 清除量算结果　为了方便用户的量算比较，默认情况下，用户的所有量算结果是不删除的。点击该功能按钮可一次性删除所有量算结果。

(5) 统计分析

① 单个采样点查询

1) 不同深度物质分布情况。选择该按钮后，在地图上点击某一期采样点，将弹出如图 5-16 所示窗口，表示该采样点各个泥层中某种污染物的分布情况。

2) 半挥发性有机物、挥发性有机物、农药和重金属的比较。选择这几个按钮之后，在地图上点击某个一期采样点，将弹出如图 5-17 所示窗口，表示该采样点黑灰色泥层中的某类污染物的比较情况。

② 多个采样点统计　用户可以通过矩形、多边形或圆域范围选择多个采样点，系统将弹出如图 5-18 所示窗口，表示所有选中采样点某种污染物数值的比较。注：如果在页面左侧的树型菜单中当前的污染物名称为红色字体，同时泥层的选择为黑灰色泥层

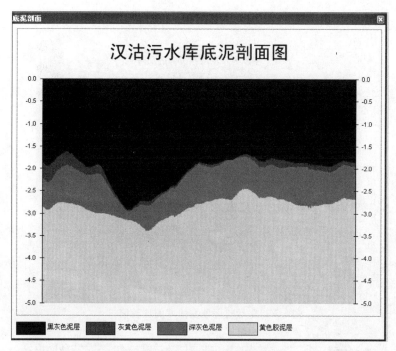

图 5-15 软件所示的底泥剖面图

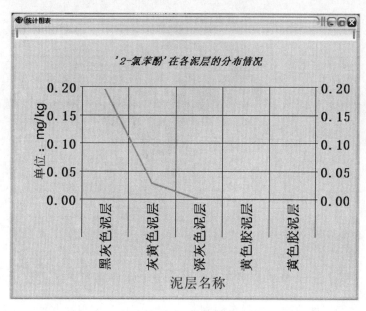

图 5-16 污染物不同深度上的浓度显示窗口

时，用户的操作所选择的为二期采样点，否则为一期采样点。

5.2.2 滨海城市水体"库-河-湖"水量水质联网调配/调控技术

天津滨海新区"库-河-湖"水系位于环渤海地区的中心，为海河流域"中线工程"的重要组成部分，担负着天津市及其周边地区的防洪、排涝、供水、灌溉、景观、旅

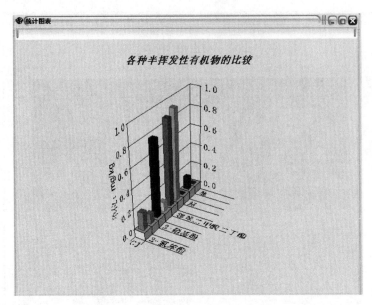

图 5-17　不同污染物浓度的比较窗口

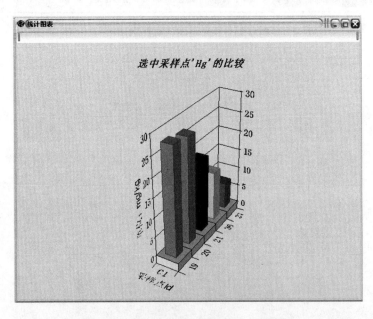

图 5-18　多个采样点污染物浓度比较窗口

游、生态、环保等多种功能，包括东丽湖、黄港一、二水库以及北塘水库四个自然多功能水体。近年来随着经济的快速发展，该水系面临着生活污水、工业污水、餐饮业污水、畜禽业污水、直排公厕污水、农业面源、固体废物、地表径流、河床底泥等综合因素造成的水质污染问题。

数值模拟研究可以提供不同水文年的水力和气象条件下的湖泊流体特征，并可进一步进行水库流场模拟和水库水质变化模拟，为工程治理方案的实施提供科学依据。国内外学者在水库湖泊流体数学模型方面做了大量研究，其中二维水质模型是研究较多的一种模型，侯国祥、郑文波等应用二维零方程紊流模型对长江三峡移民区域内某江段的突发污染事故进行了模拟；马太玲、朝伦巴根等将人工神经网络模型用于串联水库数值的空间模拟预测，建立了一维和二维水质模型，并取得了较好的预测效果。邓云用立面二维水质模型进行了大型深水库的水温预测研究。本课题以引水冲污技术为依据，基于二维水动力控制方程和污染物浓度扩散方程，采用二维有限元数值模拟方法，分别建立滨海新区东丽湖、黄港第一、第二水库以及北塘水库的水流场数学模型以及 COD 浓度场数学模型，分析确定了滨海新区"库-河-湖"水系的最佳连通方式以及调配方案。研究区域水体主要工程参数见表 5-8。

■ **表 5-8 研究区域水体主要工程参数**

水库名称	工程规模	总库容 /万立方米	兴利库容 /(万立方米)	现状供水能力 /(万立方米)	设计供水能力 /(万立方米)
黄港一水库	中型	1296	1000	340	1000
黄港二水库	中型	4511	3780	2580	3780
北塘水库	中型	1580	1250	590	1250

5.2.2.1 材料与方法

根据滨海新区"库-河-湖"水系的自然特征和水流状况，考虑研究区域各水体水深较浅，水域面积较大，密度分层不显著，且沿水深方向流速大小与方向变化较小，基于此，采用平面二维流场变化的控制方程组进行建模。

(1) 水动力模型

连续性方程：

$$\frac{\partial h}{\partial t}+\frac{\partial (hu)}{\partial x}+\frac{\partial (hv)}{\partial y}=0$$

运动方程：

$$h\frac{\partial u}{\partial t}+hu\frac{\partial u}{\partial y}+hv\frac{\partial u}{\partial y}-\frac{h}{\rho}\left(E_{xx}\frac{\partial^2 u}{\partial x^2}+E_{xy}\frac{\partial^2 u}{\partial y^2}\right)+gh\left(\frac{\partial z_b}{\partial x}+\frac{\partial h}{\partial x}\right)$$
$$+\frac{gun^2}{h^{\frac{1}{3}}}(u^2+v^2)^{\frac{1}{2}}-\zeta v_a\cos\psi-2hwv\sin\varphi=0$$

$$h\frac{\partial v}{\partial t}+hu\frac{\partial v}{\partial x}+hv\frac{\partial v}{\partial y}-\frac{h}{\rho}\left(E_{yx}\frac{\partial^2 v}{\partial x^2}+E_{yy}\frac{\partial^2 v}{\partial y^2}\right)+gh\left(\frac{\partial z}{\partial y}+\frac{\partial h}{\partial y}\right)$$
$$+\frac{gvn^2}{h^{\frac{1}{3}}}(u^2+v^2)^{\frac{1}{2}}-\zeta v_a^2\sin\psi+2h\omega u\sin\varphi=0$$

式中　h——水深；

　u、v——x、y 坐标方向的流速分量，m/s；

　　ρ——水的密度；

　　E——水平涡黏性系数，Pa·s；

　　g——重力加速度，m/s^2；

　　z_b——湖底高程，m；

　　n——糙率系数；

　　ζ——风应力系数；

ψ——风向与 x 方向的夹角，逆时针为正；

ω——地球自转角速度，1/s；

φ——当地的纬度。

(2) 浓度场模型

控制方程：

$$\frac{\partial C}{\partial t}+u\frac{\partial C}{\partial x}+v\frac{\partial C}{\partial y}-\frac{\partial}{\partial x}\left(D_x\frac{\partial C}{x}\right)-\frac{\partial}{\partial y}\left(D_y\frac{\partial C}{y}\right)+kC\pm S=0$$

式中　C——污染物的浓度；

D_x、D_y——x、y 方向上的扩散系数；

k——有机物的生物化学降解系数；

S——源与汇。

5.2.2.2　结果与分析

基于研究区域的特点，运用"库-河-湖"水量、水质综合数学模型对东丽湖、黄港一、二水库以及北塘水库水量、水质进行了模拟，并对水量、水质调配方案进行了数值模拟试验，取得了良好的模拟结果。下面按照各水体地理位置分别对各个水体连通方式进行分析。

(1) 水动力模拟结果及分析

为了研究东丽湖等四个自然多功能水体的最佳连通方式，本书采用统一进水流量 50m³/s 对研究对象进行了水动力模拟。

① 东丽湖水动力计算结果及分析　东丽湖位于天津市东丽区东北部，为偏碱性（pH＝8.3）淡水湖泊，其东北、东南、南、西、北岸岸线长度分别为 1300m、1250m、2650m、2550m、3500m；本书采用 6 节点的三角形单元网格以适应复杂的边界条件，其网格划分如图 5-19 所示。

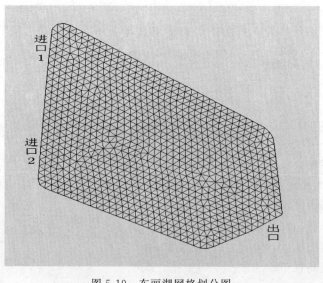

图 5-19　东丽湖网格划分图

根据现场勘查，东丽湖西北角、西南角分别建有两处调水闸门可供进水，为便于工程操作，分别选取两个调水闸门所在位置作为东丽湖进水口，东南角泄水闸所在位置作为出水口，以湖滨路河水作为进水水源进行建模，通过对东丽湖两种进水位置下水动力情况进行实验数值模拟，所得的水流水动力分布如图 5-20 所示。

图 5-20　进口 1（左）、进口 2（右）水流矢量分布

从图中可以看出，1 号进水方案中湖区域 2/3 面积水流表现出良好的流动状态，靠近南边的 1/3 面积水流发生湖内流动，总体来看，湖内所有区域水体均能有效流动；2 号方案进水中湖区域 1/4 面积水流能表现出良好的流动状态，西南边 1/4 面积水流流动状态较差，且西北角、东北角区域水体不能得到有效流动，由以上对东丽湖水水动力结果分析得出选取 1 号进水方案作为连通优化方案。

② 黄港一水库水动力计算结果及分析　黄港一水库位于东丽湖东部约 3km 处，是半天然半人工的大型水库，水体较浅，平均水深为 2m，经现场勘查，有天然河流将东丽湖与黄港一水库南岸连接，水库东部与黄港二水库通过一条水泥虹吸管（图 5-21）连通，北部抵达永定新河，据此，本书选取黄港一水库南岸作为进水口，分别选取虹吸管位置、永定新河口位置作为出水口，其位置关系如图 5-22 所示。

图 5-21　水泥虹吸管

根据以上位置关系，分别建立两个模型，对不同出口位置方案进行水动力学模拟，模拟结果如图 5-23 所示。

从图 5-23 可以看出，1 号方案出口和 2 号方案出口南部区域水流均表现出良好的流动状态，1 号方案出口在北岸区域流动状态良好，而 2 号方案出口在此区域水体不能得

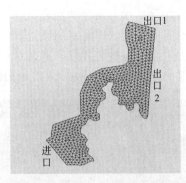

图 5-22　黄港一库进出口位置

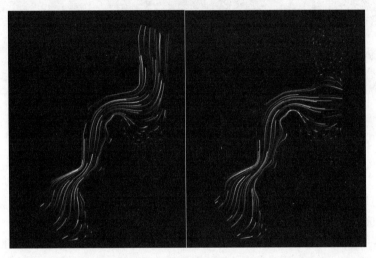

图 5-23　出口 1（左）、出口 2（右）水流矢量分布

到有效流动，但从总体上看两种模型水力状态差异并不显著；考虑到永定新河为排污河，水质较差，若选用 1 号方案出口则黄港二库必须从永定新河引水，导致黄港二库水质问题，综上考虑，本书选取 2 号方案出水方案作为连通的优化方案。

③ 黄港二水库水动力计算结果及分析　黄港二水库（图 5-24）位于黄港一水库右侧，其通过虹吸管与一库相连，水库面积较大，平均水深是黄港一库的 2 倍左右。调研发现，本水库由于加固改造工程，目前水库的水体已经剩余不多，而二库的改造结果尚不明确，鉴于此，本书仍然以整体作为研究对象，选取虹吸管位置作为进水口位置，东北角作为出水口位置进行模拟。（图 5-25）

从图 5-26 可以看出黄港二水库按此方案进行，水力流动状态良好。

④ 北塘水库水动力计算结果及分析　北塘水库紧邻黄港水库，位于永定新河南岸，水库面积较大，根据现场调查，拟选择水库西北角紧邻黄港二水库的位置为进水口，据实地考察分别选取三种出水方案进行建模，其位置关系如图 5-27 所示。

本书选取黄港二水库出水作为北塘水库进水水源，通过对北塘水库三个出水位置水动力情况进行数值模拟，所得水流水动力分布如图 5-28～图 5-30 所示。

从以上 3 个图可以看出，1 号方案中，北塘水库东北岸区域水体表现出良好的水力流动，本库内大部分区域均发生湖内流动，可见其水力状况较差；2 号方案中，北塘水

图 5-24 黄港二水库

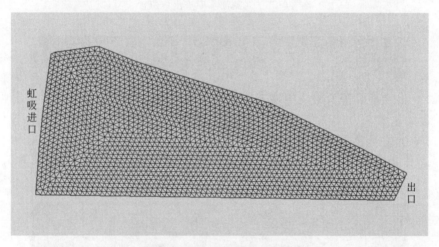

图 5-25 黄港二水库进出口位置

图 5-26 黄港二水库水流矢量分布

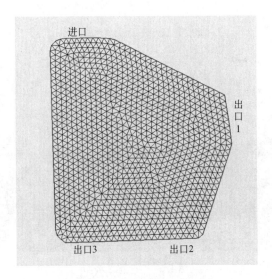

图 5-27 北塘河水库进出口位置

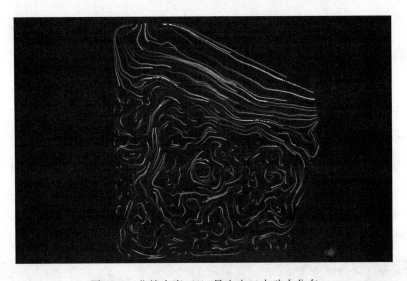

图 5-28 北塘水库（1）号出水口水动力分布

库东北岸、东岸水力流动良好，其区域面积约占库体总面积的一半，分析可知其水力状况一般；3 号方案中，北塘水库整个库体区域水力流动状况良好，上述三个模型水力状况情况为：1 号方案＜2 号方案＜3 号方案。由此，本书选取 3 号出水方案作为连通的优化方案。

⑤ "库-河-湖"水系连通最佳方案 根据以上各水库水动力分析可以得出研究区域"库-河-湖"水系连通的最佳方案，其连通方式如图 5-31 所示。

（2）各水库水质计算模拟及分析

本书基于上述确定的"库-河-湖"水系连通最佳方案，以 COD 浓度值（mg/L）表征各研究对象污染物浓度，综合考虑经济因素，对各库、湖连通后水体迁移扩散程度进行了 3 天跟踪计算模拟。表 5-9 为研究区域水体 COD 实测值。

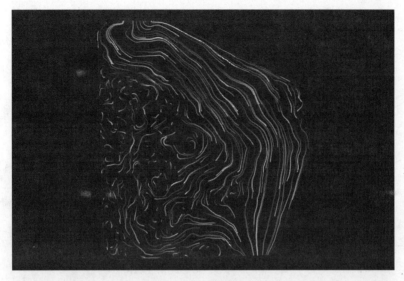

图 5-29 北塘水库（2）号出水口水动力分布

图 5-30 北塘水库（3）号出水口水动力分布

■ 表 5-9 研究区域水体 COD 实测值

项目	东丽湖	黄港第一水库	黄港第二水库	北塘水库
COD 浓度/(mg/L)	59.2	32.0	32.0	47.2

　　研究选取 $50m^3/s$、$100m^3/s$、$200m^3/s$ 作为进水流量，各库 COD 本底浓度按照表 5-9 所列数据计算，进水 COD 浓度按照上一级水库出水浓度计算。另外，黄港二水库由于其加固改造工程，目前水库的水体剩余不多，考虑到改造工程完成后黄港二库最有可能从一库补给水源，故黄港二库 COD 本底浓度与一库取相同值。各水库模拟结果如下。

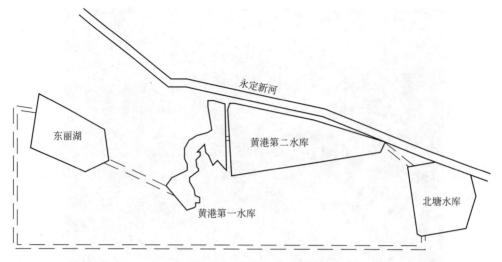

图 5-31 "库-河-湖"优化连通图

① 进水 $50m^3/s$ 时各库模拟结果 从图 5-32 可以看出，进水流量为 $50m^3/s$ 时，经过 3 天迁移扩散作用，来自湖滨路的河外水源取代了东丽湖 1/3 湖水域，东丽湖其余 2/3 水域发生不同程度的混合扩散；黄港一库 2/3 水域已被外来水源水取代，只有东

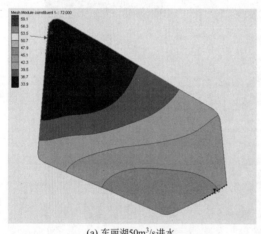

(a) 东丽湖$50m^3/s$进水

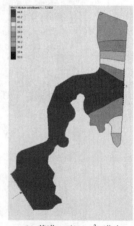

(b) 黄港一库$50m^3/s$进水

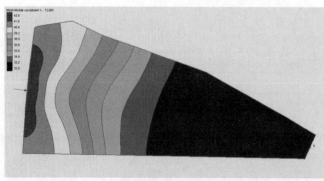

(c) 黄港二库$50m^3/s$进水

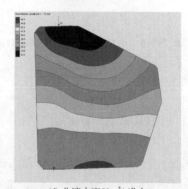

(d) 北塘水库$50m^3/s$进水

图 5-32 $50m^3/s$ 进水时各库模拟情况

北、东南角死水区域水体未受进水影响；黄港二库由于其湖体面积较大，仅有进口小范围水域被外来水源取代，其余水域发生不同程度的混合扩散；北塘水库进口处部分水域被外来水源取代，并且迁移扩散作用随着水流方向不断减弱。

② 进水 100m³/s 时各库模拟结果　由图 5-33 可以看出，进水流量为 100m³/s 时，经过 3 天迁移扩散作用，相对于 50m³/s 进水时，东丽湖湖体大部分水域已被外来水源取代，仅有南岸小范围水域未被取代；黄港一库与 50m³/s 进水相比，水体状态变化不显著，只是在死水区边界区域扩散略有增加；黄港二库与 50m³/s 进水相比，被外来水源取代水域有所增加，而出口水域尚未受到进水的影响；北塘水库相对于 50m³/s 进水时水质变化较为显著，水体扩散现象更加明显，湖体东部水域已经开始被外水源所取代。

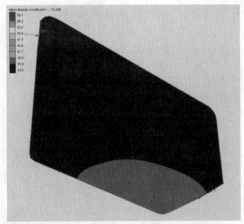

(a) 东丽湖100m³/s进水

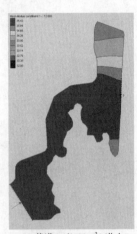

(b) 黄港一库100m³/s进水

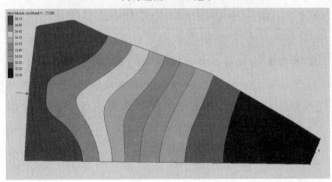

(c) 黄港二库100m³/s进水

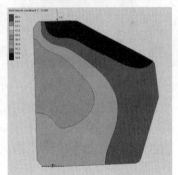

(d) 北塘水库100m³/s进水

图 5-33　100m³/s 进水时模拟情况

③ 进水 200m³/s 时各库模拟结果　由图 5-34 可以看出，进水流量为 200m³/s 时，经过 3 天的迁移扩散作用，东丽湖已经完全被外水水源取代，水体水质与湖滨路河水水质相同；黄港一库大部分水域被外水水源取代，只有东北角死水水域尚未完全被取代；黄港二库一半以上水域水体被外水水源替换，其余水域扩散作用随着水流方向不断减弱，但由图可以看出，其在较短时间内也会被外水替换；北塘水库相对于 100m³/s 进水时，其扩散作用更加显著，但是此库被外水源替换范围仍然较小。

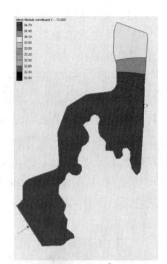

(a) 东丽湖200m³/s进水

(b) 黄港一库200m³/s进水

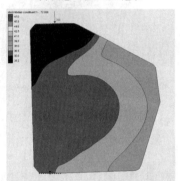

(c) 黄港二库200m³/s进水

(d) 北塘水库200m³/s进水

图 5-34　200m³/s 进水时模拟情况

理论上，进水量越大，各库、湖被替换的水域面积就越大，但是我们在工程分析中还要综合考虑经济等因素，进水量越大，所需要水泵的耗电量也就越大，因此我不能单从各库、湖换水面积来确定最佳进水量。从上面对各水库水质计算模拟及分析可以看出，100m³/s 进水量相对于 200m³/s 除黄港二库变化较大外，其余三库被替换水域面积差别不大，鉴于此，本书选取 100m³/s 进水量作为最佳进水量。

5.2.2.3　研究结论

根据滨海新区各水库水动力分析可以得出研究区域"库-河-湖"水系连通的最佳方案，选取进水量 100m³/s 作为最佳进水量将极大地改善研究区域水体水力状况，能使死水区域的污染水体得到有效置换。

5.2.3　湿地水系的景观设计技术

"景观"是各种景观设计中经常涉及的名词。"景观"在英文中为"landscape"，在德语中为"landaChft"，法语中为"payage"。"景观"最早的含义更多具有视觉美学方面的意义，即与"风景"（scenery）同义或近义。通常意义上的"景观"是指自然风光、地面形态和风景画面，为人们观察周围环境的视觉总体。在地理学上，景观具有地表可见景象与某个限定性区域的双重定义。在生态学中，一种认为景观是基于人类尺度上的一个具体区域，具有数公里尺度的生态系统综合体，包括森林、田野、灌木、村落等可视要素；另一种认为任意尺度上的空间异质性，即景观是一个任何生态系统进行空间研究的生态学标识尺度。景观由景观元素组成，景观元素包括斑块、廊道和基质。

5.2.3.1　国内外湿地景观设计研究现状

(1) 国外研究现状

1980 年前后，美国、加拿大、英国等欧美国家先后对本国许多城市废弃的湿地区域进行了再开发活动。1988 年霍依尔等主编的《滨水区更新》，首次对全球湿地再开发现象进行全面分析。

差不多在西方国家兴起城市滨水区再开发的同一时期，位于亚洲的日本也掀起了滨水区开发的热潮。但是和前者不同的是，日本的城市滨水区的开发主要与其国土的狭窄和港口建设有关，因此日本的滨水开发多属于为了争取土地而进行的填海造地运动。日本土木规划研究委员会滨水景观研究分会于 1988 年出版的《滨水景观设计》是研究成果之一，此书是由二十余位专家学者共同编写的，对城市滨水区的实际规划、设计、施工有比较全面与详细的表述。

从 20 世纪 80 年代起，西方国家的一些著名的建筑杂志也开始关注城市滨水区项目，陆续出版了这方面的专辑。其中英国的 Architecture Review 分别于 1987 年、1989 年和 1998 年出版了三期专辑，这种频率在其他杂志中是罕见的。其他杂志如日本的 Process Aichitecture 曾经在 1984 年出版过滨水区的专辑，英国的 Aichitectural Design 在 1995 年曾经以 "建筑与水"（Architecture&Water）为名出了一本的专辑，美国的 Landscape Architecture 于 1991 年 2 月出版一个名为 "新城市滨水区"（NewUrban waterfront）的专辑。

(2) 国内研究进展

城市湿地景观规划设计的研究对于国内来说是一个比较新的研究课题，但是由于受到学术研究热点及国外关于城市湿地开发建设等因素的影响，国内的研究更多的是从城市设计与生态环境保护等方面进行的，而忽略了对城市滨水区最根本要素——水与城市关系的层面和角度去研究城市滨水区的建设与发展。总结国内对城市滨水区景观规划设计的研究现状来看，主要包括两大研究方向的内容。

① 城市设计理论的角度　在城市设计理论的角度上，对湿地景观的研究主要是从滨水景观区域、景观轴、景观节点等内容来进行。例如张庭伟、冯晖、彭治权编著的《城市滨水区设计与开发》（同济大学出版社 2002 年 3 月出版）是国内比较早的系统介绍城市湿地景观设计与开发的书，本书除介绍城市湿地景观设计的动因和基本原则外，还以较大的篇幅介绍了国外湿地景观设计开发的实例，并对实例进行了研究和分析。

广西大学梁武波概括目前我国城市内河整治出现的种种失误，提出城市内河整治之道在于治污、还水体自然本色，将城市内河整治与旧城改造结合起来，以生态为主线，综合环境保护、休闲、文化及感知需求进行整治。

南京工业大学卞素萍结合我国湿地景观改造更新的发展动态、影响因素及西方滨水区更新的借鉴，在可持续发展的基础上，提出了我国滨水区改造更新的对策。文章的最后结合苏州的案例，阐述了在湿地景观设计过程中，如何针对城市的历史文化背景、自然条件与城市需求，采取相应的改造更新的措施。

重庆大学建筑城规学院的卢峰、徐煌辉分析了山地湿地景观中自然要素和人文要素的构成特征，并从自然要素保护、恢复滨江水岸活力、重构垂直步行系统、提高空间使用效率4个方面，提出了在新的发展背景下创造山地滨水城市景观新地域性特征的相应策略。

② 生态理论的角度　从生态理论角度研究城市湿地景观规划设计，主要以景观生态学和生态规划两大理论作为支撑，如中南林业科技大学熊奇志根据岳阳楼滨水区土地利用现状图、地形图和现状调查，以 GIS 为技术平台，建立岳阳楼滨水区景观分类信息库。运用景观生态学、城市规划、园林学等原理和方法，进行岳阳楼城市滨水区景观生态评价，并对岳阳楼滨水区主要景观要素进行了景观生态规划。

西南交通大学潘宏图在探索适合内江本土特征的城市滨水区景观设计的生态化道路，研究试图从景观生态学的基本原理出发而不完全照搬景观生态学的规划模式，充分考虑内江沱江滨水区自然、社会、经济情况和景观建设现状，建构湿地景观设计生态策略框架与方法体系。

北京大学景观设计学研究院的俞孔坚、张蕾、刘玉杰以浙江省慈溪市三灶江两岸的景观设计为例，阐述进行城市湿地多目标景观设计的一些理念与方法。同时认为目前国内的滨水区规划仍存在目标单一和片面的不足，进一步提出了旨在协调人与自然关系的景观设计应是多目标的。

5.2.3.2　湿地景观设计的生态理论体系

(1) 景观生态学理论

景观生态学（landscape ecology）是地理学与生态学之间的交叉学科。"景观生态"一词最早是由德国地理学家特罗尔（C. Troll）于 1939 年提出的（见 Navehand Lieban，1983；shreiber，1990）。当时航片开始普及，使科学家们能有效地在景观尺度上进行生物群落与自然地理背景相互关系的分析，但直到 20 世纪 80 年代之后，景观生态学才真正在把土地镶嵌体（landmosaic）作为对象的研究中，逐步总结出自己独特的一般性规律，使景观生态学成为一门有别于系统生态学和地理学的科学，它以研究水平过程与景观结构（格局）的关系和变化为特色，这些过程包括物种和人的空间运动、物质（水、土、营养）和能量的流动、干扰过程（如火灾、虫害）的空间扩散等。

景观生态学的基础理论是"斑块-廊道-基质"模式理论，斑块、廊道、基质等的排列与组合构成景观，并成为景观中各种"流"的主要决定因素，同时，也是景观格局和过程随时间变异的决定因素。地表上的任何一点均处于斑块、廊道或基质内。斑块泛指与周围环境在外貌或性质上不同，但又具有一定内部均质性的空间部分。景观斑块是地理、气候、生物和人文因子影响所组成的空间集合体，具有特定的结构形态，表现为物质、能量或信息的输入或输出。廊道指景观中与相邻两边斑块不同的线性或带状结构。基质是景观中分布最广、连续性最大的背景基础。斑块与廊道均散布在基质之中。斑块、廊道、基质三大结构单元中基质是主要成分，它是景观生态系统的框架和基础，基质的分异运动导致斑块与廊道的产生，基质、斑块、廊道是不断相互转化的。

(2) 恢复生态学理论

恢复生态学（restoration ecology）是研究生态系统退化的原因，退化生态系统恢复与重建的技术和方法及其生态学过程和机理的学科（余作岳等，1997）。恢复生态学的研究对象是那些在自然灾变和人类活动压力下受到破坏的自然生态系统。城市是高度退化与胁迫的生态系统，绿地景观建设是人类活动高度干扰状态下的景观重建与生态修复的实践活动。目前，对自然生态恢复的研究与应用已形成了较为完整的方法和技术体系，而对自然生态、经济生态、人文生态恢复的融合机理的恢复理论研究相对缓慢，特别是在人类严重胁迫下的城市生态系统的植被建造与生态恢复的理论研究更少。

自我设计与人为设计理论是唯一从恢复生态学中产生的理论。自我设计理论认为，只要有足够的时间，随着时间的进程，退化生态系统将根据环境条件合理地组织自己并会最终改变其组分；而人为设计理论认为，通过工程方法和植物重建可直接恢复退化的生态系统，但恢复的类型可能是多样的，这一理论把物种的生活史作为植被恢复的重要因子，并认为通过调整物种生活史的方法。

(3) 环境行为学理论

环境行为学也有被称作环境心理学的，环境行为学比环境心理学的范围似乎要窄一些，它注重环境与人的外显行为（overaction）之间的关系和相互作用，因此其应用性更强。环境行为学力图运用心理学的一些基本理论、方法与概念来研究人在城市与建筑中的活动及人对这些环境的反应，由此反馈到城市规划与建筑设计中去，以改善人类生存的环境。从心理学的角度看，似乎其理论性不强，也不够深入，其特点似乎都是"针对一个个具体问题"的分析研究，但对城市规划与建筑设计、园林设计、室内设计等的理论更新确实起到了一定作用，把建筑师的一些"感觉"与"体验"提升到理论的高度来加以分析与阐明。因而，设计师掌握了这些必要的知识，设计与规划的思路将得到新的启发，对问题的分析可能有新的、好的见解，在科学研究上才可能有新的突破。

环境行为学是把人类的行为（包括经验、行动）与其相应的环境（包括物质的、社会的和文化的）两者之间的相互关系与相互作用结合起来加以分析。虽然它比环境心理学的研究范围要窄一些，但它仍然运用心理学的一些基本理论、方法与概念来研究人在城市与建筑中的活动及人对这些环境的反应，并以此反馈到城市规划与建筑设计中去，以改善人类生存的环境。

5.2.3.3　人工湿地景观规划的研究意义及发展趋势

(1) 研究意义

人工湿地是一个近自然态的生态系统，有低耗能、处理污水高效能的特点，适用于非点源污水处理，如农田废水、养殖废水、社区污水等，不仅具有去除污染物、净化水质的功能，在维护区域生态平衡，保护区域生态安全中也起到了重要作用，近年来，人工湿地技术在全国范围内得到了迅速推广，并收到了一定的环境效益，该项技术已成为我国"十一五"乃至未来的"十二五"期间水环境污染负荷消纳的重要工程性措施。但人工湿地技术不断推广的同时，也存在一定的限制性因素制约了人工湿地技术的发展，我国目前大多人工湿地工程过多地从水质处理层面进行设计考量，往往忽略了人工湿地景观层面的环境效益，水生态修复与湿地的景观功能无法实现有效对接，因此能够因地制宜地规划建设出既具环境价值又兼顾景观美学价值的人工湿地工程对改善城市水环境质量、满足居民景观需求以及提升城市景观的美学品味具有极其重要的意义。

（2）人工湿地景观设计的发展趋势

① 注重现代与传统的融合，体现地方色彩与文脉精神　即使进行现代式的景观设计，也不能完全脱离本地原有的文化与当地的人文历史所沉淀下来的审美情趣，不能割裂传统，在处理这个问题时一般有两种方式：一种是保留传统园林的内容或文化精神，整体上仍沿用传统布局，在材料及节点处理上呈现一定的现代感和现代工艺、手法；另一种做法是在设计中汲取"只言片语"的传统园林形式，将其移植入现代景观设计中，使人在其中隐隐约约地感受历史的信息与痕迹。

② 受人文主义及亲水哲学思想影响的垂直、多层次设计理念　受现代人文主义影响的现代湿地景观设计中，更多地考虑了"人与生俱来的亲水特性"，将水体与人的精神需求紧密结合起来，体现"垂直设计"的原则，在以往，人们惧怕洪水，因而建造的堤岸是又高、又厚，将人与水远远隔开，而现代生产力发展到今天，人们已经较好地了解了水的四季涨落特性，因而使亲水性设计成为可能。

③ 新材料、新技术对湿地景观设计的影响　由于科技的发展，新材料与技术的应用，使得现代景观设计师们具备了超越传统材料限制的条件，通过选用新颖的建筑、装饰材料，达到只有现代景观设计才能具备的质感、透明度、光影等特征。

5.2.3.4　景观概念规划设计方法

景观概念规划是在城市或景观敏感地段的整体功能结构基础之上，以创建高品位景观为目的，在满足城市功能和审美双重需求的前提下，以调整和优化用地功能为手段，以高度概括的具有纲领性、超前性或创造性的景观意念或规划目标来指导和优化城市规划和景观规划的一种新类型空间景观规划。

景观概念规划不同于现实的景观规划，它不是一篇孤立的美学文章，不是一幅振奋人心的造型"广告"，而是以景观质量和景观特色为目标，以城市或地段的合理与完整的功能结构和景观特色结构为基础，从控制论和系统论的角度，着眼整体控制，着眼系统最佳，着眼发展与创新，在不影响城市或地段功能结构的情况下，对规划地段不适合景观和特色创造的用地性质进行适当调整，分析规划地段的景观资源条件，通过研究和构思，对规划地段的景观特质和景观意象进行总体定位和意向表达。

（1）概念规划的意义

景观概念规划不是直接用于实施的规划，而是一种先于景观规划和详细规划的指导性规划，它属于规划构思或规划思想层面。一个好的构思或思想之于景观的创造非常重要。那种落于俗套，缺乏思想和创新，按既定用地性质被动地造景，一味偏重审美价值和套用美学法则的景观规划既难以实施，也不宜实施。只有从理论创新和观念更新的思维方法上，从景观的综合功能意义（社会、经济和文化）与审美价值并重以及互动的意识上，从有利于维护和完善城区、街区或街坊的整体功能结构和景观结构的认识上，归纳和提炼景观概念，优化规划构思或规划思想，拟订切合实际又有远见的景观目标，编制概念性规划，并通过相关城市规划或景观规划将其深化和具体化，这样的景观规划才能体现其真实价值，景观规划的既定目标才能得以实现。这就是景观概念规划的意义所在。

(2) 概念规划的主要内容

景观概念规划包括核心内容和基础内容。核心内容是提出保护和创造景观的概念以及概念模式。概念是拟定保护和创造景观的意念或目标，是以特定的理念或追求对规划的景观进行定位。所谓特定的理念可能是对某理论的应用或创新，可能是对某观念的扬弃或吸纳；所谓特定的追求可能是经济、社会、文化、环境等各方面的，也可能是综合的。概念模式是表达意念或目标的范式，是一种对概念的图解，是用分析性、结构性、意向性的图文并茂的图纸来解读概念内涵和规划意图。基础内容主要是提出景观概念的依据性内容，包括基础资料的收集、分析与处理，现场踏勘，对上一层次规划要求的掌握和思考，对主管部门以及相关部门和单位的要求和意向的掌握和思考，对地方历史文化与自然资源条件的掌握和思考，对规划用地及其周围相关范围用地的功能与景观的关系与问题的分析和思考，对制约景观创造因素的分析和思考，以及景观概念的构思与比较等内容。

(3) 概念规划的成果形式

景观概念规划的成果包括规划说明书和规划图纸两部分。规划说明书主要说明现状条件、区位关系、规划依据和指导思想、景观概念的构思、定位以及规划模式、景观意向等内容。规划图纸主要包括区位关系图、用地功能与景观现状图、现状分析图（用地结构、道路与交通、绿地、景观等）、景观概念图、规划用地功能结构图、规划景观结构图、用地规划图（或用地调整图）、景观立面和透视意向图，以及其他需要表达规划概念的图纸。

5.3 非常规水源高盐景观水体保持技术研究

5.3.1 盐度对景观水体藻华的影响分析

随着社会经济的发展，人们对改善生活环境质量的意愿日益迫切，对景观水体水环境质量提出了越来越高的要求。由于景观水体多是非连续流动水体，流速滞缓使得自净能力很差，与湖、库相比更易恶化；尤其是当氮、磷等营养物质在水体中富集时，极易发生藻华。当前，在严重缺水的北方地区，为了缓解日益突出的水资源供需矛盾、改善水环境现状，许多城市都在积极实施以增加水源为主要目标的城市污水再生利用工程，将污水厂出水深度处理后，用作城市景观河道补给水源。再生水回用不仅可以减少污染、还可以有效解决城市缺水问题，同时也是水生态循环和修复利用的途径之一。然而由于再生水污染物本底值相对较高，使得再生水景观水体水质难以长效维持，更易发生藻华。研究和防治景观水体水华已经成为目前环境保护工作的一项重要内容。

通过对含盐景观河道水进行室内藻类生长潜力实验，研究藻类在不同的 N、P 及盐度水平下的生长趋势，得出以下结论。

① 原水的本底差异对藻类水华爆发影响甚大，其中可溶性磷是关键的影响因子。

② 在一定程度上，盐度对于藻类水华爆发是抑制因素。在较低盐度下，适度提高

盐度有助于抑制藻类水华。

③ 在较低盐度下，磷酸盐和氨氮等藻类优先利用的营养盐具有协同作用，共同刺激藻类生长。

④ 水资源短缺地区生态用水解决方案主要依靠再生水补给，在高盐、高磷、低氮（此时氮磷比严重失衡）条件下，硝态氮和磷酸盐对于藻类水华爆发可能具有相互拮抗作用，添加硝态氮可以刺激藻类生长，而再加入过量磷酸盐则可能部分抑制藻类生长。

5.3.2 高盐水体河滨缓冲带植被优化配置和生态护岸技术

5.3.2.1 高盐水体河滨缓冲带植被优化配置技术

河滨带是陆地和河流生态系统之间的过渡地带，指高低水位之间的河床及高水位之上直至河水影响完全消失为止的地带，它包括非永久被水淹没的河床以及周围新生的或残余的洪泛平原，其横向延伸范围可抵周围山麓坡脚。健康的河滨植被缓冲带可以有效防止由坡地地表径流、废水排放、地下径流和深层地下水流所带来的养分、沉积物、有机质、杀虫剂及其他污染物进入河溪系统，从而保护河流生态系统。对于高盐碱背景地区，河滨缓冲带构建有别于淡水水生态系统，从滨河植物种类的选择到优化配置都必须符合高盐条件。

(1) 河滨缓冲带结构和布局

河滨缓冲带结构与布局影响着缓冲带功能的发挥。在缓冲带宽度相同的条件下，草本或森林-草本植被类型的除氮效果更好。而保持一定比例的生长速度快的植被可以提高缓冲带的吸附能力。一定复杂程度的结构使得系统更加稳定，为野生动物提供更多的食物。美国林务局建议在小流域建立"三区"植被缓冲带。紧邻水流岸边的狭长地带为一区，种植本土乔木，并且永远不进行采伐。这个区域的首要目的是：为水流提供遮荫和降温；巩固流域堤岸以及提供大木质残体和凋落物。紧邻一区向外延伸，建立一个较宽的二区缓冲带，这个区域也要种植本土乔木树种，但可以对他们进行砍伐以增加收入。它的主要目的是移除比较浅的地下水中的硝酸盐和酸性物质。紧邻二区建立一个较窄的三区缓冲带，三区应该与等高线平行，主要种植草本植被。三区的首要功能是拦截悬浮的沉淀物、营养物质以及杀虫剂，吸收可溶性养分到植物体内。为了促进植被生长和对悬浮固体的吸附能力，每年应该对三区草本缓冲带进行 2～3 次割除。另外，与较宽但间断的缓冲带相比，狭长且连续的河岸缓冲带从地下水中移除硝酸盐的能力更强，而这个结论往往被人们所忽视。河滨缓冲带结构与植物群落见图 5-35。

(2) 滨海高盐水体河滨缓冲带植被选择

滨海高盐水体河滨缓冲带建设时应在利用乡土植物种类的基础上，充分吸取树种选择的经验与教训以及树木引种工作的成就，同时兼顾景观效果。

① 乔木。适宜于滨海高盐水体河滨带种植的乔木约 11 种，分别是旱柳、垂柳、绦柳、馒头柳、龙爪柳、桂香柳、枫杨、绒毛白蜡、加拿大杨、堂梨、臭椿。

② 灌木。适宜于滨海高盐水体河滨带种植的灌木约 7 种，分别是紫穗槐、木香蒿、柽柳、雪柳、枸杞、大叶黄杨、四季青。

(3) 滨海高盐水体河滨缓冲带植被优化配置

① 按污染物选择植物。不同因素导致的污染，应根据污染物的种类、植物的耐受

图 5-35　河滨缓冲带结构与植物群落

性与富集能力、污染物在植物器官内的分布特征选择相应的修复植物。如选择一些具有良好吸收富集能力、生长速度快的水生植物来修复由 N、P、重金属和一些有机物导致的水体污染，若污染对象是有机物（BOD 高），所选植物应具有微生物附着的庞大界面（如根系）以及较强的传氧能力。污染对象是重金属，则可选择耐受性、富集能力强的植物来摄取、挥发（转化）或钝化滨水土壤中的重金属；若污染对象是农药，所选植物应能直接吸收农药在体内累积，伴随自身生长和代谢过程将农药转化为植物体的组成部分，或经植物挥发除去。需要注意的是，当污染物较多时就应考虑不同生态功能类型的种类搭配使用，如芦苇输氧能力强，在去除 SS、COD 和 BOD 等方面效果较好，但对氮、磷的去除较弱。而将芦苇和茭白混种就可弥补此不足。

② 按生活型选择植物。生活与外界环境相和谐的形式谓之生活型。不同植物的生命周期、生物量、生存方式及所需的生长环境各异。如多数水生植物是夏绿生活型，在夏秋季节生长旺盛，冬季生长停滞（芦苇、荇菜、马来眼子菜和苦草等），也有水生植物是冬绿型的（菹草、黄丝草等）。有的植物进行种子繁殖，有的营养繁殖，有的兼而有之。因此在利用植物修复污染时，应从当地的生态环境和人工管理的难易程度入手，选取最适生活型的物种和最佳的修复季节与种植方式，这样才能实现最好的河滨缓冲带修复效果。

③ 按时空格局配置植物，兼顾景观效果。利用植物修复污染滨水区时，应注重物种的时空配置。根据不同植物的生长特性，按群落立体结构优化物种的空间布局，争取实现乔、灌、藤、草结合；按群落时间结构进行物种的季节配搭。确保最大限度地利用自然资源与空间效能，实现污染治理的时空连贯性。在时空格局优化基础上，可选用可观花、观果、观叶色的树种，以营造良好的景观效果。

5.3.2.2　生态护岸

随着经济社会的发展，人们对护岸工程尤其是对沿江城市护岸的要求也是越来越高，如何恢复河流自然生态系统、重建"自然型"河道，从而实现人与自然的和谐相处，已经成为当前我国河岸建设工作者及相关人员的重点研究内容。生态护岸即是基于这样一种需求研发出来的自然河岸或是具有自然河岸"可渗透性的"人工护岸。它拥有渗透性的自然河床与河岸基底，丰富的河流地貌，可以充分保障河岸与河流水体之间的水分交换和调节功能，同时具有一定的抗洪强度。

所谓生态护岸是指恢复后的自然河岸或具有自然河岸"可渗透性"的人工护岸，其自然河床与河岸基底具有一定的渗透性，在河岸与河流水体之间，水分交换和调节功能可以等到充分保证，同时其具有较好的抗洪强度和丰富的河流地貌。生态护岸具有防洪、生态、景观、自净、休闲等多种功能，成为生活当中多功能的综合服务设施。

生态型护岸主要类型包括：a. 固化技术护岸；b. 扦插-抛石联合技术护岸；c. 自嵌式植生挡土墙护岸；d. 石笼护岸；e. 植物护岸；f. 抛石护岸；g. 不同材料组合护岸。

河岸带生态护岸的优点主要包括：a. 将河岸与河道联系起来实现了物质、能量和养分的交流；b. 大部分河岸带生态护岸带可为生物提供栖息地；c. 植物根系可固着土壤，枝叶可截留雨水，过滤地表径流，抵抗流水冲刷，从而起到保护堤岸、增加堤岸结构的稳定性、净化水质、涵养水源的作用，而且随着时间的推移，这些作用可被不断加强；d. 河岸带生态护岸以自然的外貌出现，容易与环境取得协调；e. 造价较低，也不需要长期的维护管理。

河岸带生态护岸的缺点主要包括：a. 选用的材料及建造方法不同，护岸的防护功能可能相差很大；b. 建造初期若受到强烈干扰，则会影响到以后防护作用的充分发挥；c. 不能抵抗高强度、持续时间较长的水流冲刷。

5.3.3 非常规水源补给型高盐景观水体人工强化净化技术

对于滨海地区的非常规水源补给型景观水体来说，除了高含盐之外，另一个最大特点就是补给水源本底污染物浓度高。要保持景观水体水质，就需要对其进行人工强化净化，有效去除氮、磷及有机污染物。

景观水体人工强化净化系统主要由旋流沉砂设备、溶气气浮设备和生物滤池组成，工艺流程见图 5-36，设备现场布置见图 5-37。

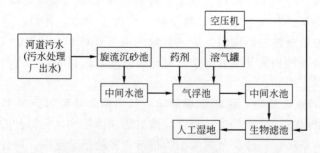

图 5-36　景观水体人工强化净化系统流程（置于开发区西区）

强化净化系统由气浮系统和滤池系统组成。气浮系统由空压机、溶气罐、加药装置、链式刮泥机等组成，处理能力为 5m³/h。生物滤池按 COD 负荷设计，以水力负荷进行校核。

图 5-37 现场试验装置

① 滤池为圆柱体，直径为 1m，高度为 4.5m，采用 4 格，单格高为 1m。

② 滤池的滤料层厚 3.5m，滤料采用生物填料。

③ 反冲洗系统采用穿孔管曝气方式，每根布气支管均由 2 组 45°气孔组成。曝气均匀。

④ 系统采用气水联合反冲洗的方式，也可单独进行无气反冲。滤池的工作周期为两部分：运行段以及反冲洗段。运行时间及反冲时间均可利用 PLC 可编程控制器在中央控制机内根据工况条件随时设定，水冲洗强度 $10m^3/(m^2 \cdot h)$，气反冲强度为 $60m^3/(m^2 \cdot h)$，一次反冲历时 10min。

系统工艺流程以及水质指标测定全程由在线仪表中心工控机实现自动控制。首先河道污水通过潜水泵抽入旋流沉砂池，出水进入调节池，调节池污水被潜污泵提升进入气浮池，通过向河道污水中加入混凝剂进行破乳和混凝气浮，降低水中污染物的含量。气浮出水进入中间水池，中间水池出水进入生物滤池，生物滤池出水自流进入人工湿地系统。气浮段主要去除废水中的颗粒态有机物、悬浮固体物和 TP 等污染物。因此，气浮装置处理阶段按以下思路实现自控目标：处理系统采用电子计量泵在气浮池的前端投加絮凝剂。该系统可根据出水 TP 浓度及时调整污水处理系统的絮凝剂的投加量，当出水TP 质量浓度高于 1.0mg/L 或低于 0.5mg/L 时要调节絮凝剂投加量，调节幅度为 2%，既能满足出水要求，同时能减少絮凝剂的投加量，节约运行成本。生物滤池由中央工控机通过电磁阀箱对气动阀门进行全自动控制。生物滤池的运行周期可由中央工控机改变，系统运行一段时间后用中水池内中水对滤池进行反冲洗以免滤池发生堵塞，并使生物膜保持高活性状态，使得整个系统始终保持稳定、高效的处理效果。

5.3.4 间歇渗水式耐盐碱植物——土壤生态净化技术

根据生态渗滤床的设计工作以及其试运行效果试验，煤渣填料的效果优于粉煤灰。

通过选取自然河岸带常见物种柽柳及人工管理河岸常见的物种紫穗槐和黑麦草为试验材料，测定其在不同 NaCl 浓度下的生长状况和生理指标的变化以及对水环境的净化效果，主要结论如下。

① 柽柳和紫穗槐叶片中的 MDA 含量及抗氧化酶活性与植物的生长状况变化呈现一定的相关性。MDA 含量及 SOD 酶活性随 NaCl 浓度升高均明显增大，但紫穗槐 MDA 的增加量远大于柽柳。

② 温度和 NaCl 两者的交互作用明显影响到黑麦草的发芽进程和发芽率。

③ 黑麦草叶片中抗氧化酶活性及叶绿素、MDA 含量的变化与其生长状况基本一致。当 NaCl 浓度低于 0.9％时，10℃和 20℃的黑麦草生长状况与对照均无明显差异，但 30℃的黑麦草却表现出株型变小、叶子变细等特征。因此，温度为 30℃时黑麦草的抗 NaCl 性能明显下降。

④ 在 NaCl 浓度为 0.6％和 1.2％的水培液中黑麦草的生长均明显受抑。

⑤ 关于生态渗滤床的研究表明，总体来说煤渣填料的效果优于粉煤灰。

5.4 高盐人工湿地构建与冬季运行调控

5.4.1 复式潜流人工湿地

复式潜流湿地系统是气升脉动推流立体循环深沟型一体化氧化沟和复式潜流人工湿地的优化组合。

(1) 简介说明

目前污水处理中氮的去除是重点，也是难点，气升脉动推流立体循环深沟型一体化氧化沟高氨氮去除率为湿地系统提供了大量的硝化液，复式潜流人工湿地又为反硝化反应提供了有利的厌氧空间，二者的结合，进一步提高了人工湿地系统 TN 的去除，为人工湿地的发展应用提供了一个新的亮点。

复式潜流人工湿地从结构上说，是在水平潜流人工湿地的基础上提高深度，且湿地中间设置隔水层，使水流形成折返流，湿地进水和收水在同一端。如图 5-38 所示，原污水通过进水管进入湿地后，首先进入湿地下层区域，进行深度厌氧反应，为湿地系统 TN 的去除提供了有利厌氧环境；当污水流至末端，折返流入人工湿地上层，上层植物根系以及大气的富氧，湿地上层 DO 含量明显高于湿地下层，使得污水有机污染物得到了进一步去除；污水经上层好氧环境后，进入砂滤层，进一步拦截污水中的 SS，然后通过收水花墙，进入收水槽后经排水管排出。

(2) 技术要点

a. 有效地解决了人工湿地前端的堵塞问题，延长了湿地寿命。

b. 超强的反硝化系统，大幅度提高 TN 的去除效果。

c. 增加深度，节省了占地面积，节约了工程费用。

d. 冬季运行也可保证良好的去除效果。

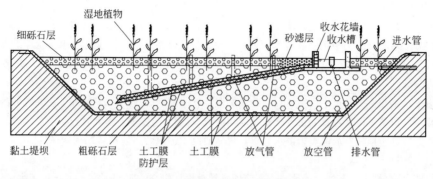

图 5-38 复式潜流人工湿地结构

5.4.2 高盐人工湿地冬季运行调控

人工湿地具有效率高、投资低、运转费用低及维护工作少的特点，而且生态环境效益显著，可实现废水的资源化，是一种很有应用前景的污水处理技术。人工湿地水质净化机理是污水与湿地中植物、微生物和基质间发生的物理、化学和生物的综合作用。

作为一种人工模拟的生态系统，湿地水质净化效果受气候影响比较大，特别是在低温时（如北方冬季），不仅植物生长停滞或枯死，微生物过程及其他生化反应也受到较强抑制，导致处理效能下降。湿地冬季运行效果不好的特点大大限制了其在寒冷地区冬季的应用。因此，多年来人工湿地在我国南方比在北方得到了更为广泛的应用。

根据表流湿地冬季冰下运行实验结果，表面流人工湿地若采取提高运行水深、冰下运行的方式时，冬季仍然可以取得一定的水质净化效果。虽然冬运效果略差于其他温暖季节，但在现有的湿地工程结构和运行条件下，冬季时自由表面流人工湿地仍然可以在我国北方推广使用。北方表流人工湿地冬季冰下运行时有以下要点需要注意。

① 出水口地势应较低。若地势较高，可能会使出水口被完全封冻，处理污水将挤出冰面漫流。

② 冬季运行时应在冰冻前进行净化出水部分回流，运行水深不宜小于 $50\sim60cm$。水深过浅时（如 $<30cm$），可能会因为田块地面不平，在水层较浅处造成布水田面大面积的冰冻区和污水滞留区，污水短路运行，在狭窄的通道上推流，使水力负荷降低；而且水深太浅，不利于水温保持，易于系统冻结。

③ 冬季运行时，不宜减小水力负荷，可以在回流的基础上适当加大水力负荷（以 <4 天为宜），以维持水土界面不会冻结。

④ 冬季运行时，应尽可能地提高进水温度、加大取水深度等，以提高湿地净化所依赖的微生物数量及活性。

参考文献

[1] 李雪梅. 滨海新区湿地景观格局与生态系统服务价值变化及预测研究 [D]. 天津：南开大学，2010.

[2] 徐大勇，张涛，孙贻超等. 基于 NDVI 的天津市滨海新区植被覆盖度变化及预测研究 [J]. 生态经济，2010，(12)：45-50.

[3] 刘华，陈亚宁，杨晓明等. 塔里木河下游生态响应遥感监测研究 [J]. 干旱区地理，2007，30

（2）：203-208.

[4] 董燕明. 基于 GIS 的城市定位系统设计与实现［D］. 上海：同济大学软件学院，2009.

[5] 肖智芳. 基于 GIS 的中国公路自然区划——地貌、软件系统［D］. 西安：长安大学，2007.

[6] 于欣. 具有定位功能的北京地区地理信息系统的设计与实现［D］. 北京：北京工业大学，2008.

[7] 盛明荣. 企业协同工作平台的研究与建设实践［D］. 上海：同济大学软件学院，2009.

[8] 路毅. 城市滨水区景观规划设计理论及应用研究［D］. 哈尔滨：东北林业大学，2007.

[9] 胡亚芳. 基于地域特征的城市滨水区景观规划研究——以绍兴镜湖新区为例［D］. 杭州：浙江大学，2011.

[10] 宋晶. 旅游景区生态规划设计——入口场所景观设计研究［D］. 武汉：武汉理工大学，2009.

[11] 赵先忠. 城市公共空间系统化建设研究与分析［D］. 北京：北京工业大学，2005.

[12] 余柏椿. 新类型景观规划概念解读——湖北省当阳市沮河城区段景观概念规划［J］. 新建筑，2002，（3）：44-46.

[13] 曾立雄，黄志霖，肖文发等. 河岸植被缓冲带的功能及其设计与管理［J］. 林业科学，2010，46（2）：128-133.

[14] 胡萍，周青. 太湖水体富营养化的植物修复［J］. 农业系统科学与综合研究，2008，24（4）：447-451.

[15] 郭冀峰，逯延军，张照印等. 还原水解-生物膜工艺处理印染废水中试研究［J］. 水处理技术，2010，36（9）：124-126，135.

[16] 刘月敏. 三种植物的河岸适应性及对含盐污染水体的净化效果［D］. 天津：天津大学，2007.

6

<<<

生态产业子系统构建技术

生态产业是模拟生态系统的功能，建立起相当于生态系统的"生产者、消费者、还原者"的产业生态链，以低消耗、低（或无）污染、产业发展与生态环境协调为目标的产业。生态产业把不同阶段产生的废物利用在不同阶段的生产过程中，使污染在生产过程中即被消除，摒弃了传统产业发展中把经济与环保分离，使两者产生矛盾冲突的弊端，真正使发展经济与防治污染保护环境结合起来，实现了两者的共赢。因此，生态产业是工业发展的最高层次，将是未来工业发展的主要方向。生态产业强调清洁生产，切实在企业群落的各个企业之间，即在更高的层次和更大的范围内提升和延伸环境保护的理念和内涵。

循环经济是统筹经济、社会、环境协调发展的一种新的发展模式，是建设资源节约型和环境友好型社会的重要载体，是缓解我国资源短缺压力，提升经济运行质量，确保经济健康发展的重要途径，也是在发展中解决环境问题的治本之策。在循环经济发展模式中，"所有的废弃物都是放错了地方的资源"，每一个生产过程产生的废物都变成下一个生产过程的原料，所有的物质都得到了循环往复的利用，是一种可持续发展模式。发展循环经济是保护环境和削减污染的根本手段，同时也是实现可持续发展的一个重要途径。

循环经济的研究主要分为三个层面。宏观层面是循环经济型社会的研究，包括产品从生产到消费过程中，乃至消费过程后物质和能量的循环；中观层面是循环经济型区域，如生态工业园的研究；微观层面是循环经济型企业的研究。由于循环经济型社会需要政府的宏观政策指引，通过完善法律法规体系、加强宣传教育、倡导生态价值观和绿色消费观、提高城市环境信息公开化制度等措施，不断提高公众环境意识，从而实现循环社会的构建。而对于生态城市构建技术而言，更多是通过中观、微观手段来开展循环经济建设。

本章主要从生态城市构建的中观和微观层面入手，探讨产业循环型生态链网构建技术及区域循环型发展模式。

▶▶▶▶▶▶▶▶
6.1 以能源企业为核心的循环经济系统构建技术

能源产业是国民经济发展的重要支柱，与其他各行各业循环经济发展都有着密切的关联，因此能源产业的循环经济企业构建是建设循环经济社会的主要着力点。能源产业中，以发电企业为代表，通过循环经济企业构建，可形成独具特色的循环经济企业示范，有效提高区域循环经济水平。本节结合滨海地区地质水文特色，提出能源产业循环经济企业构建技术。

6.1.1 技术概述

能源产业循环经济企业构建技术综合采用水电联产、热电联产的水-电-热-盐-化工-渔一体化系统，如图6-1所示。

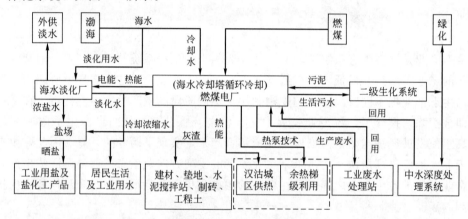

图6-1 能源产业循环经济企业构建技术示意

① 采用海水淡化水作为工业用水和生活用水的水源，并实现了热电联产、水电联产，利用电厂生产的产品热能和电能来进行海水淡化，对附近城区供热，建立了能量的梯级利用产业链，节约了能源和资源消耗。

② 采用"零排放"的设计方式，所有的生产废水和生活污水不外排，实现了水资源的合理循环利用。

③ 将海水淡化产生大量的浓盐水供给盐场作为制盐原料，可以节省大量的盐田浓缩用地量。

④ 产生的主要固体废物包括灰渣、脱硫石膏和污水处理中的污泥等。污泥经脱水后，制成泥饼，投入锅炉中焚烧，最后成为灰渣。灰渣再利用于建材、垫地、水泥搅拌站、制砖、工程土等，全部综合利用。

6.1.2 技术内容

本技术不仅采用了"电水联产、热电联产"，而且设计形成了发电、供热、海水淡化、制盐、灰渣综合利用的生态工业链，达到了污水和工业固体废物的零排放，同时间接地产生了节省土地和增加区域水资源的效益。本技术主要特点体现在以下几个方面。

6.1.2.1 生产系统

传统模式见图6-2。

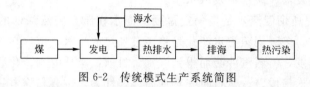

图6-2 传统模式生产系统简图

本技术模式见图6-3。

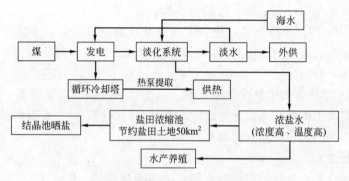

图6-3 本技术模式生产系统简图

本技术生产用水均来自电厂自身的海水淡化水，冷却水使用海水冷却塔循环冷却，不占用天然淡水资源，其大量优质淡化水还可供附近居民和企业使用，其排出的循环冷却排水和淡化浓盐水，排至附近盐田浓缩池，作为制盐原料水，同样因含盐量高、温度高而成为制盐的有利条件，缩短了制盐结晶的过程，从而节省了用于晒盐的土地面积。

海水是世界上储量最大的水资源。对于沿海的工业园区，海水是最廉价、最丰富的水资源，可通过海水淡化和直接利用技术用海水替代淡水资源，降低淡水资源的使用量。

海水淡化即利用海水脱盐生产淡水。海水淡化可以增加淡水总量，是淡水资源的替代与开源增量的重要手段之一。在已经开发的二十多种淡化技术中，蒸馏法、电渗析法、反渗透法都达到了工业规模化生产的水平，并在世界各地得到广泛应用。目前，全球海水淡化日产量约为3500万立方米，其中80%用于饮用水，解决了1亿多人的供水问题，即世界上1/50的人口依靠海水淡化提供饮用水。海水淡化已经成为世界许多国家解决缺水问题而普遍采用的一种战略选择，其有效性和可靠性已经得到越来越广泛的认同。

目前被广泛应用的海水淡化法有蒸馏法、电渗析法、反渗透法。

(1) 蒸馏法

蒸馏法是把海水加热使之沸腾蒸发，再把蒸汽冷凝成淡水，是最早采用的淡化法，其优点是结构简单、操作容易、所得淡水水质好等。蒸馏法有很多种，如多效蒸发、多级闪蒸、压气蒸馏、膜蒸馏等。

① 多效蒸发　即让加热后的海水在多个串联的蒸发器中蒸发，前一个蒸发器蒸发出来的蒸汽作为下一个蒸发器的热源，并冷凝成为淡水。其中低温多效蒸馏是蒸馏法中最节能的方法之一，主要发展趋势为提高装置单机造水能力，采用廉价材料降低工程造价，提高操作温度，提高传热效率等。低温多效蒸馏法海水淡化设备通常包括供汽系统、布水系统、蒸发器、淡水箱及浓水箱。

② 多级闪蒸　所谓闪蒸，是指一定温度的海水在压力突然降低的条件下，部分海水急骤蒸发的现象。多级闪蒸海水淡化是将经过加热的海水，依次在多个压力逐渐降低的闪蒸室中进行蒸发，将蒸汽冷凝而得到淡水。目前，全球海水淡化装置仍以多级闪蒸方法产量最大，技术最成熟，运行时安全性高、弹性大，主要与火电站联合建设，适合于大型和超大型淡化装置。多级闪蒸技术成熟、运行可靠，主要发展趋势为提高装置单机造水能力，降低单位电力消耗，提高传热效率等。

③ 压汽蒸馏　即海水预热后，进入蒸发器并在蒸发器内部分蒸发，所产生的二次蒸汽经压缩机压缩提高压力后引入到蒸发器的加热侧，蒸汽冷凝后作为产品水引出，如此实现热能的循环利用。

④ 膜蒸馏　即热海水接触憎水微孔膜，由于膜另一侧的温度较低，相应的饱和蒸汽压也较低，膜面上的海水蒸发并透过膜的微孔到低压侧，并在冷凝面凝结为纯度较高的淡水。膜只起到汽水分离器和增加蒸发面积的作用。

（2）电渗析法

电渗析法即将具有选择透过性的阳膜与阴膜交替排列，组成多个相互独立的隔室，一个隔室里的海水被淡化，而相邻隔室海水被浓缩，从而使淡水与浓缩水得以分离。其原理是利用具有选择透过性的离子交换膜在外加直流电场的作用下，使水中的离子定向迁移，并有选择地通过带有不同电荷的离子交换膜，从而达到溶质和溶剂分离的过程。电渗析主要有频繁倒机电渗析（EDR）、填充离子交换树脂电渗析等。其技术关键是新型离子交换膜的研制。离子交换膜是 0.5～1.0mm 厚度的功能性膜片，按其选择透过性区分为正离子交换膜（阳膜）与负离子交换膜（阴膜）。但是，电渗析过程对不带电荷的物质如有机物、胶体、细菌、悬浮物等无脱除能力，因此，将其用于淡化制备饮用水不是最理想的方法。

（3）反渗透法

反渗透法通常又称超过滤法，是 1953 年才开始采用的一种膜分离淡化法。其原理是利用只允许溶剂透过、不允许溶质透过的半透膜，将海水与淡水分隔开。在通常情况下，淡水会通过半透膜扩散到海水一侧，从而使海水一侧的液面逐渐升高，直至升到一定的高度才停止，这个过程为渗透。此时，海水一侧高出的水柱静压称为渗透压。如果对海水一侧施加一大于海水渗透压的外压，那么海水中的纯水将反渗透到淡水中。反渗透法的最大优点是节能，它的能耗仅为电渗析法的 1/2，蒸馏法的 1/40。因此，从 1974 年起，美国、日本等发达国家先后将发展重心转向反渗透法。

反渗透海水淡化技术发展很快，工程造价和运行成本持续降低，主要发展趋势为降低反渗透膜的操作压力，提高反渗透系统的回收率，廉价高效的预处理技术，增强系统抗污染能力等。

在海水淡化技术已日趋成熟的今天，经济性是决定其广泛应用的重要因素。在国内，成本和投资费用过高一直是海水淡化难以被大规模使用的主要问题，在海水淡化过程中，能耗是直接决定其成本高低的关键。经过多年的研究与实践，海水淡化的能耗指标已经大大降低，成本随之大为降低。

目前，我国海水淡化的能耗指标已经较最初降低了 90％左右（从 26.4kW·h/m³ 降到 2.9kW·h/m³），成本也随之降至 4～7 元/m³，苦咸水淡化的成本则降至 2～4 元/m³，如天津大港电厂的海水淡化成本为 5 元/m³ 左右，河北省沧州市的苦咸水淡化成本为 2.5 元/m³ 左右。如果进一步综合利用，将淡化后的浓盐水用来制盐和提取化学物质等，则其淡化成本还可以大大降低。

海水直接利用主要用于海水冷却和大生活用水 2 个用途，是直接采用海水替代淡水的开源节流技术。

在生态工业园区建设发展的过程中，海水可直接用于工业冷却水和低质生产用水。

① 用于工业冷却水　在工业用水中，约 80％为工业冷却水，因此，开发利用海水代替淡水作为工业冷却用水的意义重大。

日本早在 20 世纪 30 年代开始利用海水，目前，几乎沿海所有企业如钢铁、化工、电力等部门都采用海水作为冷却水，仅电厂每年直接使用的海水量就达几百亿立方米。

② 低质生产用水　海水可以直接作为印染、制药、制碱、橡胶及海产品加工等行业的生产用水。将海水直接用于印染行业，可以加快上染的速度。海水中一些带负电的离子可以使纤维表面产生排斥灰尘的作用，从而提高产品的质量。海水也可作为制碱工业中的工业原料。青岛碱厂用海水替代淡水作直流冷却、化盐和化灰等生产用水，日用海水 12.6×10⁴m³，其中仅化灰用海水就达 3×10⁴m³/d。天津碱厂采用海水和淡水混用的方法化盐，既节水又省盐，具有很好的经济效益。烟台海洋渔业公司利用海水每年可节约淡水 7000 多万立方米。

6.1.2.2　循环冷却水

传统模式见图 6-4。

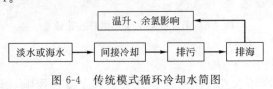

图 6-4　传统模式循环冷却水简图

本技术模式见图 6-5。

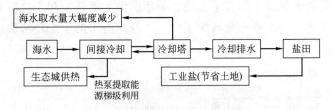

图 6-5　本技术模式循环冷却水简图

本技术采用海水冷却塔循环冷却方式，从而大大减少取海水量。同时本技术通过电厂冷却水余热利用，采用多级热泵串联工艺，可向周边城区供热，进一步达到节能的效果。利用电厂余热供热的具体工艺如下。返回电厂的 15℃的热网回水，进入换热器和

25～30℃的电厂循环水换热，使热网回水升到25℃，再依次通过利用电厂抽汽驱动的双效吸收式热泵、单效吸收式热泵及双级高温吸收式热泵，回收电厂循环水余热量，热网回水升到90℃，再通过蒸汽加热器将回水升至130℃供出。在用户热力站处进入包括热水型单效吸收热泵及换热器集成的大温差换热装置，逐级降温到15℃后再返回电厂，完成循环。85～130℃的高温热水用来作为热水型单效吸收式热泵的驱动热源，60～85℃的热水用于配置散热器的建筑，40～60℃的热水用于风机盘管、地板采暖，15～35℃的热水经过单效吸收式热泵的蒸发器侧被提取热量后返回电厂。通过该项工艺可以做到能源的梯级利用，最大限度地利用能源，见图6-6。

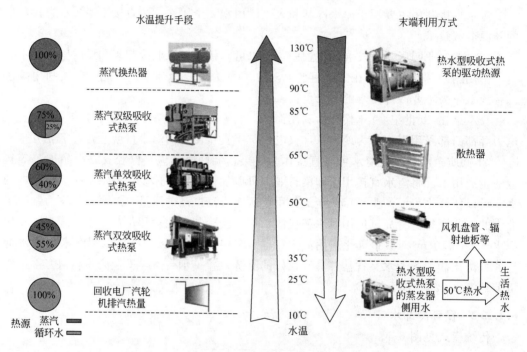

图 6-6 循环冷却水余热供热工艺流程

6.1.2.3　生态影响

传统电厂设计将冷却水直接排海易造成温升和余氯的影响，排放的冷却水含阻垢剂，从而会对海洋流场和海洋生物产生一定的影响。本技术设计将海水经过电厂利用后排放到盐田中，有利于制盐并节省了土地。采用的海水循环冷却，梯级利用技术有效地减少了海水的使用量，从而有效地减少了项目本身对海水的生态环境影响。

6.1.2.4　废污水

传统处理模式见图6-7。

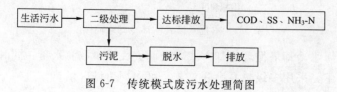

图 6-7 传统模式废污水处理简图

本技术生活污水零排放模式见图 6-8。

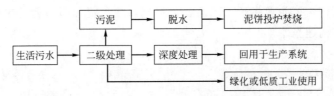

图 6-8　本技术生活污水零排放模式

本技术生产废水零排放模式见图 6-9。

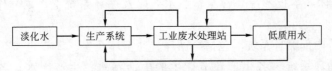

图 6-9　本技术生产废水零排放模式简图

本技术将生活污水经过二级生化处理后部分用于绿化，其余污水再进行深度处理，生产废水经过工业废水处理站处理后，回用于各低质用水系统，剩余废水也将进行深度处理。经深度处理系统处理的出水，水质好于中水，可进入脱硫废水等对水质要求较高的系统进行再利用，处理系统的污泥经过脱水后与燃煤进入锅炉焚烧，从而实现全厂废污水零排放。该运行模式基本实现企业内部物质再利用的小循环，符合"3R"原则中"再循环"行为原则。

6.1.2.5　固体废物

传统处理模式如图 6-10 所示。

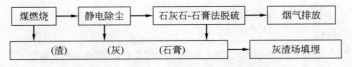

图 6-10　固体废物传统处理模式图

固体废物本技术模式见图 6-11。

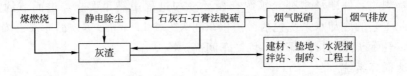

图 6-11　固体废物本技术模式图

火电企业产生的固体废物为灰渣和脱离石膏，本技术采用烟气脱硝技术，氮氧化物排放总量大为减少，同时采用固废综合利用，灰渣还可用于区域开发填方造地的工程土。

▶▶▶▶▶▶▶▶▶

6.2　以冶金企业为核心的区域协同发展系统构建技术

冶金产业对资源能源消耗量较高，同时又为其他各行各业提供重要的基本原材料，因此冶金产业的循环经济企业构建对节能减排工作具体特殊重要的意义。本节结合冶金产业中主要的钢铁生产企业生产工艺需要，综合多项水资源循环利用技术，提出冶金产业循环经济企业构建技术。

6.2.1 技术概述

冶金产业循环经济首先应采取先进的污废水处理工艺，完善厂内各水循环系统，以达到厂内生产环节废水零排放，补充新鲜水量最少，循环水质满足分质供水要求等循环经济型企业的目标。本技术主要在水量、水质以及循环系统上，划分作三个层次进行改造。

① 生产环节内部循环系统　包括净循环、浊循环及生产环节的水资源梯级利用。
② 厂区内循环系统　各生产环节产生的生活污水、生产废水经各处理站处理后回用。
③ 区域综合循环系统　大沽河城市污水和葛沽镇生活污水处理后供厂区循环利用，实现区域性的水资源循环。

冶金产业循环经济企业构建技术通过对生产车间内部、冶金企业厂区内以及冶金企业所在区域三个层次的水资源循环进行优化设计，实现区域性的水资源循环利用，同时实现了生产水零排放，综合利用各污水处理站污泥，消除了对环境的污染，达到了社会效益、经济效益、环境效益的统一。

6.2.2 技术内容

6.2.2.1 生产车间内部水资源循环

（1）净循环系统

此系统在钢铁企业中涉及的水为设备间接冷却水，此水只受温度污染，没有其他的污染物，所以只需进行冷却降温、补充其蒸发量即可循环利用，不外排。通过在循环冷却过程中加入过滤、离子交换工艺的措施，有效控制好水质稳定，避免对设备产生腐蚀或结垢阻塞现象，使净环水补充水源在循环冷却过程中满足要求，进而节约新鲜水用量。采用此工艺的冷却水系统包括：焦化车间煤气冷却（初冷器）循环水、炼钢车间设备冷却水、轧钢车间间接冷却水、炼铁车间高炉冷却用水等。

（2）浊循环系统

浊环水系统由于氧化铁皮含量较高，水中含油量大，废水主要来自轧钢、设备直接冷却及冲氧化铁皮用水。

基本工艺流程如图 6-12 所示，各车间根据其浊循环水的具体情况相应地增减处理环节。

通过此工艺，可以较有效降低水中油浓度，去除 SS，调节系统的 pH 值，降低对设备、管道及产品的腐蚀。

（3）厂内水资源梯级利用

厂内各车间内部都包括一定的净环水和浊环水系统。净环水系统的排水可直接作为浊环水系统的补充水，而净环水补水来源为反渗透处理后出水。

以焦化车间为例，煤气冷却排水直接用于焦化炼焦；焦化炼焦产生的废水经处理站

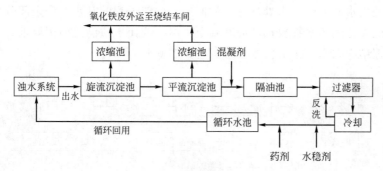

图 6-12　浊循环系统工艺

处理后被烧结车间所利用。

　　焦化废水来源于两个方面：炼焦煤和焦化生产过程中的用水和蒸汽等。焦化废水中所含污染物包括 SS、COD、石油类、NH_3—N、F^-、ArOH，而生活污水中污染物为 SS、COD_{Cr}、BOD_5 等，两者基本一致。因此本技术采取一定的处理工艺，使得全部焦化废水和此车间的生活污水同时处理后回用，同时作为烧结环节的补水，这样可以节约水资源，而且避免了此环节生活污水的排放。

　　焦化废水处理站处理工艺设计如图 6-13 所示。

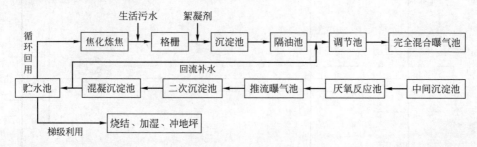

图 6-13　焦化废水处理工艺

　　此工艺中，采用完全混合曝气池和推流曝气池联合处理，减小了进水冲击负荷的影响，同时引入厌氧反应，以去除水中氨氮，降低出水中氮源含量，同时有利于萘、联苯等多种难降解有机物的去除，对于降低 COD 值也非常有益。解决了原来系统曝气方式不能去除 NH_3—N，多次循环使用所带来的 NH_3—N 累积问题。

6.2.2.2　厂区内循环系统

　　对于厂区外排水采用分区域闭路循环，从而大大提高了水系统的利用效率，解决了水质过剩和因水量不平衡造成的外排现象，在满足工艺要求的前提下，提高了工艺质量。

(1) 生活污水及雨水

　　生活污水与生产废水分开处理，在各处理站内建立各自独立的处理系统。

　　对焦化、烧结、炼钢、轧钢、制氧、连铸车间的生活污水与各车间废水分开收集，其处理视具体情况而定，但处理后都用于其水质满足要求的生产环节。其中焦化车间的生活废水可直接收集，然后与生产废水一起处理，既补充了其所需水量，又对生活污水进行了处理；其他车间生活污水分别收集后输送到各废水处理站的生活污水处理系统进行集中处理后回用。

　　各厂区的雨水和生活污水处理后部分回用于生产过程的补水，剩余部分排入排水渠生化塘。因此在达到污水排放标准的基础上，尽可能使水质满足回用要求。

　　废水处理站中雨水及生活污水处理工艺如图 6-14 所示。

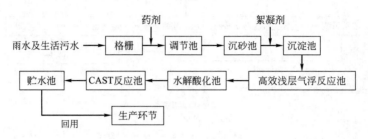

图 6-14　雨污水处理工艺

　　循环式活性污泥法（Cyclic Activated Sludge Technology，CAST）工艺的核心为间歇式反应器，在此反应器中按曝气与不曝气交替运行，将生物反应过程与泥水分离过程集中在一个池子中完成，属于 SBR 工艺的一种变型。

　　CAST 反应池分为生物选择区、预反应区和主反应区，如图 6-15 所示，运行时按进水-曝气、沉淀、撇水、进水-闲置完成一个周期。

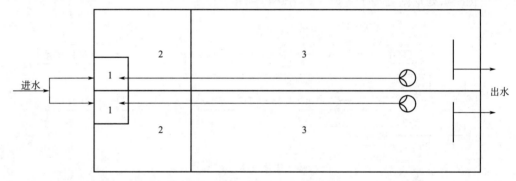

图 6-15　CAST 反应池结构
1—生物选择器；2—预反应区；3—主反应区

　　主反应区在可变容积完全混合反应条件下运行，完成含碳有机物和包括氮、磷的污染物的去除。运行时通过控制溶解氧的浓度使其从 0 缓慢上升到 2.5mg/L 来保证硝化、反硝化以及磷吸收的同步进行。

　　该工艺投资和运行费用低、处理性能高，具有优异的脱氮除磷效果。处理前后水质见表 6-1。

■ 表 6-1　处理前后水质比较　　　　　　　　　　　　　　　　　　　　　　　单位：t/a

水质指标	处理前	处理后
SS	160	20
COD_{Cr}	220	50
BOD_5	120	5.8
NH_3-N	25	10
石油类	10	0.5

（2）生产废水

① 炼铁废水处理站　炼铁废水处理站收集的水源包括区内雨水、生活污水、烧结及炼铁废水。站内分为雨污处理系统和炼铁废水处理系统。

其中，炼铁废水主要污染物为悬浮物，其处理的技术路线为悬浮物的去除、温度的控制、水质稳定、沉渣的脱水与利用、重复用水五方面内容。

设计其处理工艺如图 6-16 所示。

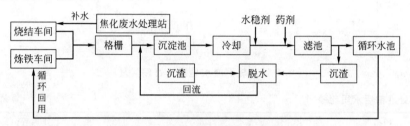

图 6-16　炼铁废水处理站处理工艺

经过沉淀池后近 95％的渣沉淀下来。沉渣池出水经分配渠进入过滤池，滤过后水经加压泵送至冷却塔后，用泵供应高炉冲渣循环使用。

此工艺处理前后水质见表 6-2。

■ **表 6-2　处理前后水质比较**　　　　　　　　　　　　　　　　　　　　单位：t/a

水质指标	处理前	处理后
SS	141	14.1
COD_{Cr}	64	9.6
F^-	1.6	0.08

② 轧钢废水处理站　废水主要污染物为温度、悬浮物、油、pH 值、Ca^{2+}、Mg^{2+}、Cl^-、SO_4^{2-} 等离子。轧钢工序中使用大量的润滑、冷却油，所排出的乳化含油废水和废乳化液是一种比较难处理的工业废水。对于乳化油废水的处理方法很多，有机械破乳、离心分离、电解破乳、化学破乳、气浮等方法。这些方法处理周期长，占地面积大，而且受酸碱浓度变化和废水中化学成分变化的影响也很大，处理效果不稳定，难以达到含油量 10mg/L 的排放标准。

近年来，膜技术在水处理中迅速发展，在钢铁企业采用超滤膜处理乳化油废水的技术已经成熟。此技术可高质量回收乳化油，没有二次污染，分离效果稳定。

针对轧钢废水外排废水中含油的现状，采用中空纤维超滤膜进行除油，因其耐污染、耐余氯、耐化学清洗。超滤膜的分离机理通常可以描述为与膜孔径大小相关的筛分过程，以膜两侧的压力差为驱动力，以超滤膜为过滤介质，在一定的压力作用下，当水流过膜表面时，只允许水、无机盐、小分子物质透过膜，而阻止水中的悬浮物、胶体和微生物等大分子物质通过。这种筛分作用通常造成污染物在膜表面的截留和膜孔中的堵塞，随过滤时间增加，逐渐形成超滤动态膜，而形成的超滤动态膜也能对水中污染物进行筛分。

处理工艺如图 6-17 所示。处理前后水质比较见表 6-3。

超滤进水投加杀菌剂，杀灭原水中的细菌、微生物，防止超滤、反渗透膜的细菌、微生物污染。出水投加还原剂，以防止过量的杀菌剂对反渗透膜的损害。

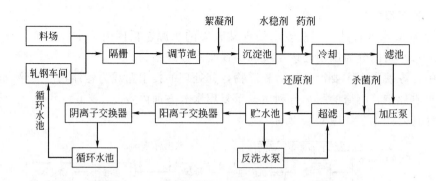

图 6-17 轧钢废水处理站处理工艺

■ 表 6-3 处理前后水质比较   单位：t/a

水质指标	处理前	处理后
SS	9.98	0.99
COD_{Cr}	13.4	0.42
F^-	0.86	0.04
石油类	0.65	0.13

经过去除悬浮物、冷却、除油、软化后，轧钢废水可达到循环利用要求。

（3）炼钢废水处理站

炼钢废水处理站收集来源包括区内雨水、区内生活污水、制氧、连铸、炼钢等多种污水。炼钢车间冷却用水循环利用，生活污水及炼钢废水单独收集到炼钢废水处理站。废水处理站内单独设置雨水和生活污水处理系统、炼钢废水的处理系统，其中雨污处理工艺与炼铁废水处理站相同。

炼钢废水处理系统污水中污染物主要为 pH 值、水温、含尘量、各类粒径尘、Ca^{2+}、Mg^{2+} 及制氧废水软水站处理后反洗再生水中的 Cl^-、SO_4^{2-} 等离子，同时含有少量的油脂。处理工艺如图 6-18 所示。处理前后水质比较见表 6-4。

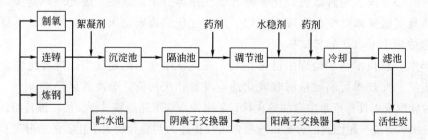

图 6-18 炼钢废水处理站处理工艺

■ 表 6-4 处理前后水质比较   单位：t/a

水质指标	处理前	处理后
SS	44.38	4.43
COD_{Cr}	18.6	2.79
F^-	3.3	0.22

首先，在废水中加入絮凝剂后进入沉淀池去除悬浮物，然后通过隔油池去除水中所含的少量的油脂，加药进入调节池，在出水中加一定量的水稳剂、药剂后冷却，既而经过滤池砂滤、活性炭双重过滤，进入阳离子交换器软化，去除反洗水中的阴离子后回用。

(4) 氧化塘水处理系统

各废水处理站处理后的水除部分作为各生产环节回用水外，部分需要进行深度处理，以达到工业新水及反渗透补水的要求。

利用冶金企业的排水渠系作为氧化塘，对废水处理站出水进行存储调节的同时，采取一定的生物技术，进一步进行处理：a. 对已有塘系进行改造，在塘内建设沉砂池、隔油墙、沉淀池，并利用塘体自身水位差进行曝气；b. 在塘内种植一定量的水生植物，对水中污染物进行去除。

根据不同水生植物所能去除的污染物不同，本技术选择在沉淀池和前半部塘中种植风眼莲，因为这种水生植物在温暖季节繁殖较快，其庞大的根系有很强的富集重金属能力，当生长最旺盛时，其丛叶覆盖水面，可造成塘下层相对缺氧，有利于厌氧菌对污染物的厌氧降解。

在塘中种植草芦和香蒲，这两种都是挺水植物，其水下茎秆可供着生藻固着，同时草芦有较强的去 NH_3—N 能力；同时草芦和菹草，除去污能力外，菹草还是沉水植物，喜低温，秋季发芽，冬春生长，不受氧化塘塘面结冰的影响，适合北方冬季氧化塘运转需要。

氧化塘处理工艺改善前后出水水质见表 6-5。

■ 表 6-5　处理工艺改善前后水质

水质指标	工艺改善前/(mg/L)	工艺改善后/(mg/L)
SS	45	≤10.0
SO_4^{2-}	455.00	≤500
Fe	0.947	≤0.47
NH_3—N	11.23	≤1.73
Cl^-	974.00	≤1000

通过对氧化塘进行改造，其出水中金属离子、COD 等污染物质进一步减少，同时由于各种水生植物的降解作用，减轻甚至消除了对地下水及土壤的污染。

6.2.2.3　区域综合循环系统

此系统把厂区经过各废水处理站及冶金企业污水处理厂（收集的是葛沽镇的生活污水和大沽排污河的城市污水）处理后的出水，经过深度处理达到工业新水及软水补水水质，厂内及水循环过程中损失部分由区域内的生活污水补充，实现区域性水资源循环利用。

工业新水和反渗透水作为整个厂区的循环回用水，其中反渗透水需达到净环水水质，用以补充净循环过程中损失水量，工业新水达到厂内所需补充的新鲜水水质即可。通过反渗透系统不同工艺环节可以达到不同的出水水质，便于分质供水。

该处理工艺见图 6-19。

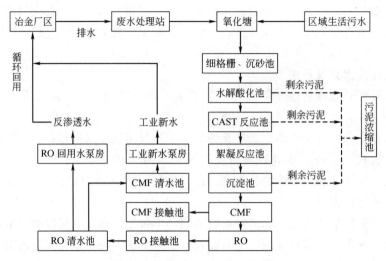

图 6-19　综合污水处理工艺流程

其进水除各处理站排入氧化塘的出水外，还包括冶金企业污水处理厂处理后的出水。这些水水质较好，已经达到了排放标准，通过反渗透系统的处理达到生产回用水标准。这种生活污水补充生产回用水的模式，既解决了生活污水的排放问题，又为冶金企业增加了补水来源，节约了大量水资源。

处理前后出水水质比较见表 6-6。

■ 表 6-6　处理前后水质比较

水质指标	处理前	处理后	
		工业新水	反渗透水
全硬度/(mg/L)	—	≤200	≤2
碳酸盐硬度/(mg/L)	—	—	≤2
Cl^-/(mg/L)	1500	60，Max200	60，Max200
SS/(mg/L)	10.0	≤1	检不出
细菌总数/(个/L)	—	≤2	检不出
SO_4^{2-}/(mg/L)	200	≤200	≤200
Fe/(mg/L)	200	≤2.0	≤1.0
TDS/(mg/L)	3300	≤500	≤500

6.3　区域层面生态产业循环经济系统构建技术

6.3.1　生态工业园理论概述

目前，生态工业园创建是我国循环经济在区域层面最主要的实现方式，生态工业园已经成为循环经济实践的重要形态。生态工业（ecological industry）的学科基础是工业生态学，是依据生态经济学原理，运用生态规律、经济规律和系统工程的方法来经营和管理的一种现代化工业发展模式。通过两个或两个以上的生产体系或环节之间的系统耦合，使物质和能量多级利用、高效产出或持续利用，从而节约资源，实现最终的废物低排放或零排放。

工业生态园区是依据循环经济理念、工业生态学原理和清洁生产要求而建设的一种新型工业园区。通过理念革新、体制创新、机制创新，把不同工厂、企业、产业联系起来，提供可持续的服务体系，形成共享资源和互换副产品的产业共生组合，建立"生产者-消费者-分解者"的循环方式，寻求物质闭环循环、能量多级利用、信息反馈，实现园区经济的协调健康发展。

生态工业园内上游企业的废物用作下游企业的原材料和能量，与此同时，系统中每一环节都要进行源削减，做到清洁生产。通过把不同阶段产生的废物利用在不同阶段的生产过程中，使污染在生产过程中即被消除，真正使发展循环经济与防治污染保护环境结合起来，实现了双赢。

我国生态工业园从产业结构角度划分，分为行业型、综合园区型和静脉产业型三类。行业型生态工业园通常以某一大型的联合企业为主体，围绕联合企业所从事的核心行业构造工业生态链和工业生态系统，非常适合冶金、石油、化工、酿酒、食品等不同行业的大企业集团。综合型园区内存在各种不同的行业，企业间的工业共生关系更为多样化，需要更多地考虑不同利益主体间的协调和配合，是大量传统工业园区的改造方向。静脉产业型园区以从事静脉产业生产的企业为主，目前在我国发展较少。

6.3.2 生态产业共生网络构建技术

生态产业共生网络是由各种类型的企业在一定的价值取向指引下，按照市场经济规律，为追求整体效益的最大化而合作形成的企业及企业间关系的联合体。生态产业共生网络是生态工业园建设的关键技术。其基本单元是一定数量企业间的生态产业链，生态产业链以近似自然界中生产者、消费者和分解者的形式，对产品、副产品、废弃物进行交换，对资源能源综合循环利用。生态产业共生网络是生态产业链间交互共生形成以资源（原料、副产品、信息、资金、人才）为纽带上下游衔接的企业联盟，从而实现资源在区域范围内的循环流动。

生态产业共生网络的构建主要有四种技术——依托型共生网络、平等型共生网络、嵌套型共生网络和虚拟型共生网络，四种技术交叉运用，从而构建各具特色的生态产业共生网络体系。

6.3.2.1 依托型工业共生网络构建技术

（1）技术简介与特点

依托型工业共生网络是生态工业园中存在最广泛也是最基本的组织运行模式。在依托型工业共生网络中，众多中小型企业分别围绕着一家或几家大型核心企业运作。核心企业与中小型企业的链接关系一般有两种：一种是中小型企业为核心企业提供大量的原材料或零部件；另一种是核心企业产生的大量廉价的副产品，如水、余温余热、边角料或废弃物等，可以作为相关的中小型企业的生产材料。

构建依托型工业共生网络时，根据核心企业的个数可分为单中心依托型共生网络和多中心依托型共生网络。

① 单中心依托型共生网络　单中心依托型共生网络是指共生网络中只有一家核心企业，其他企业均围绕该核心企业建立和运行，如图 6-20 所示。

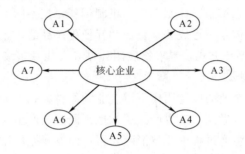

图 6-20　单中心依托型工业共生网络示意

② 多中心依托型共生网络　多中心依托型共生网络是指在共生网络中存在 2 家或更多的核心企业，如图 6-21 所示。多中心依托型共生网络可以大大降低共生网络中因某一环节中断而使整个网络全部瘫痪的风险，提高了共生网络整体的稳定性和安全性。在很多情况下，多中心依托型工业共生网络中的各核心企业之间也会通过原材料或副产品的交换建立简单的工业共生关系，但由于与每家核心企业相链接的中小型企业非常多，业务关系非常广泛，与其他核心企业的产业链并不占主导地位，因此各核心企业之间并不一定存在非常强的依赖性，与那些依附于它们的中小型企业相比，各核心企业之间存在着相对的独立性。

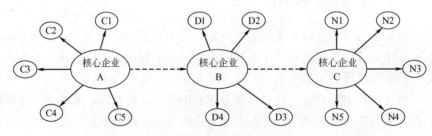

图 6-21　多中心依托型工业共生网络示意

依托型工业共生网络最大的特点在于对核心企业具有很强的依附性，核心企业主导网络的运行，在谈判与治理过程中处于绝对的主导地位。一般情况下，核心企业大都是从事石化、冶炼、机械或者能源生产等行业的特大型企业，对生产材料的需求量或为其他企业提供副产品的供应量基本上是丰富而稳定的，具有规模优势，因此与之合作的企业主要目的是为其提供生产材料或者是利用其廉价的副产品。在生态工业园中，核心企业往往被视为依托型工业共生网络的缔造者，具有不可替代的作用，它决定了共生网络能否持续发展的技术可行性，一旦核心企业的经营环境发生变化，如工艺调整、材料更换或者规模变更等，都会对它的依附企业产生非常大的影响，最终直接影响网络的稳定性和安全性，甚至导致网络的失败。

(2) 单中心依托型共生网络构建

单中心依托型工业共生网络在我国的工业园中非常普遍，通常是一些大型企业集团，为扩大规模，围绕集团核心业务建立一系列的分厂，充分利用各种副产品和原材料，形成集团内部企业共生网络。其典型案例是广西贵糖集团。位于广西贵港市的广西贵糖（集团）股份有限公司（以下简称"贵糖"）是一家拥有日榨甘蔗上万吨的制糖厂、大型造纸厂、酒精厂以及轻质碳酸钙厂的集团企业。为了解决最初的制糖业排污多、污染重的大问题，引入循环经济理念，创建了一系列子公司或分公司来循环利用这些废物，变废为宝，在降低污染的同时实现经济效益。目前，贵糖集团已经形成了一个比较完整和闭合的蔗田系统、制糖系统、酒精系统、造纸系统、热电联产系统、环境综合处理系统等生态工业网络，形成了"甘蔗→制糖→废糖蜜制酒精→酒精废液制复合肥→蔗田"和"甘蔗→制糖→蔗渣造纸→制浆黑液碱回收"两条主要的工业循环产业链，以及"制糖滤泥→制水泥"，"造纸中段废水→锅炉除尘、脱硫、冲灰"，蔗髓替代部分燃煤，实现热电联产，供应生产所必需的电力和蒸汽等多条副线循环生态链。贵糖集团的甘蔗制糖废弃物综合利用率达到了 100%，一年可以为企业创造产值达 6 亿元以上，占到了企业总产值的 68%，大大超过了制糖本身创造的产值。贵糖集团每年综合利用制糖生产的废甘蔗渣 55 万吨代替木材造纸，产纸约 16 万吨，按照一吨蔗渣可代替 $0.8m^3$ 木材计算，相当于节约了 44 万立方米的原木资源，或者说少砍伐了 4.4 万亩的森林。

(3) 多中心依托型共生网络构建

多中心依托型工业共生网络的典型代表是丹麦卡伦堡工业共生体。截止到 2000 年，卡伦堡工业共生体已有 5 家大型企业与 10 余家小型企业通过废物联系在一起。其中 5 个主要参与企业为：阿斯内斯火力发电厂——丹麦最大的燃煤火力发电厂，具有年发电 1500kW 的能力；斯塔托伊尔——丹麦最大的炼油厂，具有年加工 320 万吨原油的能力；济普洛克石膏墙板厂——具有年加工 1400 万平方米石膏板墙的能力；诺沃诺迪斯克——一个国际性制药公司，年销售收入 20 亿美元，公司生产医药和工业用酶，是丹麦最大的制药公司；一个土壤修复公司。该共生体以发电厂、炼油厂、制药厂和石膏制板厂 4 个厂为核心，通过贸易的方式把其他企业的废弃物或副产品作为本企业的生产原料，建立工业横生和代谢生态链关系，最终实现园区的污染"零排放"。据报道，过去 20 年间卡伦堡共投资了 16 个废料交换工程，投资额估计为 6000 万美元，投资平均折旧时间短于 5 年，取得了巨大的环境效益和经济效益。

6.3.2.2 平等型工业共生网络构建技术

(1) 技术简介与特点

平等型工业共生网络是指在工业共生网络中，各个结点企业处于对等的地位，通过各结点之间（物质、信息、资金和人才）的相互交流，形成网络组织的自我调节以维持组织的运行，如图 6-22 所示。

在平等型工业共生网络中，一家企业会同时与多家企业进行资源的交流，企业之间不存在依附关系，在合作谈判过程中处于相对平等的地位，依靠市场调节机制来实现价值链的增值，当两家企业之间的交换不再为任何一方带来利益时，就会终止共生关系，再寻求与其他企业的合作。参与平等型共生网络的企业一般为中小型企业，其组织结构相对灵活，依靠市场机制的调节，以利益为导向，通过自组织过程实现网络的运作与管理。

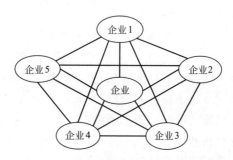

图 6-22　平等型工业共生网络示意图

平等型工业共生网络的最大特点就是参与企业之间在业务关系上是平等的，不存在依赖关系。在市场的安排下，各企业之间采取灵活的合作方式，以经济利润最大化为导向，建立复杂的业务关系网络。这种模式有利于网络的迅速形成和发展，但是在这种共生类型中，企业在选择合作伙伴的时候受经济利益影响比较大，主动权增强，仅凭市场的调节很难保障网络的稳定性和安全性。因此，在网络出现频繁波动的情况下，需要政府或园区管理者的参与。

(2) 构建方法

平等型工业共生网络最典型也最成功的案例是加拿大波恩赛德工业园（Burnside Industrial Park）。波恩赛德工业园位于新斯科舍的达特茅斯（Dartmouth, NovaScotia），占地约 8km²，容纳了 1300 多家企业，主要是一些在工业加工过程中会产生剩余物的小型公司，如纸浆厂、造纸厂、建筑板厂、石油炼制厂以及一些相关深加工高科技企业等，工业活动丰富多样，企业冗余度很大。经过近 10 年的发展，园区副产品交换网络已经相对比较丰富，各企业之间已基本建立工业共生网络关系，能量的梯次流动和废物的循环利用在园区内已普遍出现。正是这种网络结点间同时存在多家企业的特点，保证了工业共生网络的稳定性。

6.3.2.3　嵌套型工业共生网络构建技术

(1) 技术简介与特点

嵌套型工业共生网络是一种介于依托型工业共生网络和平等型工业共生网络之间的新型的复杂网络组织模式，是由多家大型企业和其吸附企业通过各种业务关系而形成的多级嵌套网络模式，同时兼具依托型工业共生网络和平等型工业共生网络的优点，其结构如图 6-23 所示。

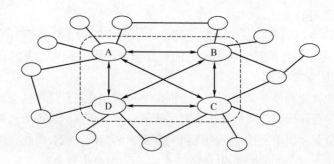

图 6-23　嵌套型工业共生网络示意

在工业共生网络内，多家大型企业之间通过副产品、信息、资金和人才等资源的交流建立共生关系，形成主体网络，同时每家大型企业又吸附大量的中小型企业，以该大型企业为中心形成子网络。另外，围绕在各大型企业周围的中小型企业之间也存在业务关系，所有参与共生的企业通过各级网络交织在一起，既有各大型企业之间的平等型共生和中小型企业的依托型共生，还有各子网络之间的相互渗透，从而形成一个错综复杂的网络综合体。嵌套型工业共生网络既提高了企业进行自由选择合作伙伴的可能性，又增强了合作企业之间相互依赖和相互凝聚的网络整体性。在这种网络模式下，网络成员之间的资源交流渠道增多、交流频率加快，各级网络层层嵌套，提高了网络的稳定性和安全性。

（2）构建方法

奥地利 Styria 生态工业园是嵌套型工业共生网络运作模式的典型代表。在该工业共生网络中，有一系列的核心企业，如造纸厂、发电厂、水泥厂、炼钢厂以及污水处理厂等，这些核心企业之间具有频繁的产品交换活动，构成了整个网络的主体框架。围绕这些核心企业还有大量的中小型企业，如废物回收公司、小型水泥厂和造纸厂等，这些中小型企业一方面与大型企业建立稳定的交换关系，同时相互之间也存在业务来往，网络关系延伸到每一个企业中，使整个园区形成错综复杂的网络系统。

6.3.2.4 虚拟型工业共生网络构建技术

（1）技术简介与特点

虚拟型共生网络是一种新颖的组织形式，它突破了传统的固定地理界限和具体的实物交流，借助现代信息技术手段，用信息流连接价值链建立开放式动态联盟，组建和运营的动力来自多样化、柔性化的市场需求，以市场价值的实现作为目标，整个区域内的产业发展形成灵活的梯次结构，因此具有极强的适应性。同时，参加合作的企业通过各自的核心能力的组合突破了资源有限的限制，整个虚拟组织以网络为依托，充分发挥了协同工作和优势互补的作用。虚拟型生态工业园可以省去一般建园所需的昂贵的购地费用，避免建立复杂的园区系统和进行艰难的工厂迁址工作，具有很大的灵活性，其缺点是由于距离的增加可能要承担较昂贵的运输费用。

（2）构建方法

美国北卡罗莱纳州三角研究园（Research Triangle Park）是目前世界上采用虚拟型共生网络比较成功的典型案例。北卡罗莱纳州三角研究园共涵盖北卡罗莱纳州 7770km² 6 个郡的区域，包括 Raleigh、Durham 和 Chapel Hill 等地区。在如此广阔的地理范围内，只有建立虚拟性共生网络才能实现副产品的交换。到目前为止，共有 1382 家企业参与到该虚拟网络中来，有 1249 种不同物资进行了交换。

6.3.3 滨海区域重化工行业集群式、持续发展的生态产业共生网络构建技术

滨海区域重化工行业往往受到环境容量以及资源能源的限制，约束了地区的经济发展。循环经济生态产业共生网络的构建为滨海区域重化工行业的发展提供了可行之路，在产业布局时可综合应用前文所述的以能源企业为核心的循环经济系统构建技术以及以

冶金企业为核心的区域协同发展技术等，通过共生网络的构建，达到重化工行业集群式、持续性的发展。

能源、石化、冶金、制盐、盐化工以及水产养殖等产业的循环经济产业链有很大的延伸空间，在单个产业有限的空间、资源及环境条件下构建完整的产业链较为困难，因此可以依托各产业资源，依托港口物流的优势和工业区内部热电、水资源等基础设施，突破产业内部限制，在区域间形成开放式的循环经济共生网络，如图 6-24、图 6-25所示。

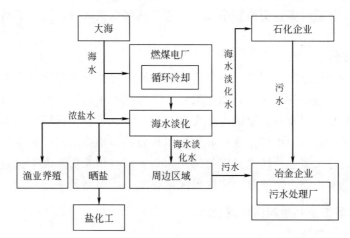

图 6-24　集群式、持续发展的生态产业共生网络简图

从图中可以看出，滨海区域重化工行业集群式、持续发展的生态产业共生网络内石油化工、钢铁冶金、装备制造和港口物流四大主导产业以及综合弹性产业、热电厂、水资源供给处理系统之间物流、能流、水流环环相扣，循环流动。

(1) 原料流

港口仓储物流产业可以为其他三大产业输送原料，如为石化产业提供原油，为钢铁冶金产业提供煤炭、矿石，为热电厂提供煤炭，同时将各产业的产品运输出去。另外，尾矿基地可以为各企业厂房以及办公楼的建设提供绿色环保节能砖，提高区域绿色建筑覆盖率。

(2) 产品流

三大产业之间的产品可以互相利用，如石化产业可以为装备制造业提供润滑油，为钢铁冶金产业提供催化剂、燃料油，为港口物流业提供柴油、汽油等；钢铁精深加工行业可以为装备制造业提供钢材、零部件等；装备制造业可以为石油化工和冶金行业提供机械设备等。

(3) 废物流

石化行业中产生的重油可以提供给冶金行业的高炉、加热炉等作燃料；装备制造业和钢铁精深加工行业中的废钢可以作为原料回到冶炼企业生产新的钢材；冶金行业高炉炼铁工艺中产生的炉渣、热电厂产生的灰渣可以作为建筑材料、筑路材料的原料提供给综合产业中的建材企业。

(4) 能流

通过热电联产技术，发电企业向区域内提供电能，同时热电厂向园区内其余各产业

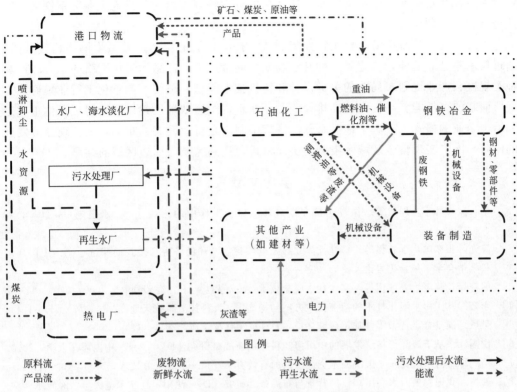

图 6-25 区域间形成开放式的循环经济共生网络

提供热能。

（5）水流

能源行业通过海水淡化技术将海水提取出来后，向电厂及周边地区提供淡水资源，向制盐厂提供浓盐水，并延伸至盐化工行业。涵盖新鲜水流、污水流和再生水流，通过水资源配置优化，自来水、海水淡化水等优质水源供给各产业高质用水的需求，产业污水集中收集进入污水处理厂进行处理，污水处理厂出水进入再生水厂进一步处理，达到回用标准后供给各产业的低质用水需求。

通过上述分析可以看出，滨海区域重化工行业集群式、持续发展的生态产业共生网络产业间的循环经济网络可以极大地发挥经济集聚效应，产业之间采取就近原则为彼此提供原材料，不仅降低企业交通运输成本，而且大大减少交通运输造成的资源能源消耗；利用产业、企业之间"生产者-消费者-分解者"的联系构建的循环经济产业链，大大减少了废物的产生和资源能源的消耗，在区域范围内做到减量化、资源化、再利用。

本章以天津南港工业区为例，进行了滨海区域重化工行业集群式、持续发展的生态产业共生网络的规划布局实例分析，研究成果已被纳入南港工业区规划环评报告书。南港工业区循环经济的发展还应着眼于整个滨海新区甚至天津市，综合考虑与大港区、天津经济技术开发区等区域产业间的联系与协作，形成跨区域的循环经济产业链。例如，南港工业区的石化企业可以与大港区石油开采、石油化工等产业形成上下游的产业链，同时为天津经济技术开发区中的汽车、电子信息产业提供润滑油等化工产品；装备制造产业和冶金产业可以为汽车产业提供钢材、设备、零部件等；装备制造产业为其他各产业提供机械装备；开发区中的汽车产业产生的废钢铁等可以回到南港工业区钢铁冶炼产业进行回收再利用等。

由此可见，滨海区域重化工行业集群式、持续发展的生态产业共生网络构建技术，通过技术整合、延伸，构建了一种基于物质、能量、水、信息流最优网络的，区域产品种类规模、产业规划布局等的关键设计和衔接技术模型，破解当前重化工行业集群式发展所面临的高耗能、高耗水、高排放制约。在水资源短缺地区建设和发展规模化重化工和冶金企业的模式，破解了地区水资源禀赋限制冶金行业发展的难题，在实现经济发展的同时，同步实现整个区域污染物的协同减排，达到区域与周边区域的共赢。

参考文献

[1] 刘长兵，林宇，周然等. 循环经济在港口环境保护工作中的拓展 [J]. 水道港口，2007，28（4）：300-304.

[2] 陈光，张东国，李志强等. 拟建天津北疆发电厂建立循环经济生产模式的探讨 [C]. 中国环境科学学会学术年会优秀论文集，2006：277-281.

[3] 裴奇峰，陈飞，姜训镜等. 高含盐水脱盐技术及发展趋势 [J]. 建设科技，2009，（16）：94-95.

[4] 李霞. 基于海水淡化技术的溶液再生方案初探 [J]. 大科技·科技天地，2011，（5）：173-174.

[5] 吴威. 镍基合金特型零件加工研究 [J]. 大科技·科技天地，2011，（5）：174-175.

[6] 倪国江. 基于海洋可持续发展的中国海洋科技创新战略研究 [D]. 北京：中国海洋大学，2010.

[7] 冯广军. 海水淡化——解决淡水资源短缺的有效方案 [J]. 华北电力技术，2005，（3）：41-44.

[8] 韩杨. 我国发展海水利用产业的背景与布局条件研究 [D]. 沈阳：辽宁师范大学，2007.

[9] 李妍. 海南省青澜污水处理厂工程自控系统的设计 [D]. 天津：天津大学，2011.

[10] 黄导，张岩. 中国钢铁企业节水问题探讨（续）[J]. 中国冶金，2004，（12）：11-14.

[11] 周绪芝. "强化混凝-超滤"联用工艺中膜污染控制技术研究 [D]. 青岛：青岛科技大学，2010.

[12] 覃林. 生态工业园的理论与实证研究 [D]. 重庆：重庆大学，2005.

[13] 丁昌福，李旭. 生态工业园区的环境影响评价指标体系的建立 [J]. 广西轻工业，2010，26（5）：71-72.

[14] 邱宇. 生态工业园区的分析与集成 [D]. 福州：福建师范大学，2006.

[15] 王兆华. 生态工业园工业共生网络研究 [D]. 大连：大连理工大学，2002.

[16] 徐海. 生态工业园模式与规划研究 [D]. 上海：上海大学，2007.

[17] 杨梅艳. 循环经济助推广西糖业科学发展 [J]. 轻纺工业与技术，2010，39（5）：33-36.

[18] 高伟. 产业生态网络两种典型共生模式的稳定性研究 [D]. 大连：大连理工大学，2006.

[19] 关飞. 南京市循环经济发展研究 [D]. 南京：南京师范大学，2006.

[20] 秦丽杰. 吉林省生态工业园建设模式研究 [D]. 沈阳：东北师范大学，2008.

[21] 马玉明. 化工生态工业园产业链设计与评价指标体系研究 [D]. 武汉：武汉工程大学，2009.

[22] 李敏. 生态工业园中生态产业链分析及其稳定性评价研究 [D]. 天津：天津大学，2007.

[23] 王金水，包景岭，常文韬等. 临港重化工业区循环经济共生网络的构建 [J]. 河北大学学报（哲学社会科学版），2010，35（3）：119-122.

7

◀◀◀

人居环境子系统构建技术

人居环境作为一门综合学科，首先由著名学者吴良镛院士、周干峙院士及林志群教授等提出。吴良镛院士在其《人居环境科学导论》中，以"五大原则"（生态观、经济观、科技观、社会观、文化观）、"五大要素"（自然、人、社会、居住、支撑网络）和"五大层次"（全球、区域、城市、社区、建筑）为基础，构建了人居环境科学的基本框架。

人居环境是人类与其生存环境相互作用的时空存在形式。狭义的人居环境是指人类聚居活动的空间，它是在自然环境基础上构建的人工环境，是与人类生存空间密切相关的地理空间。广义的人居环境指围绕人这个主体而存在的一定空间内的构成主体生存和发展条件的各种物质性和非物质性的总和。

目前人居环境一般是指广义的概念，因为它不仅仅指人类居住和活动的有形空间，同时还包括贯穿于人类发展、社会进步的人口、资源、环境、社会政策和经济发展等各个方面，主要包括居住、工作、教育、卫生、文化、娱乐等。创造良好的人居环境，是全世界共同关注的问题，也是我国近年来日趋关心的焦点。随着人们的居住环境在人口迅速增长所造成的压力下不断恶化，人居环境建设的任务越来越紧迫。建立人与自然的和谐共生关系是人居环境研究的核心问题。

本研究结合城市主要人居环境问题，研究了城市热岛效应的缓解技术，绿色建筑构建技术、城市生态社区建设、城市景观和绿化设计等相关技术集成，并创新性地将环境安全相关技术纳入生态人居环境的研究中来。

7.1 ▶▶▶▶▶▶▶ 城市热岛效应减缓技术

7.1.1 城市热岛效应概述

7.1.1.1 城市热岛效应的定义

城市热岛效应（urban heat island effect）是指城市中的气温明显高于外围郊区的

现象。

城市热岛现象最早是由 Howard 提出，早在 1833 年 Howard 就观测到伦敦市区温度高于郊区，温差最大可达 3.7°F。城市热岛现象作为城市化最显著的气候表征几乎存在于每个城镇中，其存在的普遍性以及对人类生存环境带来的潜在危害，引起了国内外学者的广泛研究与关注，国内外学者自 20 世纪 60 年代开始探索缓减城市热岛效应技术，城市热岛缓减技术主要包括对城市热岛产生与影响机制的探索、城市热岛研究方法与城市热岛缓减策略等方面。

当今城市热岛作为城市化的产物，已经成为城市热环境恶化的重要表征，其长期存在会引发出一系列生态环境问题，进而影响到区域气候、城市水文、空气质量、城市土壤理化性质、城市生物的分布与行为以及诸多城市生态过程如物质代谢、能量循环等。城市热岛效应引发城市气温日益升高，导致城市人群发病率和死亡率显著增加，给人们的身心健康和经济发展带来严重损害，主要表现如下：

① 直接增加城市能耗　人们生产生活过程中采取降温措施引起大量能量的耗费（如空调、电扇等费用），导致能源短缺。

② 城市高温酷热常常引起干旱、供水困难，火灾极易发生，极端性天气现象增多。城市热岛环流增强了城郊对流，使得城市降水过于集中，更易于引发洪涝灾害。

③ 危害城市人群身心健康，引起一系列城市病和多发性流行病，如高血压、冠心病、中暑、肠胃疾病等，甚至死亡。长期居住在城市热岛高温区，会使妇女妊娠异常、早产、流产，后代患先天性疾病的概率增加，对老年人的死亡更起着促进作用。高温还影响人的思维活动和生活质量，使得工作生产效率降低。据统计，如气温 15℃时工效为 100%，25℃时为 92.5%，35℃时为 84.3%。

④ 加重空气污染　城市排放进空气中的粉尘等颗粒物、二氧化碳等有害气体比郊区多，使城市空气混浊，城市空气的透明度降低，出现"混浊岛效应"，从而减少了到达城市中的太阳直接辐射和总辐射的强度，使城市的紫外线辐射和总辐射比郊区少，散射辐射比郊区多。

7.1.1.2　城市热岛数值模式模拟技术

由于土地利用类型的热学特征、辐射特征、人为热不同，表现为水泥、瓦片结构的建筑物、广场、居民地、桥面、道路等城市用地类型人为释放热量大、温度高，而以土壤为主的裸地、植被以及水体等温度低，因此，随着城市的扩展，土地利用类型的变化，城市热岛效应会产生相应的变化。采用气象数据和遥感数据相结合的方法，可以对城市热岛时空演变的特征、演变与土地利用变化在空间上的对应关系，以及土地利用变化对城市热岛效应的影响机理及测度进行分析研究，从而找到减缓城市热岛效应的途径。

(1) 城市热岛多源遥感影像数据特征

由于主要是对地区温度进行遥感分析，因此需要选择具有热波段的遥感数据，目前有四种卫星数据可以用来获知遥感数据，分别为 Landsat TM/ETM＋数据、EOS/MODIS数据、ASTER 数据、NOAA/AVHRR 数据。本研究中主要采用的是 LandsatTM/ETM＋数据。

Landsat 是美国陆地探测卫星系统，从 1972 年开始发射第一颗卫星 Landsat-1，到目前最新的 Landsat-7，重访周期为 16 天。目前仅有 Landsat-5 和 Landsat-7 仍在运行，表 7-1 为 ETM 传感器的数据参数。

■ **表 7-1　ETM 传感器的数据参数**

卫星名称	传感器	波段号	类型	波段范围/μm	地面分辨率/m
Landsat-7	ETM	B1	BlueGreen	0.45～0.515	30
		B2	Green	0.525～0.605	
		B3	Red	0.630～0.690	
		B4	NearIR	0.775～0.90	
		B5	SWIR	1.55～1.75	
		B6	LWIR	10.40～12.5	60
		B7	SWIR	2.09～2.35	30
		B8	Pan	0.52～0.90	15

（2）遥感因子计算

为更好地进行数值模拟，首先应当选取恰当的工具——模型，包括遥感反演模型和数值模拟。遥感反演模型主要为遥感因子提取和土地利用与覆盖分类，数值模拟为中尺度 MM5 模式与城市冠层模式。

在遥感因子计算中，地表温度作为影响城市气温的重要影响因子，其反演的精度直接决定了分析结果的准确性。本书中采用 LandsatTM/ETM＋数据反演地表温度。LandsatTM/ETM＋数据只有一个通道——热红外通道即第 6 波段数据（10.4～12.5μm）记录了地表的发射热红外光，空间分辨率较高，能够较精确地反演地表温度。利用 TM/ETM＋热红外通道反演地表温度通常有 4 种方法，即辐射传输方程法（radiati、etransferequation，RTE）、基于影像的反演算法、单窗算法和 Jiménez-Muñoz&Sobrino's 单通道算法。

（3）城市热岛遥感与 GIS 技术应用研究

遥感和 GIS 应用主要用于分析城市热岛效应的产生机制，以提出减缓策略；数值模拟的应用主要获得地面参数变化特征，以对城市降温潜力进行模拟；通过低温模拟技术以及其精细化插值技术等，分析地表温度与遥感因子（地表反照率、NDVI）和规划指标（建筑密度、容积率、平均高度等）之间的关系，并感测气温插值。

7.1.2　城市热岛效应成因及影响因素

7.1.2.1　城市热岛效应的成因

不同地表状态，由于其对太阳辐射的吸收及其含水分量的差异，导致地温不同，并使气温也存在显著差别。以天津为例，我们对不同地表气温进行了观测实验，来了解不同地表状态对气温的影响状况，结果见表 7-2～表 7-4。由于实验时间安排的不尽合理，实验数据的横向可比性较差，但是从每个测点的实验数据来看，还是有着重要的意义。可以看出，各季白天陆面气温均高于水面，其差异随太阳辐射的增强而加大，夏季差异较大，达 18.1℃，冬季较小但也达 2.8℃，夜间差异明显比白天小，春、夏季陆面气温高于水面 1.8℃、6.9℃，秋、冬季水面气温高于陆面 3.4℃、2.4℃。由表也可以看出，地表植被状况对气温也有较大影响，水面的降温效果优于树林，树林的优于草坪，而且面积越大降温效果越明显。

■ 表 7-2　天津市区不同地表状态气温观测结果　　　　　　　　　　　　　单位：℃

月份＼地表	14:00 时		
	水面	陆地	气温差
1 月	3.0	5.8	2.8
4 月	21.9	29.6	7.7
7 月	22.7	40.8	18.1
10 月	22.4	28.5	6.1
年	17.5	26.2	8.7

月份＼地表	23:00 时		
	水面	陆地	气温差
1 月	−2.9	−5.3	2.4
4 月	10.4	12.2	1.8
7 月	20.7	27.6	6.9
10 月	17.5	14.1	3.4
年	11.4	12.2	0.8

■ 表 7-3　天津礼堂草坪与水泥路气温比较　　　　　　　　　　　　　　　单位：℃

地表＼天气	阴天		晴天	
	早晨	中午	早晨	中午
草坪	22.2	30.8	22.5	32.0
水泥路	23.6	25.6	23.5	31.5
气温差	3.2	1.3	4.5	6.5

■ 表 7-4　天津宾馆树林与柏油路气温比较　　　　　　　　　　　　　　　单位：℃

地表＼天气	阴天		晴天	
	早晨	中午	早晨	中午
树林	18.6	24.3	19.0	25.0
柏油路	21.8	25.6	23.5	31.5
气温差	3.2	1.3	4.5	6.5

7.1.2.2　城市热岛效应的影响因素

在城市热岛现象明显的城市中，热岛分布的区域都有着一些相同因素的影响，主要表现在以下几个方面。

（1）城市下垫面（大气底部与地表的接触面）特性的影响

城市内大量人工构筑物如铺装地面、各种建筑墙面等，改变了下垫面的热属性，这些人工构筑物吸热快而热容量小，在相同的太阳辐射条件下，它们比自然下垫面（绿地、水面等）升温快，因而其表面的温度明显高于自然下垫面。比如夏天里，草坪温度32℃、树冠温度30℃的时候，水泥地面的温度可以达到57℃，柏油马路的温度更高达63℃，这些高温物体形成巨大的热源，烘烤着周围的大气和我们的生活环境。

（2）城市大气污染

城市中的机动车辆、工业生产以及大量的人群活动，产生了大量的氮氧化物、二氧化碳、粉尘等。这些物质可以大量地吸收环境中热辐射的能量，产生众所周知的温室效应，引起大气的进一步升温。

（3）人工热源的影响

工厂、机动车、居民生活等，燃烧各种燃料、消耗大量能源，无数个火炉在燃烧，都在排放热量。

（4）城市自然下垫面减少

城市的建筑、广场、道路等大量增加，绿地、水体等自然因素相应减少，放热的多了，吸热的少了，缓解热岛效应的能力就被削弱了。

7.1.3　缓解城市热岛效应的措施

基于实验基础及热岛成因分析，我们提出缓解城市热岛效应的几条建议。

7.1.3.1　合理控制城市用地扩展规模与速度，适当鼓励中高密度土地开发模式

首先，分析并把握城市扩张的基本规律，在满足人口集聚对城区向外扩张需求的同时，规划、控制好城市新区用地规模和速度，严格控制城市内人口增长，特别要注意对外来人口的控制，适当限制劳动密集型产业的开发建设，实现城市建设用地的理性开发。其次，在满足公共环境质量的前提下（如对日照、绿地率等的需求）适当鼓励中高密度土地开发模式，改变以往城市居住空间大幅度扩展这种摊大饼式的发展模式，推行以保护生态景观为前提的房景相容的紧凑型高层或小高层居住开发模式。这样不仅可以减缓城市扩展对农耕地、林地、水域等的侵蚀，而且可以降低道路等基础设施以及居住、公建等建设过程及投入运转之后所带来的能源耗费与温室气体排放量。同时，严禁近郊森林公园、水源保护区、湿地保护区等的开发建设，并严格控制周边用地的开发强度，保持自然山水格局的连续性和完整性，使其能够更好地发挥城市气温"调节器"的作用。

7.1.3.2　构建开敞的城市生态空间，增强城市降温增湿功能

合理利用城市内自然生态景观这种天然的气候调节器，改变以往传统绿化集中布置为均匀布置方式，在主城区、近郊区、新城镇建设地区分块均匀地散布绿地，使城区等绝大多数地方能够得到从温度较低的绿色空间吹来的清凉空气。同时，充分利用自然山体、水体、湿地、农田等自然绿色空间的降温增湿特点，结合城市绿地建设构建诸如"绿楔"、"绿色通风道"等开敞空间，积极开展城市滨水空间滨水绿廊的建设，形成以"水"与"绿"为要素的带状空间，发挥城市"生态轴脉"的降温增湿功能。此外，要特别控制城市上风向区域的建筑高度和密度，防止因建筑过高和过密对城市风道的阻挡。城市风道两侧建筑也应当由低向高规划，形成易于通风散热的城市空间结构，有效缓解城市热岛效应。

7.1.3.3 优化用地功能布局和交通体系，降低城市人为热排放量

首先，充分利用工业郊区化的内在驱动力，加快城市内工业用地调整，依法关闭或整体搬迁高能耗、高污染的工业项目，尽量将工业用地布置在城市边缘生态容量高、通风良好的区域。同时，应提高城市工业用地的利用效率，增加单位面积用地的投资强度，引导企业积极采用先进生产设备、工艺和技术，降低单位能耗，进而减少工业热的排放。其次，对于旧城区内稠密的老居住区和商业区，规划宜采用高层低密度的布局方式改善拥挤的建筑布局，见缝插针地布置小型绿化广场和街头绿地，尽量创造开敞、通风的散热体系。最后，重视公共交通尤其是轨道交通的发展，规划一个能体现和实现公交优先的城市交通体系，并在城市交通政策上给予公交发展以优先地位，提升公共交通竞争力，尽量减少过度使用小汽车带来的温室气体等污染物的排放量。

7.1.3.4 开展城市下垫面规划设计，增强城市热量反射和透水性能

合理的规划设计能够改善城市下垫面的热属性，对于缓减热岛效应具有积极作用。首先，在提高城市用地植被覆盖率的同时，应根据不同用地类型有针对性地进行植被规划设计。对于工业用地，针对其排热量大的特点，沿道路、给热管道以及热源厂区的屋顶、墙壁构建多层次立体植被覆盖层；对于商业用地或建筑密度高的居住用地，应以种植行道林荫树为主，鼓励垂直绿化和屋顶绿化；对于城市公共用地，应以乔灌木等对阳光有遮挡作用的植被为主，尽量减少草地或硬质铺装。其次，对于建筑物单体的外观设计宜采用浅色高反照率透水透气的建筑材料，增强建筑物表面热量反射来减少太阳热量转向室内，进而降低空调使用带来的人为热的排放。另外，增加城市道路广场尤其是机场、车站的透水率和蒸发率，尽可能采用如草坪砖等透水性路面材料，既可以很好地满足城市的环境需求，又对城市热岛效应起到一定的缓减作用。

7.1.3.5 适当降低城市建筑密度，提高城市建筑平均高度与容积率

建筑密度和容积率与地表温度呈正相关，即建筑密度与容积率越大，地表温度也随之增大；而平均高度与地表温度则呈负相关，即平均高度越大，地表温度将随之降低。然而容积率的降低会造成土地资源浪费，形成建设用地低密度蔓延之势，更不利于地表温度的降低，因此，即使容积率对地表温度的贡献呈正值，也应适当提高容积率，并控制在合理的范围之内。降低建筑密度，能够降低城市地表温度，然而建筑密度过低，也会造成建设不经济。所以应使建设用地的建筑密度控制在合理范围内，控制城市多、高层建筑的数量，减少城市建筑对城市热环境的贡献度，以确保合理开发强度下环境效益的最佳化。而对于建筑平均高度来说，可适当增加建筑高度，既可降低地表温度，改善城市热环境，又有利于实现紧凑型的城市发展模式。

在天津市城市热岛效应的缓解措施研究中，可以采取以下 4 个措施来降低城市气温，增强城市生态功能。

(1) 增加城市水面、湿地面积

增加水面面积也是对付热岛效应的良策，这是因为水的热容量相当大，在吸收同样热量的情况下，水体的升温要比土壤等地面缓慢得多，而且水的蒸发也要吸收大量的热量。天津是个严重缺水的城市，大量增加水面面积似乎不太现实，但可以根据天津市河道众多的现状，合理规划和利用水资源，合理增加城市水面面积，并恢复原有湿地的功能。

(2) 增加城市绿地面积，加大城市绿化覆盖率

植物可以通过蒸腾作用，不断从周围环境中吸收大量的热量，从而降低空气温度。研究表明每公顷绿地每天能从环境中吸收大约 81.8MJ 的热量，相当于 1890 台功率为 1kW 的空调的作用；此外，由于空气中的粉尘等悬浮颗粒物能大量吸收太阳辐射，使空气增温，而园林植物能够滞留空气中的尘埃，使空气中的含尘量降低，这样也能缓解热岛效应。因此，必须增加城市绿地面积，扩大城市绿化覆盖率，这样才能缓解城市热岛。有专家认为，一个区域的绿化覆盖率最好达到 40% 以上才能有效缓解城市热岛效应。

(3) 酌情建设一些规模较大的绿地

城市中的绿地应当分布均匀，并且要酌情建设一些规模较大的绿地。一般来说，绿地面积至少要大于 3hm²，才能形成以绿地为中心的低温区域，形成 "绿岛效应"。研究表明，3hm² 的绿地里气温比周边建筑聚集处气温下降 0.5℃ 以上。在目前整个市区热岛比比皆是的情况下，这些低温区域可以为市民提供宝贵的户外活动场所。所以在老城区的改造中，要尽可能地建一些面积大于 3hm² 的大片绿地。北京市园林局已经做出规划：在 2005 年之前，每年在城区建一个 3hm² 以上的大绿地，在近郊区建一个 5hm² 以上的大绿地，用 "绿岛" 来抵御 "热岛"。国际上的一些大都市也都在市区建设了大片的森林，如美国在纽约曼哈顿的中心地带建设了一片 340 万平方米的中央公园；在日本东京，50hm² 以上的公园绿地散布在市内 12 处；英国伦敦在城市外围建成了环城绿带，平均宽度 8000m，最大宽度达 30000m，面积 200000hm²；我国上海也在 "申字" 高架道路中心结合点，建设了一片地跨黄浦、卢湾、静安三个区，占地面积 23hm² 的延中绿地。

(4) 选择合理种植结构的树种

在绿地的种植结构上，研究结构表明，乔灌草复层结构的绿地降温效果最好，其次为乔草型和灌草型，草坪型最低。在当前城市用地十分紧张的情况下，必须通过优化绿地植物的结构，尽量发展乔灌草复层种植结构，来强化绿地的生态功能，从而使绿地发挥更大的生态效益。

7.2 绿色建筑构建技术

7.2.1 绿色建筑的内涵与定义

7.2.1.1 绿色建筑的内涵

"绿色"（可持续）可以被看成是一切关于富有远见的活动的总称，它包含呼吁停止所有可能导致环境资源与质量出现重大破坏的活动，可持续发展运动要求我们重新评估有关社会与经济福利的 "经典" 价值观。

"绿色建筑" 概念具有丰富的内涵，它的基因里包含了历史悠久的地域性建筑或气候响应性设计思想，20 世纪的能源危机使其开始明确 "节能" 的基本诉求，以被动式

太阳能设计为代表的节能建筑成为其主要形式，而随着可持续发展思想的提出，以追求自然系统原则为诉求的生态建筑理想使它进一步深化了与自然的关联。而随着建筑环境对它的使用者健康产生的影响、建筑及其所营造的空间与人类文明发展间存在的密切关系等问题不断被揭示，人的健康、人类文明的传承与自然的"健康"一起纷纷被统一到"绿色建筑"的概念中。今天的"绿色建筑"已经成为一个综合了自然、文化与经济等多层面问题的复合概念。

一般而言，绿色建筑包含了以下 4 个特点。

(1) 环境响应的设计

绿色建筑都应该是不破坏自然环境的设计，传统的建设通常会给自然景观留下人工痕迹、破坏有价值的农业用地、破坏动植物栖息地，而绿色建筑营造强调通过人类的开发与建设活动，修复或维护自然的栖息地与资源，实现人与自然的和谐共处。

(2) 资源利用充分有效的建筑

绿色建筑将土地、水、土壤、矿藏、木材、化石燃料、电、太阳能等自然资源视为一种资本，因而非常注重提高这些资源的利用效率，如土地的高效利用、环保型材料的选择、废弃物的处理、水资源的保护与利用、能量的有效利用等。

(3) 营造具有地方文化与社区感的建筑环境

绿色建筑同时还关注文化的可持续发展，鼓励人与人的交往、营造社区的归属感和安全性。

(4) 建筑空间的健康、适用和高效

7.2.1.2　绿色建筑的定义

在我国 2006 年颁布施行的《绿色建筑评价标准》（GB/T 50378—2006）国家标准中，以国家规范的形式给出了"绿色建筑"的定义，即绿色建筑是"在建筑的全寿命周期内，最大限度地节约资源（节能、节地、节水、节材）、保护环境和减少污染，为人们提供健康、适用和高效的使用空间，与自然和谐共生的建筑"。

7.2.1.3　绿色建筑构建技术体系

通过集成，形成绿色建筑构建技术体系见表 7-5。

7.2.2　被动设计

(1) 自然采光（昼光照明）

自然光包括直射阳光和天空漫射光。通常将室内对自然光的利用，称为"采光"。自然采光，可以节约能源，并且在视觉上更为习惯和舒适，心理上更能与自然接近、协调。

根据光的来源方向以及采光口所处的位置，分为侧面采光和顶部采光两种形式。侧面采光可选择良好的朝向和室外景观，光线具有明显的方向性，有利于形成阴影。但侧面采光只能保证有限进深的采光要求（一般不超过窗高 2 倍），更深处则需要人工照明来补充。一般采光口置于 1m 左右的高度，有的场合为了利用更多墙面（如展厅为了争取多展览面积）或为了提高房间深处的照度（如大型厂房等），将采光口提高到 2m 以上，称为高侧窗。除特殊原因外（如房屋进深太大、空间太广），一般多采用侧面采

■7-5 绿色建筑构建技术体系

技术分层	技术种类
被动设计	自然采光
	自然通风
	屋顶绿化
围护结构	绿色墙体材料
	外墙外保温技术
	建筑遮阳
	节能门窗
	新结构体系(高性能混凝土、工业化体系等)
能源供应	热泵技术
	热回收通风技术
	热冷电三联供技术
	燃料电池技术
	可再生能源技术(太阳能、风能、地热能)
	蓄能技术
末端设备	新型空调末端技术
	绿色照明技术
节水技术	直饮水技术
	中水回用技术
	再生水技术
	雨水收集利用技术
	人工湿地技术
	节水器具
	节水浇灌技术
建筑管理与自动控制	楼宇自动化与建筑管理

(左侧竖排)绿色建筑构建技术体系

光的形式。顶部采光是自然采光利用的基本形式,光线自上而下,照度分布均匀,光色较自然,亮度高,效果好。但上部有障碍物时,照度会急剧下降。由于垂直光源是直射光,容易产生眩光,不具有侧向采光的优点,故常用于大型车间、厂房等。

随着现代技术的进步和新材料的不断出现,同时,使用自然采光的方法与手段也日益丰富。

(2) 自然通风

空调技术的产生与成熟,使人们可以在一个完全封闭的空间内创造出一个独立的小气候,使室内的温度和湿度始终控制在相对舒适的范围内。但空调并不是万能的,它在现代建筑中的广泛使用所带来的负面影响已经引起了人们的警惕,并着手研究相应的解决措施。给建筑以适当的自然通风是减少使用空调负面影响的有效方法之一。自然通风的建筑可以降低空调耗电量,进而降低生产这些电能的不可再生资源的消耗量和 CO_2 向大气的排放量;对人体而言,自然通风可减少"空调病"和各种通过空气传播的疾病的发病率。

自然通风的理论依据是利用建筑外表面的风压和建筑内部的热压在建筑内产生空气流动。但对于不同类型的建筑（不同进深、不同高度、不同用途）来说，实现自然通风的技术手段各不相同。典型的设计方法或应用方式有通风竖井强化通风（烟囱效应）、太阳能强化自然通风、机械辅助式自然通风、夜间通风。

（3）屋顶绿化（植被屋面、种植屋面）

绿色种植屋面就是以绿色植物为主要覆盖物，配以植物生存所需要的营养土层、蓄水层以及屋面所需要的植物根阻拦层、排水层、防水层等所共同组成的一个整体屋面系统。屋顶绿化不同于地面上的一般绿化，其特殊性可以归结为以下5点。

① 屋顶绿化需要考虑建筑物的承重能力　在建筑物上种植植物，种植层的重量必须在建筑物的可容许荷载以内，否则的话，建筑物可能出现裂纹并引起屋顶漏水，严重的还可能会造成坍塌事故。

② 屋顶绿化需要考虑快速排水　建筑结构层为非渗透层，雨水和绿化洒水必须尽快排出，如果屋面长期积水，轻则会造成植物烂根枯萎，重则可能会导致屋顶漏水。

③ 屋顶绿化需要保护建筑屋面和防水层　植物根系具有很强的穿透能力，如果不设法阻止植物根系破坏建筑屋面和防水层，就可能会造成防水层受损而影响其使用寿命，还可能造成屋顶漏水。

④ 屋顶绿化需要考虑项目完成后的日常维护保养　屋顶绿化不同于地面绿化，可能建在数层高楼房的屋顶，所以必须考虑后期的维护保养的问题，如定期浇水、修剪、除虫和施肥等，例如较高楼层的屋顶绿化面积较大时，建议采用自动喷洒装置或自动滴灌装置；考虑到城市缺水的问题，还可以将屋顶绿化浇水系统与建筑物的中水系统或者雨水收集处理系统相连，用中水或者收集的雨水作为绿化浇灌用水，可以起到节约优质饮用水的作用。

⑤ 屋顶绿化需要选择合适的植物品种　由于屋顶上日晒、风吹、水分过快蒸发、干旱等种植环境不同于地面，所以选择植物品种时需要选择喜日照、抗风性强、耐旱等耐候性强的植物品种。

7.2.3　围护结构

7.2.3.1　绿色墙体材料

近年来，我国建筑业随着国民经济的高速增长，步入了空前迅猛的发展阶段，建筑节能工作也越来越为各级政府部门和广大人民群众所关注。然而，因我国的建筑节能工作起步较晚，基础能力较低，以致在推动其不断发展进步的同时，还面临着诸多的问题和矛盾。特别是在外墙保温技术上，虽然在国家政策和技术标准的鼓励带动下，业内一时涌现出了多种外墙保温技术体系，但通过实际应用的检验，在系统解决建筑砌体的保温、耐候、抗冲击、抗风压、防火、透气、施工适应性等环节上，大多材料及技术均暴露出了不同程度的弊病和不足，许多在建或已交付使用的工程存在着严重的质量隐患。怎样既能达到建筑节能65％的要求，又确保工程质量和使用寿命，已成为业内一道亟待解决的重要课题。

针对以上问题，聚苯乙烯复合保温砌体和煤矸石基质复合高温烧失颗粒保温砌体两项墙体材料生产技术，分别从非承重墙和承重墙砌筑材料上进行创新，无论从生产工艺还是从砌筑方式上都提高了节能效率，可以完全实现三步节能的要求。

(1) 节能环保的生产工艺

众所周知，烧结砖瓦耐久性好、建筑性能强，透气环保，永不褪色，有着其他材料所无法替代的优势特点。在欧美等发达国家，烧结砖瓦往往是"有钱人"的住房选择，被众多专家学者公认为是可持续发展建筑的绝好材料。据权威机构检测，烧结建材产品的尺寸稳定性是加气混凝土的 4 倍，是炉渣、陶粒砌块的 5～6 倍，在使用过程中的抗腐蚀、抗开裂、防火等性能也远远超过了钢筋混凝土。所以，欧洲当今至少 3/5 以上的新建建筑仍然在采用烧结建材产品。而以页岩和煤矸石为主要原料生产的墙体、路面材料不但秉承了烧结砖瓦的这些优点，而且因其自身特殊的矿物元素构成，决定了采用传统工艺加工而成的同体积、同重量的烧结页岩、煤矸石固体物件，其强度要高于黏土制品一倍。若再采用较传统生产方式更为先进的设备、工艺，并适当提升烧成温度，烧结页岩制品自身强度会提高更多，从而可完全满足现代建筑规划对新型材料提出的高强度、低容重、抗压耐磨等各类标准的要求。

但是与非烧结墙体材料相比，烧结墙体材料具有能耗高、空气污染严重的弊端。因此，作为节能、环保的墙体材料，首先在两类墙体材料共有的生产工艺过程中进行节能、环保升级。

上述两类保温砌体的共同生产工艺如图 7-1 所示。

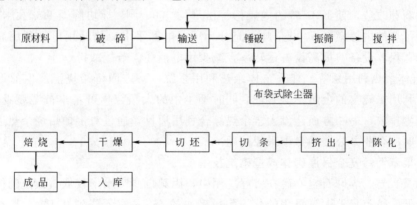

图 7-1　两类保温砌体生产工艺

针对上述生产工艺，分析各环节能耗情况，分别从混料、搅拌、切条、焙烧等环节对工艺进行了节能、环保升级。

① 混合料自动取样系统　根据自身工艺特点，在原料混合料进入陈化仓之前，自行设计安装了混合料取样系统，对混合料自动取样实现在线控制。此设备主要由电机带动减速机通过链条带动取料勾，由时间继电器控制，每两分钟动作一次，进行随机取样，这样避免了人工取样的人为性和不稳定性，由化验室对每小时取的 30 个料样混合均匀后进行化验，检测这一小时内混合料发热量的值，如有偏差，用变频器进行调整，以保证发热量的稳定，通过此设备的使用，使发热量的波动值下降了 20% 左右，基本控制波动量在 50 大卡/克标块以内。在焙烧过程中由于发热量的稳定，也使得产品的合格率明显提升，由以前的 92% 提到了现在的 98.5% 以上，避免了生焦砖，减少了破损

浪费。由于取样机的使用，发热量稳定，基本实现了免外投煤。

② 设备停机计数系统　主要生产设备上安装计数系统，特别是针对的二次搅拌、三次搅拌和主机，通过计数系统的安装，工作人员每班的班中停机次数大大下降，二次搅拌由 100 多次下降到 20 次左右，三次搅拌由 50 多次下降到 10 多次，主机由 40 多次下降到 5 次以内，使砌块成型设备运转率明显提升，有效运转率达到 98.9%，也降低了工人的劳动时间，提升了产量。由于开停机次数的减少，也大大降低了设备的磨损。在用电上也有很大的节省，实行避峰用电，使电价由前两年的 0.64 元/(kW·h) 下降到 0.606 元/(kW·h)，每月每条生产线可节省电费 1.3 万元。

③ 砌体生产高速成型技术　砌体成型过程是通过高真空挤出机将砌体混合料高压挤出成型，此过程以 JZK50/45-30 型双级真空挤出机为例，挤出压力达 3.0MPa，真空度达 -0.092MPa，由于如此高的压力和真空度，使得整个流程消耗大量能量。为使能量得以高效利用，研究开发砌体高速成型技术，在原有单泥条挤出机基础由自主创新，进行四泥条改装，在不改变原来能耗的前提下，大幅提高泥条生产效率，使设备整体能耗降低为原来 1/4。

④ 窑体发热量波动控制系统　研发窑体发热量波动控制系统，通过对窑体内各段温度精确控制进行及时、多点监测显示，为调整内掺、外投量提供了可靠参考，不但解决了过火砖、欠火砖问题，而且解决了节能减排与增质提产之间的矛盾，真正使砖瓦制造企业做到了从传统粗放型、经验型向数字化、科学化的转变。在生产技术上进行了一系列的革新和改造，使 KP1 砖的内燃掺配由平均 960 大卡/标块降至 900 大卡/标块左右，每年可节约内掺燃料 5000 余吨，充分利用谷电和平电，错峰用电，利用高峰电价时间检修、保养设备，提高设备运转率，减少用电消耗、节能减排。

⑤ 窑体余热利用系统　建立窑体余热利用系统，一方面将焙烧窑产生的烟气引入干燥室，利用焙烧窑的余热干燥湿坯，同时烟尘中的大颗粒物可基本被湿坯吸附去除，减少了烟尘排放；另一方面建设大窑余热综合利用项目，通过对窑炉焙烧余热进行收集传导，来解决企业办公楼的冬季采暖问题。

（2）聚苯乙烯复合保温砌体成型砌筑技术

非承重页岩、煤矸石空心砖在实际应用中，因其自身吸水率较低，致使砌体干收缩率大大降低，较市场上大量采用的黏土陶粒砌块的 6‰ 左右下降到 0.1‰，基本上克服了非承重墙易龟裂的技术难题。但因其经过高温烧结，由于烧成温差的存在所以产生了一定的收缩不均、尺寸不一问题，尤其按"97 黏土空心砖砌筑图集"统一眠砌方法进行施工，建筑物墙面可能出现参差不齐、凹凸不平的弊病。

为解决墙面平整度问题，研究采用两斗一眠的砌筑方法进行弥补，在 240mm×240mm×90mm 空心砖斗式砌筑过程中，两斗砖中间正好出现了宽约 60mm、高约260mm 的水平贯通空间，因此在空心砖孔洞和两斗砖缝隙中填充保温材料可以解决目前施工中在墙体外檐粘贴聚苯保温板等保温材料带来火灾隐患等一系列问题，同时也可以满足当前国家三步节能的要求。

此项技术主要涉及保温材料选择、填充方式和砌筑方式三方面的技术要求，其主要情况如下。

① 保温材料的选择　目前同类产品生产中常用的保温材料主要有聚氨酯、挤塑板、

聚苯乙烯、岩棉、玻璃丝棉等。而从保温性能好、整体性好、易安装、造价低廉等几方面着想，首选聚苯乙烯板材作为夹心砖孔洞填塞和夹心保温墙两斗缝隙填充的保温材料。

② 填充方法　首先采取空心砖孔洞部分利用聚氨酯发泡的办法，经实验此办法虽填充效果较好，但相对成本较高，每立方空心砖若全部填充要增加成本近 500 元。随后又采用聚苯板按孔洞相应尺寸统一切割后直接人工填塞，但实践证明聚苯板容重大于 16kg/m³ 时相对硬度较高、填塞不易操作，容重小于 13kg/m³ 时又显太软，保温效果也较差。经反复试验最终确定，采用容重在 15kg/m³ 的聚苯材料、切割尺寸大于空心砖孔洞长宽各 2～3mm 的填塞空心砖孔洞较为理想。

③ 砌筑方法　保温墙除必须采用"两斗一眠"夹心砖砌筑方法外，在两斗之间的空隙内还须放置长度等于墙体构造柱中间尺寸、宽度等于两斗砖相隔间距、高度等于斗砖高度的整块聚苯板，然后在两斗砌夹心砖条面上和聚苯板顶部铺水泥砂浆，放置眠砌夹心砖。

通过此项技术，可以使建筑外墙"一次砌筑"既可达到节能 65％以上的保温效果，墙体平均传热系数全部能够达到 0.59 以下，符合节能 65％的要求，同时彻底解决了保温墙体开裂和保温材料易老化两大技术难题，聚苯乙烯复合保温砌体成型砌筑技术，基本上解决了非承重墙面开裂的质量通病，同时还解决了外墙外贴保温材料与主体建筑使用寿命不能同步这一重大难题，大大提高了工程质量，避免了建设项目保温体系的重复投资行为。另一方面，此项技术的应用大幅度降低了工程造价。夹心保温墙体砌筑技术，使工程建设成本比目前普遍采用的外墙外保温技术每平方米外墙综合造价降低 30％左右。外保温需要在砌体外先涂刷界面剂、强力胶，再贴聚苯板，板外还需要铁网压，自攻钉铆固，然后再用尼龙网、腻子防裂，刷胶防水等。夹心保温墙体直接将聚苯板放置在墙的中间，不用拉铆黏结，加上砌筑方法的改进，不但节省了建筑材料，而且也相应减少了水泥砂浆的用量，每平方米外综合造价较加气混凝土低 30 余元，且优势性能突出，而且此技术是对传统墙体砌筑方法和外墙外保温技术的合理改进，在施工中不使用任何化学胶等有毒材料，无任何辐射和污染，绿色环保，宜居性极强，砌筑方法十分简单，保温砖产品的各个尺寸规格通过不同的砌筑组合方式可满足从黑龙江到海南岛不同地域的建筑模数要求。通过多个工程建筑实例在砌筑过程中的效果来看，砌筑方法简单易懂，而且减少了原有施工方法中许多烦琐的工序，相应节省了工时，提高了工作效率。

(3) 煤矸石基质复合高温烧失颗粒保温砌体制造技术

聚苯乙烯复合保温砌体成型砌筑技术基本利用物理方法进行创新，来提高非承重墙的保温效果，以实现三步节能的要求。而煤矸石基质复合高温烧失颗粒保温砌体制造技术则是利用化学方法，针对提升承重墙的保温效果进行的研究。

本项技术研究目的主要是针对当前黏土砖质量较重、保温效果差不能满足当前建筑三步节能的要求，而且在生产过程中浪费土地资源、破坏生态环境等一系列问题，研究开发以煤矸石为基质，以砌体内燃为基础的保温砌体的制造。

此技术是在制作砖泥原料内添加体积占 20％～50％的直径为 1～5mm 的高温烧失颗粒（如秸秆经造粒后所形成的有机物颗粒、聚苯乙烯颗粒），将高温烧失颗粒与砖泥原料均匀搅拌，混入高温烧失颗粒的砖泥按常规方法制成孔洞≥35％交错排列的多孔砖坯，烧制成形。此种保温砖的微孔均为 0.5mm（此值为该孔的最小直径）以上的相互独立的孔，即各孔互不连通，这样有利于形成均匀的网架状立体结构，从而在不降低砖体强度的情况下最大限度地降低砖体材料的用量。这种墙材所形成的孔的形状孔和大小可以根据砖的大小以及客户需要来选择，有较强的市场竞争能力。

7.2.3.2 外墙外保温

行业标准《外墙外保温工程技术规程》（JGJ144—2005）推荐了五种外墙外保温系统，其中板类的 4 种，粉类的 1 种，可贴面砖的 2 种。

① EPS 板薄抹面外保温系统　以 EPS 板为保温材料，玻纤网增强聚合物砂浆抹面层和饰面涂层为保护层，采用黏结方式固定，抹面层厚度小于 6mm 的外墙外保温系统。

② 现浇混凝土复合无网 EPS 板外保温系统　用于现浇混凝土剪力墙体系。以 EPS 板为保温材料，以玻纤网增强抹面层和饰面层为保护层，在现场浇灌混凝土时将 EPS 板置于外模板内侧，保温材料与混凝土基层一次浇注成型的外墙外保温系统。

③ 现浇混凝土复合 EPS 钢丝网架板外保温系统　用于现浇混凝土剪力墙体系。以 EPS 单面钢丝网架板为保温材料，在现场浇灌混凝土时将 EPS 单面钢丝网架板置于外模板内侧，保温材料与混凝土基层一次浇注成型，钢丝网架板表面抹水泥抗裂砂浆并可贴面砖材料的外墙外保温系统。

④ 机械固定 EPS 钢丝网架板外保温系统　采用锚栓或预埋钢筋机械固定方式，以腹丝非穿透型 EPS 钢丝网架板为保温材料，后锚固于墙体基层上，表面抹水泥抗裂砂浆并可贴面砖材料的外墙外保温系统。

⑤ 胶粉 EPS 颗粒保温浆料外保温系统　以矿物胶凝材料和 EPS 颗粒组成的保温浆料为保温材料并以现场抹灰方式固定在基层上，以抗裂砂浆玻纤网增强抹面层和饰面层为保护层的外墙外保温系统。

除此以外，还有一些其他的外墙外保温系统。

⑥ 硬质聚氨酯泡沫塑料外保温系统　用聚氨酯发泡工艺将聚氨酯保温材料喷涂于基层墙体上，聚氨酯保温材料面层用轻质找平材料进行找平，饰面层可采用涂料或面砖等进行装饰。该工艺保温效果好，可达到国家第三步 65％ 的节能目标，而且施工速度快，能明显缩短工期。

⑦ XPS 板外保温系统　用 XPS 板代替 EPS 板形成的保温系统，热导率低、保温性能好，但 XPS 板表面的黏结性以及透气性需进一步研究。

7.2.3.3 建筑遮阳

现代建筑中，从墙面到屋顶越来越多的采用玻璃，玻璃的通透性能使人们充分感受到自然景观、自然光线和自然空间，但它同时带来采暖和制冷上能耗提高的隐患。建筑遮阳能防止可能带来高能耗的直射阳光，减少传入室内的太阳辐射热量，是消除或防止夏季室内过热的有效措施之一。

遮阳系统的传统作用是通过降低过热和眩光来提高室内热舒适性和视觉舒适性，并且还能提高隔绝性——独处而不受外界干扰。

(1) 内遮阳系统

内遮阳保温系统可以通过调节光照来改善温室内的生态环境。夏季当室内温度上升到一定值时，根据不同遮阳率能反射部分阳光，并使阳光漫射进入室内以达到降温的目的；关闭遮荫保温幕，可使温室温度下降 4～6℃，以达到室内需要的温度。相反，冬季夜间，内遮阳保温幕可以有效地阻止红外线外逸，当夜间温室或室内温度下降到设定的温度低限值时，关闭遮荫幕，加强温室的保温，减少地面辐射热流失，减少加热能源消耗，大大降低温室运行成本；在白天则可打开遮荫幕，使温室充分采光。

(2) 外遮阳系统

该系统主要作用是夏季的遮阳、降温。外遮阳保温系统与内遮荫系统相比，增加了骨架部分，该遮阳系统可以通过调节光照来改善温室内的生态环境。夏季当室内温度上升到一定值时，据不同遮阳率能反射部分阳光，并使阳光漫射进入室内，达到降温的目的，关闭遮荫保温幕，同时使温室温度下降 5～8℃，以降低温室内的温度，通过选用不同的遮阳率的幕布，可满足人们对阳光的不同需求。

窗式反光板：窗式反光板就是指充分利用自然光（可采用自然光调控设施，如采用反光板、反光镜、集光装置等），改善室内的自然光分布，既可节能，又可提供健康、适用、高效的建筑空间。

(3) 智能玻璃

智能玻璃是由两层玻璃中间夹有液晶薄膜，经过特殊的加工工艺复合而成的一种玻璃。它利用液晶的特性，通过改变电场或温度，使玻璃在透明和不透明两种状态之间转换。涂抹在它表面上的超薄层物质——二氧化钒和钨的混合物。随着天气变化，二氧化钒能吸收或放射红外线，从而调整室温，薄层混合物质中 2% 含量的钨决定了二氧化钒是吸热还是散热。它具有节能、环保、保护隐私、安全、隔声等效果，可广泛用于高档写字楼、住宅楼、电视台、监控中心等场所。

7.2.3.4 节能门窗

建筑门窗是建筑外围护结构保温性能最薄弱的部位。它的长期使用能耗约占整个建筑物长期使用能耗的 50%，十分可观。显然提高门窗保温性能是降低建筑物长期使用能耗的重要途径。

为了提高铝合金窗的保温性能，有关部门先后引进铝框断热和低辐射膜（LOW-E）中空玻璃生产线，生产出档次更高的铝合金节能保温窗。门窗是由各种不同材性的材料拼装而成，它的保温性能受框型材材性、断面设计、玻璃层数、镀膜与否、两玻璃之间空气层厚度、断热桥长度、立面设计及窗框比等多种因素影响，彼此差别很大。目前，成熟的节能门窗技术包括断热铝合金窗、低辐射玻璃、双层玻璃、真空玻璃、光电玻璃、温频玻璃。

7.2.3.5 新型结构材料

高强度钢、高性能混凝土等材料耐久性显著优于同类建筑材料。对于建筑工程而言，使用耐久性好的材料是最大的节约措施，对于节约资源和能源、减少环境压力（减少固体废弃物、有效改善室内空气质量）非常有效。如果将所用建筑材料产品的使用寿命延长 1 倍，就相应减少了一半的材料消耗。鼓励在柱、梁、楼板等主体结构上采用高强度钢、高性能混凝土等耐久性好的结构材料，在装饰工程中选用高耐候性涂料等耐久性相对较好的装饰材料。另外，应严格限制实心黏土砖的使用，以保护耕地资源。

C80 以上高强高性能混凝土是建设部重点推广的新技术项目，使得施工的梁柱截面大大减少，改变了建筑物"肥梁厚柱"的现象，有效地增加了建筑物的室内使用面积，达到建筑空间高效利用的目的。预应力高强混凝土管桩桩身承载力高，抗弯性能好，其桩身承载力比其他桩种高 2～5 倍；混凝土用量为方桩的 70%，钢筋用量为方桩的 30%～50%；施工机械化程度高，方便，不污染环境。

在使用高强材料的同时，应解决好钢筋脆性断裂，混凝土耐久性等问题。还应当注意其他配套技术问题，如高强钢筋焊接技术、高性能混凝土施工浇注技术等。

7.2.4　能源供应

7.2.4.1　建筑环境控制用能概述

为保持建筑物合适的室内环境品质，需要消耗一定的能源，比如照明、采暖、制冷等，除了照明、电器等设备所需能源以外，其他几部分所消耗的建筑环境控制用能有以下 3 个明显的特点。

（1）低品位能源（low grade energy）

热能根据其温度的高低可分为低品位能源和高品位能源。建筑采暖空调所需热（冷）能的温度小于 100℃，属低品位能源，用能的基本原则是"温度对口，梯级利用"，因此建筑能源应优先选择低品位能源，而尽量避免采用直接燃烧化石能源的方式进行采暖和空调。

（2）狭窄的温度范围（narrow temperature range）

建筑空调冷冻水的温度一般为 5～12℃，供热热水温度在 45～60℃，地板供暖温度在 40℃以下。由此可见建筑能源的温度范围非常狭窄。

（3）与自然能源温度接近（close to temperature of natural energy resources）

建筑环控用能的这三个特点决定了我们可以大规模利用建筑自然能源，如在沿海地区可以充分利用海水，在沿河沿湖地区可充分利用河水、湖水。城市污水处理站附近区域可充分利用污水资源。低密度建筑可充分利用土壤的能量。而自然能源虽与建筑能源的温度比较接近，但它很难直接利用，必须借助热泵技术才能满足建筑采暖空调的需要。

7.2.4.2　低品位能源在建筑中的应用

所谓热能的高低品位是针对通过热机把热量转化为机械能的能力而言的，根据热力学第二定律，温度高的热源较温度低的热源转化效率高，因此前者较后者的品位高。建筑采暖、空调等所需的热（冷）温度低于 100℃，属于低品位能源。如果将化石燃料燃烧后产生的高品位能量用于建筑采暖、空调，不符合"温度对口、梯级利用"的热力学基本原则，存在着严重的能量浪费。

（1）热泵技术

热可以自发地从高温物体传向低温物体，而欲从低温物体传向高温物体，就必须依靠使用某种动力驱动的装置——热泵。当热泵在将热由低温物体传至高温物体的过程中，在低温物体一端，由于热的失去而产生制冷效应，在高温物体一端，则由于热的获得而产生制热效应。因此，热泵工作的过程中，制冷与制热两种效应是同时并存的。但在实际应用中，或用其制冷，或用其制热，或用其轮换制冷制热，或用其同时制冷及制热。同时制冷及制热除外，热泵单独用作制冷或制热时，其相对的另一种效应是不加以利用的。

热泵作为一种利用高位能使热量从低位热源流向高位热源的节能装置，以消耗少量高质能（机械能、电能等）或高温位热能为代价，通过热力循环，把热能由低温位移至高温位，它最适合用于低位热能的回收和利用。由于热泵运转所需要的能量只是它提供的全部能量的一小部分，因此，它具有显著的节能效果，并对于合理利用能源、减轻环境污染具有重大的意义。

建筑的空调系统一般应满足冬季的供热和夏季制冷两种相反的要求。传统的空调系统通常需分别设置冷源（制冷机）和热源（锅炉）。建筑物热泵供暖空调系统可以省去锅炉和锅炉房，不但节省了初投资，而且全年仅采用电力这种清洁能源，大大减轻了供暖造成的大气污染问题。

可能的技术途径如下。

① 空气源热泵 空气作为低位热源，取之不尽，用之不竭，处处都有，可以无偿地获取。空气源热泵装置的安装和使用都比较方便，目前，国内常见的空气源热泵有分体式热泵空调器、VRV热泵系统和空气源冷热水机组等。其主要局限性在于：空调冷热负荷会随大气温度的升高或降低而增加，但热泵的供冷与供热能力却相反地随着大气温度的升高或降低而下降。所承担的冷热负荷与其供冷与供热能力的这种矛盾，导致热泵在设计参数下的性能系数降低，输入功率增加。

当室外空气相对湿度大于70%，温度为3~5℃时，机组室外换热器可能会结霜，冲霜要消耗能力的10%。而在大气温度低于-10℃时，一般已不能正常运行，这恐怕是华北和东北地区地下水水源热泵应用渐多的原因之一。近年来，一些制造商相继开发出-15℃以下，甚至-22℃时仍能正常工作，并具备较高制热系数的大气源热泵，为其使用范围北扩创造了条件。

空气的热容量小，为了获取足够的热量，则需要较大的空气量，因而风机的容量较大，致使空气源热泵装置的噪声较大。

② 水源热泵 水源热泵就是用水作为热泵的低位热源的热泵装置。可作为低位热源的水有地表水（河水、湖水、海水等）、地下水（深井水、泉水、地热尾水等）、生活废水、工业污水和工业设备冷却水等。

水源热泵的优点是水的热容大，传热性能好，所以换热设备较紧凑；水温较稳定，因而使热泵的运行工况较稳定。其缺点是热泵装置必须靠近水源，或设有一定的蓄水装置；其次，对水质也有一定的要求，应进行水质分析后采用合适的换热器材质和结构形式，以防止出现腐蚀等问题。

目前，国内常见的水源热泵有井水源热泵冷热水机组、污水源热泵和水环热泵空调系统中的小型室内热泵机组等。

③ 土壤源热泵 用土壤热能作为低位热源的热泵装置，称为土壤源热泵。

与空气源热泵相比，其优点是全年地温波动小，冬季土壤温度比空气温度高，因此，热泵的制热性能系数较高；地下埋管换热器不需要除霜；在采暖期内，当室外空气温度最低时，土壤的温度并不是最低，热泵的供热能力也不会下降到最低；土壤具有蓄能作用。

其缺点是地下埋管换热器受到土壤性质的影响较大，长期连续运行时，热泵的冷凝温度或蒸发温度受土壤温度变化的影响而发生波动；土壤的热导率小，使地下埋管换热器的持续吸热速率仅为 $20\sim40W/m^2$，一般吸热速率为 $25W/m^2$；初投资较高，仅地下埋管换热器的投资就占热泵系统投资的 $20\%\sim30\%$。

④ 太阳能热泵　太阳能是一种无穷无尽、无公害的干净能源。太阳能热泵是一种把温度较低（$10\sim20℃$）的太阳能提升到 $30\sim50℃$，再进行供热的装置。

其主要优点是可以采用结构简单，与建筑物做成一体的低温平板集热器，其效率较高；热泵用的集热器成本较低是它的最大优点；热泵可不设除霜装置。

其缺点是要解决太阳能利用的间歇性和不可靠性问题；投资较高。

(2) 热回收通风技术

现今新建、改建和扩建的工程建筑的密封性能及要求比以前的建筑要高得多。根据现在的建筑标准，新建的房子气密性都较好，能够减少整个建筑热损失的 $25\%\sim50\%$。这确实是一种进步，密封性能好的房子更舒适，自然渗透风量减少，能量耗费也减少。但是，密封性好的建筑必须借助于强制通风才能保证室内空气的清鲜，消除室内污染气体诸如湿气、二氧化碳、甲醛以及其他挥发性化合物等在室内的积累。通常，建筑材料、涂料、家具、清洗剂、吸烟都会产生这样的气体。

加大新风量可以将室内的有害物质稀释排出室外，但是加大新风量受到新风处理能耗的限制。我国建筑能耗占社会总能耗 30% 以上，而采暖空调系统能耗约占整个建筑能耗的 $40\%\sim60\%$。新风负荷在整个空调负荷中占有较大的比例，约在 30% 以上。因此设法降低新风处理能耗，是建筑节能的一个重要内容。采用热回收技术，充分回收室内排风的冷（热）量，是降低新风处理能耗的一个重要手段。

热回收装置可以分为显热回收和全热回收两种形式。显热回收仅能回收室内排风的显热部分，效率较低。由于在空调排风可供回收的能量中，潜热占较大的比例（在气候潮湿的地区更为显著），因此全热回收装置具有较高的热回收效率，空调系统采用全热回收装置相对于显热回收装置而言，有更大的节能潜力。目前采用的显热回收装置主要有板式显热回收器、转轮显热回收器、间接式中间热媒换热器等；全热回收装置主要有转轮式全热回收器、翅板式全热回收器以及溶液式全热回收器等。

7.2.4.3　分布式能源在建筑中的应用

所谓分布式能源，是相对于传统的集中式供电方式而言的，是指分布在用户端的能源综合利用系统。分布式能源基于热电冷三联供技术，可以独立地输出冷、热、电能，从而实现对能源的梯级利用，能源的综合利用效率可以达到 80% 以上，同时还可以大大减轻电网压力，做到合理用电。

现代电子自动控制技术、信息技术及通信技术为中小规模的、高效新型的可再生能源发电的并网提供了技术支撑。分布式能源被认为是一种新的电力系统，使千百万的用户能够拥有自己的发电设备，他们既是电力消费者又是生产者。这就对电力配送方式提出新的要求，即建立双向的、智能化的电网，实现各种分布式能源系统的并网。可以说，分布式能源的发展不仅与各种发电技术、能源储存技术、电力电子控制装置的开发密切相关，而且还将面临政策、法律、监管等方面的挑战。

在欧美国家，分布式能源系统不断得到开发和利用，其所涵盖的技术也从热电冷联产机组向可再生能源发电技术（如太阳能光伏发电、风力发电、生物质能发电、太阳能热发电等）以及燃料电池及氢能等方面发展。

（1）可能的技术途径

① 热电冷三联产　热电冷三联产是能源技术发展的重要方向，是一种先进的能源利用系统。近年来随着社会的发展和进步，人们对生活、工作环境也有了更高的要求，不但要求冬季室内能采暖，也要求夏季室内有空调。传统动力系统的技术开发以及商业化的努力主要着眼于单独系统，即集中供热系统、中央（或分体）空调系统和发电系统。这些系统的共同问题在于目标单一，与冷、热、电联产相比能耗高，经济效益低，特别应指出的是，对于民用建筑，以一个建筑体（或建筑群）为单元用户，在解决中央供冷的同时，存在退出集中供热的不利趋势。

以天然气为燃料的燃气热电冷联产系统的最大特点就是对不同品质的能量进行阶梯利用，温度比较高的、具有较大可用能的热能用来发电，而温度较低的低品位热能则用来供热或制冷。目前常用的联产模式有以下几种：a. 燃气轮机＋余热型溴化锂冷热水机组系统；b. 燃气轮机＋排气直燃型溴化锂冷热水机组系统；c. 燃气轮机＋双能源双效直燃式溴化锂吸收式冷热水机组系统；d. 燃气-蒸汽轮机联合循环＋蒸汽型吸收式制冷机系统；e. 内燃机前置循环余热利用模式。

② 燃料电池　燃料电池是一种将储存在燃料和氧化剂中的化学能，直接转化为电能的装置。当源源不断地从外部向燃料电池供给燃料和氧化剂时，它可以连续发电。依据电解质的不同，可将燃料电池分为碱性燃料电池（AFC）、磷酸型燃料电池（PAFC）、熔融碳酸盐燃料电池（MCFC）、固体氧化物燃料电池（SOFC）及质子交换膜燃料电池（PEMFC）等。

燃料电池的特点和优势如下。

a. 能量转化效率高。与一般热力发电相比，燃料电池发电具有较高的理论转化效率。目前，汽轮机或柴油机的效率最大值仅为40%～50%，当用热机带动时，其效率仅为35%～40%；而在燃料电池中，燃料不是被燃烧变为热能，而是直接发电，理论上能量转化效率在90%以上，甚至超过100%。在实际应用时，考虑到综合利用能量，其总效率可望在80%以上。另外，其他的物理电池，如温差电池的效率仅为10%，太阳能的效率为20%，就无法与燃料电池相比较了。

b. 比能量或比功率高。同样重的各种发电装置，燃料电池的发电功率大。这是因为，对于封闭体系的铅酸蓄电池或锌银电池与外界没有物质的交换，比能量不会随时间变化，但是燃料电池由于不断补充燃料，随着时间延长，其输出能量也越多，这样就可以节省材料，使装置轻，结构紧凑，占用空间小。

c. 污染小、噪声低、振动小。燃料电池作为大、中型发电装置使用时，它与火力发电相比，突出的优点是可以减少大气污染。

此外，燃料电池自身不需要冷却水，减少了火力发电热排水的污染。对于氢氧燃料电池而言，发电后产物只有水，所以在载人宇宙飞船等航天器中兼做宇航员的饮用水。火力发电则要排放大量残渣，并且热机活塞引擎的机械传动部分所形成的噪声污染也十分严重。比较起来，燃料电池的操作环境要清洁、安静得多。

d. 可靠性高。燃料电池的发电装置是由单个电池堆叠成电池组构成的，单个电池串联的电池组并联后再确定整个发电装置的规模。由于这些电池组合是模块结构，因而维修十分方便。燃料电池的可靠性还在于：即使处于额定功率以上过载运行时，它都能承受而效率变化不大；当负载有变化时，它的响应速度也快。这种优良的性能使燃料电池在电高峰期可作为储能电池使用，保证火力发电发电站或核电站在额定功率下稳定运转，电力系统的总效率得以提高。

e. 适用能力强。燃料电池可以使用多种多样的初级燃料，包括火力发电厂不宜使用的低质燃料。既可用于固定地点的发电站，亦可用作汽车、潜艇等交通工具的动力源。负荷应答速度快，启动或关闭时间短。设备占地面积小，建设工期短。燃料电池发电设备的构件小，可以全部积木化，制造和组装都可以在工厂进行，建设工期远远短于传统发电设备。机器的配置亦可自由设计，使装置更加紧凑，大大减少占地面积，增设工程相当方便。

正由于燃料电池具有上述优点，故被公认为继火力发电、水力发电和核能发电技术之后的第四代化学能发电技术。

(2) 优点和机遇

① 提高能源效率　靠近用户端的热电联产设备能源总效率往往高于80％，而大型发电设备即使不考虑输电损失，也只有约50％的效率。

② 环境保护的要求　全球气候变暖的严峻形势促使世界各国积极寻求减少温室气体排放的各种途径。例如，欧盟为了履行京都议定书的减碳承诺提出了到2010年可再生能源份额达到12％、热电联产发电达到总发电量18％的目标。热电冷联产、可再生能源等是公认的减少CO_2排放、实现低碳及无碳排放的能源技术。值得注意的是，更严格的污染排放标准及环保条例的执行也促进了分布式能源系统的推广。

③ 能源资源的多样化及能源自给率　分布式能源技术可利用多种能源资源，减少了对化石能源的需求，即减少对进口石油的依赖，提高能源自供能力。

当前，发展热电冷联供的分布式能源适应了当今世界新能源工业及能源消费变化和调整的潮流。现在我国开发引进天然气的政策正在加速实施，气源已经不成为问题；随着电力体制改革的逐渐深化，厂网分离，竞价上网，五大电力公司的组建，电力法的修改也已提上议事日程，这些都为分布式能源站发展创造了一些有利条件，但在能源传统观念、能源结构调整、与电网的关系、市政规划等方面，仍亟待突破性的改革。但总的说来，我国在发展分布式能源系统方面还是具有相当的前景，适合于应用在以下场合：a. 城区商业中心型分布式能源站；b. 机关团体型分布式能源站；c. 新开发小城镇和居民小区分布式能源站；d. 离散型工业园区分布式能源站；e. 过程工业园区型分布式能源站；f. 凝汽式火电厂改造型分布式能源站；g. 燃煤热电联产机组改造型分布式能源站；h. 柴油机电站改造型分布式能源站；i. 燃气轮机电站改造型热电冷三联产分布式能源站；j. 采暖锅炉及工业锅炉改造型分布式能源站。

(3) 缺点和阻碍

分布式能源技术的应用与地域条件、各种技术的可行性、资源的可获得性和环境要求、社会的认可度乃至监管和市场条件等密切相关。影响分布式能源系统发展的主要因素可归结为技术、政策与机制、市场等几方面。

① 技术因素 技术因素涵盖了与分布式能源系统相关的各个技术问题。具体地说，就是分布式能源设备的技术性能，如发电机组、并网设施、输配电网的运行，以及电网安全、可靠及稳定运行的标准等。

② 政策与机制因素 支持政策的空缺或不确定是分布式能源发展的重要障碍。许多分布式能源项目，如小水电、风电、兆瓦级光伏发电等常常由于保护生态和土地、景观及历史遗迹等原因而造成选址困难。如果分布式能源系统的选址能尽早纳入区域规划中，就可避免选址与保护自然的冲突。

③ 市场因素 许多分布式能源系统的开发商、运营商往往不是实力雄厚的电力公司，多为新成立的中小型企业，因此许多分布式热电联产设备的运营商或用户在市场中多处于弱势地位。对于中小规模的独立发电商来说，一旦发电和批发市场的开放程度有限，电网公司就可能对分布式能源开发商制造各种并网的障碍，例如电网公司可能会采用拖延处理并网申请、使申请手续复杂化或联合抵制等手段阻碍分布式能源系统的并网，这就使资金紧缺的开发商面临更多困难。

市场操纵力还体现在电网公司可能压低分布式能源的上网电价，对非电力部门的分布式能源开发商采取抵制的策略；燃气公司也可能会抬高热电机组燃料供应的容量费等。对于天然气热电联产设备而言，气价/电价比的迅速攀升极大地影响了分布式热电联产技术的推广。一方面，天然气价格不断上涨，而另一方面，电力市场开放的负面结果（未计入环境成本）使电价偏低，热电设备运行的经济性则难以维持。

7.2.4.4 可再生能源在建筑中的应用

建筑能耗通常包括采暖、空调、生活热水、照明、电器等方面的耗能，因为前述建筑环境控制用能的三个特点，再考虑到可再生能源的温度范围，除了照明、电器外，可再生能源应逐渐成为采暖、空调、生活热水等建筑用能的首选。

当前应用于建筑中的可再生能源有太阳能、地热能、海洋能等，一方面可直接使用，还可以将可再生能源的温度升高或降低到建筑用能的使用温度，这可以通过热泵来实现。

(1) 太阳能

太阳能的应用主要包括光热和光电两部分。其中光热利用基本原理是将太阳能辐射能收集起来，通过与物质的相互作用转换成热能加以利用。太阳能光电应用主要存在两种方式：一是光-热-电转换。即利用太阳辐射所产生的热能发电；另一种是光-电转换，基本原理就是利用光生伏打效应将太阳辐射能直接转换为电能，基本装置是太阳能电池。具体太阳能与建筑的结合表现为以下几个方面。

① 太阳房 太阳房是利用太阳能进行采暖和空调的环保型生态建筑，它不仅能满足建筑物在冬季的采暖要求，而且也能在夏季起到降温和调节空气之作用。太阳房（或称太阳能采暖系统）基本上可分为主动太阳房、被动太阳房和热泵式太阳能采暖系统三种类型。

a. 主动式太阳房。主动式太阳房（或称主动太阳能采暖系统）与常规能源的采暖的区别在于它是以太阳集热器作为热源替代以煤、石油、天然气、电等常规能源作为燃料的锅炉。主动式太阳房主要设备包括太阳集热器、储热水箱、辅助热源以及管道、阀门、风机、水泵、控制系统等部件。运行时由太阳集热器获取太阳热量，通过配热系统送至室内进行采暖，过剩热量储存在水箱内。当收集的热量小于采暖负荷时，由储存的热量来补充，热量不足时由备用的辅助热源提供。

b. 被动式太阳房。被动式太阳房（或称被动式太阳能采暖系统）的特点是不需要专门的集热器、热交换器、水泵（或风机）等主动式太阳能采暖系统中所需要的部件，只是依靠建筑方位的合理布置，通过窗、墙、屋顶等建筑物本身构造和材料的热工性能，以自然交换的方式（辐射、对流、传导）使建筑物在冬季尽可能多地吸收和储存热量，以达到采暖的目的。简而言之，被动式太阳房就是根据当地的气象条件，在基本上不添置附加设备的条件下，只在建筑构造和材料性能上下工夫，使房屋达到一定采暖效果的一种方法。因此，这种太阳能采暖系统构造简单、造价便宜。

c. 太阳能热泵采暖系统。太阳能热泵采暖系统是利用集热器进行太阳能低温集热（10～20℃），然后通过热泵，将热量传递到温度为 30～50℃ 的采暖热媒中去。冬季太阳辐射量较小，环境温度很低，集热器中流体温度一般为 10～20℃，直接用于采暖是不可能的。使用热泵则可以直接收集太阳能进行采暖。将太阳集热器作为热泵系统中的蒸发器，换热器作为冷凝器，就可以得到较高温度的采暖热媒。太阳能热泵系统的主要特点是花费少量电能就可以得到几倍于电能的热量。同时，可以有效地利用低温热源，减少集热面积。若与夏季制冷结合，应用于空调，其优点更为突出。

② 太阳能热水器　太阳能热水器是太阳能热利用主要产品之一。它是利用温室原理，将太阳的能量转变为热能，并向水传递热量，从而获得热水的一种装置。太阳热水器是由集热器、储热水箱、管道、支架、控制系统即相关附件组成。按国标 GB/T 18713 和行标 NY/T 513 的规定，太阳能热水器储热水箱的容水量在 0.6t 以下称为家用太阳能热水器，大于 0.6t 则称为太阳能热水系统或太阳能热水工程。其中家用太阳能热水器的基本类型有家用闷晒式太阳能热水器、平板太阳能热水器、紧凑式全玻璃真空管热水器和紧凑式热管真空管太阳能热水器。太阳能热水系统可分为自然循环系统、强制（迫）循环系统和直流式循环系统。

近两年太阳能热水器与建筑结合的问题逐渐引起了政府和企业的关注。目前我国的太阳能热水器以家用为主，还没有适合于和太阳能建筑配套的便于安装、美观实用、能够直接作为房屋面板和墙面安装的太阳能热水器。由于太阳能热水器只是房屋建成后由用户购买和安装的一个后置部件，其安装过程中存在的不规范和安全隐患已经成为推广应用的制约因素。太阳能热水器是一种环保能源产品，但是若不能有机地和建筑相结合，它将失去在城镇广泛应用的市场。

③ 太阳能光伏　光伏与建筑的结合有两种方式：一种是建筑与光伏系统相结合；另一种是建筑与光伏器件相结合。

建筑与光伏系统相结合：把封装好的光伏组件（平板或曲面板）安装在居民住宅或建筑物的屋顶上，再与逆变器、蓄电池、控制器、负载等装置相联。光伏系统还可以通过一定的装置与公共电网连接。

建筑与光伏器件相结合：建筑与光伏的进一步结合是将光伏器件与建筑材料集成化。一般的建筑物外围护表面采用涂料、装饰瓷砖或幕墙玻璃，目的是为了保护和装饰建筑物。如果用光伏器件代替部分建材，即用光伏组件来做建筑物的屋顶、外墙和窗户，这样既可用做建材也可用以发电，可谓物尽其美。

总之，光伏与建筑集成的 BIPV 产品作为庞大的建筑市场和潜力巨大的光伏市场两者的结合点，必将存在着无限广阔的发展前景。

④ 优点和机遇　太阳能既是一次能源，又是可再生能源。它资源丰富，既可免费使用，又无需运输，对环境无任何污染，是国家和市场目前最认可的一种可再生能源利用方式。

⑤ 缺点和阻碍　太阳能利用在技术上有两个主要缺点：一是能流密度低，若要收集足够的太阳光，就必须占用一大片土地；二是其强度受各种因素（季节、地点、气候等）的影响不能维持常量，比如在夜间就无法利用太阳能热水器。但现代技术的进步，蓄能技术、热泵技术等的兴起和大规模应用基本上可以解决这些问题，因而业界谈论的更多的是影响太阳能产业发展的不利因素。

a. 对太阳能资源的战略意义认识不够。长期以来，太阳能发电项目没有常规能源建设项目那样的固定资金渠道或已有的资金渠道不畅。从观念看，是对开发推广太阳能可以减少或替代常规能源和实施可持续发展的意义认识不足。

b. 缺乏完整的激励政策。政府支持是发展太阳能的关键，也是太阳能产业发展的初始动力。尤其是我国西部边远贫困地区，推广太阳能社会效益显著，但经济效益不高，目前缺少有利于太阳能产业发展，刺激广大居民应用光伏电源装置等新能源设备的激励政策。

c. 市场培育不够，难以形成产业。

d. 缺少产品质量标准及质量检测系统。

(2) 地热能

根据目前国内外实际情况，把地下 400m 范围内土壤层中或地下水中蓄存的相对稳定的低温位热能定义为地热能（也有称大地能或地表热能）。

① 可能的技术途径

a. 地源热泵。地源热泵供暖空调技术就是通过热泵机组与大地进行冷热交换，在冬季热泵机组将大地的低位热能提取出来对建筑物进行供暖，同时向大地蓄存冷量，以备夏季提取出向建筑物供冷用，在夏季热泵机组将建筑物内的热量转移到大地中，给建筑物室内降温，同时向大地蓄存了热量，以备冬季提取出向建筑物供暖用。地源热泵有以下 4 种应用方式：地下水热泵系统、地表水热泵系统、埋管式土壤源热泵系统、单管型垂直埋管地源热泵。土壤热泵系统原理见图 7-2。

b. 水源热泵。水源热泵是一种利用地球表面或浅层水源（如地下水、河流和湖泊），或者是人工再生水源（工业废水、地热尾水等）的既可供热又可制冷的高效节能空调系统。水源热泵技术利用热泵机组实现低温位热能向高温位转移，将水体和地层蓄能分别在冬、夏季作为供暖的热源和空调的冷源，即在冬季，把水体和地层中的热量"取"出来，提高温度后，供给室内采暖；夏季，把室内的热量取出来，释放到水体和

图 7-2　土壤热泵系统原理

地层中去。水源热泵可以归属为地源热泵的两个分支：地下水源热泵以及地表水源热泵，也可以归属为地下季节性蓄能应用与热泵技术的结合应用。

以季节性地下蓄能方式为例，其冷热源提供可以为天然冷热源，例如将冬季室外的降雪或冷水回灌入蓄冷井群，夏季抽取被蓄存的冷水作为空调的冷源，夏季将温度较高的地表水回灌入蓄热井群，冬季抽取被蓄存的热水作为空调预热的热源；而当采用热泵机组作为冷热源提供时，也就是说冬季将热泵机组出口的冷水回灌入蓄冷井群，而夏季将热泵机组出口的热水回灌入蓄热井群，这一方式也可以归类为典型的深井回灌式水源热泵方式。

c. 地道通风技术。地道风降温是近几十年来发展起来的一门新技术，指利用地道冷却空气，然后通过机械送风或诱导式通风系统送至地面上的建筑物，达到降温目的的一种专门技术。系统相当于一台空气-土壤的热交换器，利用地层对自然界的冷、热能量的储存作用来降低建筑物的空调负荷，改善室内热环境，由于系统简单、节省能量而引起人们的重视。

地道风系统传热过程是通过空气与地下埋管及周边土壤之间的热交换实现的，并且受到外界气象条件和系统实际运行情况的影响。本书通过研究空气通过地道时的冷却过程，采用合理的计算方法模拟土壤温度的变化特性，建立地道准三维传热模型，该模型由模拟地道降温过程的二维非稳态土壤传热模型和一维流体传热模型组成。

该技术在无现成地道可利用的情况下，需要建造专供空气冷却用的简易地道。在设计阶段，需要准确预计地道冷却能力的算法，以确定地道的参数——尺寸、长度、埋深及间距等，以优化系统设计。

d. 地热水采暖。地热水采暖是指直接利用中低温地下热水来为建筑物进行采暖。我国的中低温地热资源分布比较广泛，水温一般在 $50\sim120$℃，具有很好的直接利用条件。截至 2000 年底，全国地热供暖面积约达 1000 万平方米，大多分布在北方地区。如天津市地热供热面积已达 800 万平方米，而且形成了地热供暖小区，在减少煤炭消耗、保护环境方面发挥了积极作用。目前，地热供暖技术比较成熟，地热水温度从 $600\sim900$℃以下都有很多成功的工程。

e. 地热水空调。由于地下水温度常年一般比较稳定，分别在冬夏两季高出和低于对应地面空气温度，因此可通过钻井直接抽取地下水的方法来进行空气调节。目前这一"自然空调"技术在我国许多地方及领域已被采用。例如纺织行业，夏季用深井水作为冷源来对生产车间进行降温去湿；诺曼福斯特事务所设计的伦敦市政厅及由 Mecanoo 设计的戴尔福特技术大学图书馆中也都采用了地下水空调，大大地降低了建筑物的空调能源消耗。尽管地下水钻井费用比较高，初投资大，但其运行费用低几乎不消耗能源，污染小，不仅有很好的社会效益，用户也有很好的经济效益。因此只要合理加以开发与利用，就有很好的发展前景。

② 优点和机遇

a. 属可再生能源利用技术。水源热泵是利用了地球表面或浅层水源作为冷热源，进行能量转换的供暖空调系统。地球表面水源和土壤是一个巨大的太阳能集热器，收集了 47％的太阳能量，比人类每年利用能量的 500 倍还多。水源热泵技术利用储存于地表浅层近乎无限的可再生能源，为人们提供供暖空调，当之无愧地成为可再生能源一种形式。

b. 高效节能。水源热泵机组可利用的水体温度冬季为 $12\sim22$℃，水体温度比环境空气温度高，所以热泵循环的蒸发温度提高，能效比也提高。而夏季水体为 $18\sim35$℃，水体温度比环境空气温度低，所以制冷的冷凝温度降低，使得冷却效果好于风冷式和冷却塔式，机组效率提高。据美国环保署 EPA 估计，设计安装良好的水源热泵，平均来说可以节约用户 30％～40％的供热制冷空调的运行费用。

c. 环境效益显著。水源热泵的污染物排放，与空气源热泵相比，相当于减少 40％以上，与电供暖相比，相当于减少 70％以上，如果结合其他节能措施节能减排会更明显。虽然也采用制冷剂，但比常规空调装置减少 25％的充灌量，属自含式系统，即该装置能在工厂车间内事先整装密封好，因此，制冷剂泄漏概率大为减少。

d. 一机多用，应用范围广。水源热泵系统可供暖、空调，还可供生活热水，一机多用，一套系统可以替换原来的锅炉加空调的两套装置或系统。特别是对于同时有供热和供冷要求的建筑物，水源热泵有着明显的优点。不仅节省了大量能源，而且用一套设备可以同时满足供热和供冷的要求，减少了设备的初投资。水源热泵可应用于宾馆、商场、办公楼、学校等建筑，小型的水源热泵更适合于别墅住宅的采暖、空调。

e. 自动运行，稳定可靠。水体的温度一年四季相对稳定，其波动的范围远远小于空气的变动，是很好的热泵热源和空调冷源，水体温度较恒定的特性，使得热泵机组运行更可靠、稳定，也保证了系统的高效性和经济性，也不存在空气源热泵的冬季除霜等难点问题。水源热泵机组由于工况稳定，所以可以设计简单的系统，部件较少，机组运行简单可靠，维护费用低；自动控制程度高，使用寿命长可达到 15 年以上。

③ 缺点和阻碍

a. 可利用的水源条件限制。水源热泵理论上可以利用一切的水资源，其实在实际工程中，不同的水资源利用的成本差异是相当大的。所以在不同的地区是否有合适的水源成为水源热泵应用的一个关键。目前的水源热泵利用方式中，闭式系统一般成本较高。而开式系统，能否寻找到合适的水源就成为使用水源热泵的限制条件。对开式系统，水源要求必须满足一定的温度、水量和清洁度。

地下水含有一定量的泥砂和悬浮物，使其在进入设备时会对机组和管、阀造成磨损。含砂量高和浑浊度高的地下水，若在使用过程中未处理，则回灌时会造成含水层堵塞，使回水量逐渐降低。

地下水还含有不同的离子、分子、化合物和气体，使地下水具有酸碱度、硬度、腐蚀性等化学性质，会对机组材质造成一定的影响。特别是在冬季制热工况下，水温常常在 50℃ 以上，水中的钙、镁离子容易析出结垢，影响换热效果。

b. 水层的地理结构的限制。对于从地下抽水回灌的使用，必须考虑到使用地的地质的结构，确保可以在经济条件下打井找到合适的水源，同时还应当考虑当地的地质和土壤的条件，保证用后尾水的回灌可以实现。

c. 投资的经济性。由于受到不同地区、不同用户及国家能源政策、燃料价格的影响，水源的基本条件不同，一次性投资及运行费用会随着用户的不同而有所不同。虽然总体来说，水源热泵的运行效率较高、费用较低。但与传统的空调制冷取暖方式相比，在不同地区不同需求的条件下，水源热泵的投资经济性会有所不同。

(3) 风能

风力发电是新能源中技术最成熟的、最具规模开发条件和商业化发展前景的发电方式，目前其发电成本已接近常规发电方式。

截止到 2003 年底，全国已建成风电场 40 座，累计运行风力发电机组 1042 台，总容量达 567.02MW，同时国产化风力机组的开发也取得了一定成果。但是由于大型风力发电机组几乎都是引进的，我国风力发电成本仍然较高。我国小型风力发电的技术比较成熟，能够自行研发容量从 100W 到 10kW 的风力发电机组，累计保有量已经居于世界第一位，与国外同类型机组相比，具有起动风速低、低速发电性好、限速可靠、运行平稳等优点，而且价格便宜。但在外观质量、叶片材料的应用和制作工艺水平上以及在较大容量的离网型机组的生产制造技术方面，还存在一定差距。

风力发电系统中最主要的组成部分是风机和发电机。目前投入运行的机组的风机主要有两类：一类是定桨距失速控制；另一类是变桨距控制。定桨距失速控制风机的功率调节完全依靠叶片的空气动力学特性，其输出功率随风速改变而改变。这种风机的发电机一般采用两个不同功率、不同极对数的异步发电机，在高风速区使用大功率高转速的发电机，低风速区使用小功率低转速的发电机。当风速达到额定风速以上时，通过叶片的失速或主动失速来实现风机的功率调节。变桨距风机通过对桨距进行调整来提高风能转换效率，其输出功率比定桨距失速控制风机平稳得多，变桨距风机在定桨距基础上加装桨距调节结构，依靠改变与叶片相匹配的叶片攻角来进行功率调节。一般来说，变桨距风机的启动风速较定桨距风机低，停机时传动机械的冲击应力也相对缓和。变桨距风机可以在非常大的风速范围内按最佳效率运行，一般要求相应的发电机可以变速运行，以保证风机的运行效率，从风中获取更多的能量。

摆翼式立轴风力机是一种全新的风力机。最近开发成功的 250W 微型风力发电机显示出很高的技术经济指标，使风电成本急降到 2.4 美分，比火电还低。在价格规律支配下，风能已有条件进行全面推广，从而替代火电成为新世纪的主要能源。

小型、微型风力发电机如为家庭所采用，就能得到大范围推广。因此，开发利用大范围风能资源，其总体容量非常可观，作为一种节能措施，是值得重视的。

① 可能的技术途径　风力发电是世界能源发展的一个重要方向，在大型风场大量利用大型风机发电将可以代替现有的火力发电系统，但是对于居住分散的用户小型高效的风力发电系统更加具有普及意义，小型风力发电系统主要需要解决的是成本、可靠性和蓄能问题，如果能结合太阳能光伏技术使用（即风光互补发电系统），可部分的解决室内照明、小型电机等的用电问题。

② 优点和机遇　风能是取之不尽、用之不竭的清洁，无污染，可再生，用它发电十分有利。与火力发电、燃油发电、核电相比无需购买燃料，也无需支付运费，更无需对发电残渣、废气进行环保治理。

风电的使用有以下 3 种运行方式。

a. 能源利用：风力发电机，机群并网运行。有风发电，电能送入电网。

b. 风力发电机与柴油发电机并联运行。有风时风力发电，无风时柴油发电机发电。

c. 采用蓄电池储能的 AC-DC-AC，即交、直、交风力发电系统。有风时，风力发电机发出交流电，经整流为直流电对蓄电池充电。再利用电力电子器件制造的"逆变器"将蓄电池中的直流电转化为三相恒频恒压的交流电。

③ 缺点和阻碍

a. 政策障碍。政策障碍表现为：缺乏发展目标和切实可行的战略规划；缺乏有效的经济激励政策和强有力的体制保障，从而大大影响投资者的热情；缺乏鼓励国产化的政策措施；缺乏有效的投融资体制；缺乏政府指导下的采购政策；缺乏强有力的宣传，公众对可再生能源利用的认识不足。

在 20 年以前，全球只有 3~4 个国家真正意识到开发风能的重要性，其政府制定了一些有关的政策和法规来支持风电的发展。到目前为止，开发风电的国家已经增加到 25 个，这些认识到新能源重要性的国家，在政策和法规上都出台了相应的规定。德国颁布的新能源法律定，政府给风电以每千瓦时 9.1 欧分的补贴，补贴政策至少保持 5 年。自 2002 年 1 月 1 日起，每年递减 1.5%。即使高补贴率期满，风电投资商仍可享受每千瓦时 6.19 欧分的补贴，具体补贴期限是以风电收益达到 150% 作为参照收益率来测算的，而我国目前还未有类似的关键性政策出台。

b. 技术障碍。风电与电网的连接——我国的电网比较薄弱，风电在局部电网中的比重一般控制在 12% 以下，即使如此，仍然在一些地区出现了电网崩溃事故。因此开展风电与电网的连接研究同时，应加强我国的电网建设。

储能问题——如果风电的比重超过整个电力的 10%，需要进一步考虑储能问题。

目前可供解决的方案有修建抽水蓄能发电站、蓄电池储能等。

7.2.4.5 蓄能技术在建筑中的应用

对于民用空调建筑，空调冷负荷中占主要部分的是白天由太阳和室外空气形成的建筑冷负荷，如果在实际工程中使用相变蓄能结构，带来的优点是：显著降低由太阳和室外空气传到室内的热量，从而降低建筑物白天的建筑冷负荷。当然降低的这部分冷负荷并没有消失，而是储存在蓄能结构中。随着室外太阳的消失和室外空气温度的降低，相变材料将逐渐凝固，储存的能量也必将逐渐释放出来，其中的一部分释放到室外，从而降低了建筑冷负荷；另一部分则释放到室内，增加了晚间的建筑冷负荷。也就是说，这种蓄能结构的最基本功能是将部分白天的冷负荷转嫁到了夜晚，从而对空调的峰值负荷起了转移和削峰作用，由于空调系统的容量是根据峰值冷负荷决定的，显然采用蓄能结构可以降低制冷系统的容量。如果采取适当措施（如使用晚间通风系统），将夜间释放到室内的那部分热量也排到室外，不仅不会增加晚间建筑冷负荷，而且可以降低制冷系统的运行时间，从而有效地降低空调系统的运行能耗和成本，这势必将吸引空调使用者的积极性，同时对节能和环保具有重要的意义。

(1) 相变储能材料（PCM）

相变储能材料（PCM）是一种具有特定功能的物质，它能在特定温度或温度范围（相变温度）下发生物质相态的变化，并且伴随着相变过程吸收或放出大量的相变潜热，所以可用来储热或蓄冷。相变储能与显热储能相比具有储能密度高、储能放能近似等温、过程易控制等特点，非常适于解决能量供给与需求失衡的难题。

相变材料根据其相变温度不同，主要有四方面的用途。低温相变材料用来蓄冷，如已经广泛使用相变材料进行空调蓄冷。低温相变材料还可以用来跨季节蓄冷。室温相变材料可以用来增加房屋的热惰性，降低房屋的温度波动，从而降低空调负荷，达到建筑节能。50~60℃相变材料可以用在太阳能应用领域，如可以用作被动太阳能房的蓄热墙或者蓄热地板，还可以用作主动太阳能房中的蓄热器，与集热器、换热器等一起构成太阳能利用系统。高温相变材料则主要用于工业余热利用。

① 可能的技术途径　利用相变储能复合材料构筑建筑围护结构，可以降低室内温度波动，提高舒适度，使建筑供暖或空调不用或者少用能量；可以减小所需空气处理设备的容量，同时可使空调或供暖系统利用夜间廉价电运行，降低空调或供暖系统的运行费用。

相变材料的利用方式分为两种：用相变材料做成储能器件；将相变材料与其他基体材料复合，制成相变储能复合材料。传统的应用方法是将相变材料装在容器中，以储能器件的形式出现。容器装载相变材料能够解决相变材料在液态时的流动问题，通过在其中加上各种金属翅还可以提高相变材料的传热效率。通过将相变材料与其他基体材料复合，制成相变储能复合材料，可以有效地降低单位热能的储存费用，且容易通过选择基体材料、封装技术达到提高复合相变材料的耐久性。相变复合材料还可以作为结构材料，这样就节省了容器所占用的空间。

② 优点和机遇　储能密度高、导热换热效果优异、安全稳定、阻燃和环境友好等优点。

③ 缺点和阻碍　现存问题是相变复合材料的耐久性问题以及其经济性。相变复合

材料的耐久性主要分为三类问题：其一为相变材料在循环相变过程中热物理性质的退化；其二为相变材料从基体材料中泄露出来，表现为在材料表面结霜；其三为相变材料对基体材料的作用。

相变材料相变过程中产生的应力使得基体材料容易破坏。相变复合材料的经济性问题也是制约其广泛应用于建筑节能领域的障碍，表现为各种相变材料及相变储能复合材料价格较高，导致单位热能的储存费用的上升，失去了与其他储热方法的比较优势。

（2）空调蓄能技术

空调蓄能技术是 20 世纪 90 年代以来在国内兴起的一门实用综合技术，由于可以对电网的电力起到移峰填谷的作用，有利于整个社会的优化资源配置；同时，由于峰谷电价的差额，使用户的运行电费大幅下降，因此是一项利国利民的双赢举措。

蓄能空调，就是利用蓄能设备在空调系统不需要能量或用能量小的时间内将能量蓄存起来，在空调系统需求量大的时间将这部分能量释放出来。根据使用对象和蓄存温度的高低，可以分为蓄冷和蓄热。结合电力系统的分时电价政策，以冰蓄冷系统为例，在夜间用电低谷期，采用电制冷机制冷，将制得冷量以冰（或其他相变材料）的形式蓄存起来，在白天空调负荷（电价）高峰期将冰融化释放冷量，用以部分或全部满足供冷需求。

潜热蓄能是利用物质发生相变将所吸收或释放的热能蓄存起来，而显热蓄能则是将物质发生温度变化时所吸收或释放的热能蓄存起来。例如，每 1kg 水发生 1℃ 的温度变化会向外界吸收或释放 1kcal 的热量，为显热蓄能；而每 1kg 0℃ 冰发生相变融化成 0℃ 水需要吸收 80kcal 的热量，为潜热蓄能。很明显，同一物质的潜热蓄能量（相变温度）大大高于显热蓄能量（1℃ 温差），因此采用潜热蓄能方式将大大减少介质的用量和设备的体积。

许多工程材料都具有蓄热（冷）的特性。材料的这种特性往往伴随着温度变化、物态变化或化学反应过程而发生。因此，对于由冷源设备、蓄冷装置及管道所构成的蓄冷系统，按热能形态可大致划分为显热蓄冷、潜热蓄冷和化学蓄冷三大类，其中涉及的蓄冷材料则可包括固体、冰、水、水合物及笼形包合物 KS 等。蓄冷方法从利用建筑物基础蓄水的显热蓄冷，再发展到采用冰蓄冷（潜热蓄冷）。

与传统空调系统相比，蓄冷式空调系统不仅可获得很大的节能效果和经济效益，而且还能均衡电网峰谷负荷，提高电厂发电效益，从而使各行各业受益，具有很大的国民经济意义。据现在的一些工程实例统计，蓄冷式空调系统与常规空调系统相比，可节能 5%～45%。其节能效果随空调负荷特点的不同（连续还是间歇运行，峰谷负荷比等），电价体制的不同，蓄冷系统的不同，设备价格的不同，以及气象参数的差别等，在一个很大的范围内变化。

但蓄冷式空调系统冷媒蒸发温度降低，与常规空调系统相比，制冷机处于更低的温度下运转，使其运行效率降低。蓄冷式空调系统的运行时间不同于传统空调系统，一则在夜间，二则运行时间往往大大延长，这就给系统管理增加了难度。

7.2.5　末端设备

7.2.5.1　空调系统末端

作为建筑物内最大的耗能大户，空调系统作为室内人工环境的创造者和维持者，已经与现代人的生活越来越密不可分。面对节能环保理念为核心的绿色建筑的兴起，传统的空调也面临着诸多的挑战和变革。这些变革一方面根源于人们对室内热舒适度认识的理解，以及相关的技术实现措施的开发，另一方面则根源于人们对空调所需的冷热源认识的提高，具体表现在低品位热（冷）源的应用和温湿度独立控制两个方面理念的革新。这两个理念的突破和革新，引发了一系列伴生新技术的研发和应用，以空调系统的末端为例，比如为了解决温湿度独立控制的问题，辐射空调和独立新风系统（DOSA）逐渐兴起。

（1）辐射供冷（暖）

辐射供冷（暖）是指低（升高）围护结构内表面中一个或多个表面的温度，形成冷（热）辐射面，依靠辐射面与人体、家具及围护结构其余表面的辐射热交换进行供冷（暖）的技术方法。辐射面可通过在围护结构中设置冷（热）管道，也可在天花板或墙外表面加设辐射板来实现。由于辐射面及围护结构和家具表面温度的变化，导致它们和空气间的对流换热加强，增强供冷（暖）效果。在这种技术中，一般来说，辐射换热量占总热交换量的50％以上。

辐射板一般以水作为冷媒传递能量，其密度大、占空间小、效率高；冷媒通过特殊结构的系统末端设备——辐射板，将能量传递到其表面，并通过对流和辐射的方式直接与室内环境进行换热，极大地简化了能量从冷源到终端用户——室内环境之间的传递过程，减少不可逆损失，提高低品质自然冷源的可利用性。一般地，辐射冷却系统工作在"干工况"，即表面温度控制在室内露点温度以上，这样，室内的热环境控制和湿环境、空气品质的控制被分开，辐射冷却系统负责除去室内显热负荷、承担将室内温度维持在舒适范围内的任务，通风系统则负责人员所需新鲜空气的输送、室内湿环境调节以及污染物的稀释和排放等任务。这一独立控制策略，使得空调系统对热、湿、新风的处理过程有可能分别实现最优，对建筑物室内环境控制的节能具有重要意义。

辐射空调系统的辐射板可以大致划分为两大类：一类是沿袭辐射采暖楼板的思想，将特制的塑料管直接埋在水泥楼板中，形成冷辐射地板或顶板；另一类是以金属或塑料为材料，制成模块化的辐射板产品，安装在室内形成冷辐射吊顶或墙壁，这类辐射板的结构形式较多。

毛细管产品较金属辐射顶板对室内负荷变化的反应快，而在辐射能力相当的情况下造价低，安装简捷，节约建筑空间，可以根据客户要求定制尺寸、干湿式建筑施工要求均可。

干式风机盘管有两类：一类是在普通风机盘管基础上进行改进，使其适应工况要求，且不装设凝水盘；另一类则是一种新型的贯流型干式风机盘管。

（2）独立除湿新风系统（直接新风系统 DOAS）

独立除湿新风系统是辐射空调系统正常运行的必要条件，保证空调空间的湿度以避免辐射表面结露，另外还要提供室内所需新风。整个辐射空调系统的节能和独立除湿新风系统息息相关。

用冷却方式除湿：此方式运行可靠、技术成熟、能效较高。但冷冻除湿的原理必须将要处理的空气冷却到机器露点以下，然后对空气再热，对能源的使用效率受到制约，而且不能利用低位能源（包括可再生能源）。

溶液除湿：液体除湿系统利用溶液的吸湿能力去除空气中的水分，溶液通过加热再生然后循环使用。除湿后的空气再由表冷器除去显热，构成除湿新风系统。溶液除湿可以使用低品位能源（如太阳能、地热、余热等）。

由于液体除湿系统的可独立除湿（处理潜热）的能力，在空调系统中的应用将有广泛的领域。目前由于其体积大，溶液有腐蚀性等弱点，尚未得到大量的使用。随着研发的进一步深入，液体除湿系统会有更大的突破。

（3）地板送风

提高室内空气品质和节能，以及进行大空间局部热环境的个人控制，成为当前办公楼建筑空调发展的一个重要方面，也是对传统空调系统设计思想的新挑战。

传统的办公楼等商业建筑物空调系统设计，常常采用顶棚送风（上送风）方式的空调系统，它是以混合式气流分布模式进行设计的，强调送风气流与室内空气的充分混合，吸收室内产生的全部余热、余湿并稀释污染物，这样使室内所有空间的空气为均一的设定参数。此种控制方式不能很好地满足同一使用空间中不同使用者对温度和通风的不同要求。而且，随着温湿度独立控制的理念对这些传统的送风方式提出了新的要求。地板送风即利用架高地板的下部空间将处理好的空气输送到建筑物的使用空间。

7.2.5.2 绿色照明

随着"绿色照明工程"工作的开展，我国的照明设计与照明产品的发展趋势都面临着"绿色革命"。它将以节约能源和资源；保护地球生态环境；提高照明质量，提高舒适性和健康性为发展目标。

（1）节能型电感整流器

近年来，随着中国整个照明市场需求环境的变化，灯具市场对镇流器的需求也发生了巨大的变化，节能型电感镇流器和电子镇流器开始逐步取代传统电感镇流器，其中节能型电感镇流器因为其突出的节能性、实用性，适应了目前中国市场上的"节能"和"环保"两大潮流，显露出强劲的发展势头，具有巨大的市场潜力。

节能型电感镇流器的主要优势是在大幅度降低自身功耗的同时，又能有效地控制镇流器的工作温升，从而使得镇流器的可靠性得以提高。它的最突出的特点是：节能、节钱、安全可靠；适合国情。

（2）太阳能庭院灯

太阳能庭院灯是完全使用可再生绿色能源的照明灯具，可微光装饰花园、庭院、通道、公园，也可用于照明。既可用于私家宅院，也可用于公共场所。高质量太阳能电池组件收集太阳光之后，对高品质可充电电池进行充电，夜间自动点亮灯具。太阳能庭院灯无需铺设地下线缆，无需支付照明电费，每天可运行 4～12h。

（3）LED 照明

LED 是英文 light emitting diode（发光二极管）的缩写，它的基本结构是一块电致发光的半导体材料，置于一个有引线的架子上，然后四周用环氧树脂密封，起到保护内部芯线的作用，所以 LED 的抗震性能好。

LED 光源具有以下特点。

① 电压　LED 使用低压电源，供电电压在 6～24V，根据产品不同而异，所以它是一个比使用高压电源更安全的电源，特别适用于公共场所。

② 效能　消耗能量较同光效的白炽灯减少 80%。

③ 适用性　很小，每个单元 LED 小片是 3～5mm 的正方形，所以可以制备成各种形状的器件，并且适合于易变的环境。

④ 稳定性　10 万小时，光衰为初始的 50％。

⑤ 响应时间　其白炽灯的响应时间为毫秒级，LED 灯的响应时间为纳秒级。

⑥ 对环境污染　无有害金属汞。

⑦ 颜色　改变电流可以变色，发光二极管方便地通过化学修饰方法，调整材料的能带结构和带隙，实现红、黄、绿、蓝、橙多色发光。如小电流时为红色的 LED，随着电流的增加，可以依次变为橙色、黄色，最后为绿色。

⑧ 价格　LED 的价格比较昂贵，较之于白炽灯，几只 LED 的价格就可以与一只白炽灯的价格相当，而通常每组信号灯需由 300～500 只二极管构成。

（4）光导管

自然光是大自然赐予人类的宝贵财富，可以说是取之不尽、用之不竭，相比其他能源具有清洁、安全的特点，充分利用天然光可节省大量照明用电，节约照明用电又可间接减少自然资源的消耗及有害气体的排放。对自然光的应用除了前述"自然采光"的被动设计手法以外，还可应用光导管技术，将阳光或自然光直接引入不易受到照射的空间。

光导管绿色照明系统能够把白天的太阳光有效地传递到室内阴暗的房间或者易燃易爆不适宜采用电光源的房间，改变目前很多建筑"室外阳光灿烂，室内灯火辉煌"的局面，可以有效地减少电能消耗。光导管还可以用于办公楼、住宅、商店、旅馆等建筑的地下室或走廊的自然采光或辅助照明，并能取得良好的采光照明效果，是太阳能光利用的一种有效方式。

建筑用光导管系统主要分三部分：一是采光部分；二是导光部分，一般由三段导光管组合而成，光导管内壁为高反射材料，反射率一般在 95％ 以上，光导管可以旋转弯曲重叠来改变导光角度和长度；三是散光部分，为了使室内光线分布均匀，系统底部装有散光部件，可避免眩光现象的发生。

从采光的方式上分，光导管有主动式和被动式两种。主动式是通过一个能够跟踪太阳的聚光器来采集太阳光，这种类型的光导管采集太阳光的效果很好，但是聚光器的造价相当昂贵，目前很少在建筑中采用。目前用得最多的是被动式采光光导管，聚光罩和光导管本身连接在一起固定不动，聚光罩多由 PC 或有机玻璃注塑而成，表面有三角形全反射聚光棱。

光导管从传输光的方式上分主要有两种类型：有缝光导管和棱镜光导管。有缝光导管的外形是长圆柱形，内表面涂有镜面反射涂层，并留有一条长的出光缝，使光线射到工作面上，这种光导管加工工艺复杂，光在传播的过程中损失较大，造成整个光导管装置效率不高，因此这种类型的光导管在采集太阳光的光导管系统中很少采用。棱镜薄膜空心光导管是美国 3M 公司研制的，这种光导管是根据光辐射在光密介质中的全反射原理制造的，棱镜薄膜厚 0.5mm，3M 公司的产品采用 PMMD 塑料制造，一次反射率可以达到 99.99％，为目前世界上反射率最高、性能最好的光导管材料。薄膜的一个面是平的，另一个面具有均匀分布的纵向波纹。这些波纹的截面是顶角为 90°的三角形棱镜，这种薄膜的特点是入射到其平的一面上的光线如果不被反射，就会射进材料内部，把棱镜薄膜卷成圆柱形管子，沿管长方向射来的一束光线就可以通过光导管端面进入，经过多次反射，到达管子的另一端。棱镜薄膜空心光导管薄膜材料的选择和制作工艺是个关键的问题，不标准的光学表面和不纯的光学材料会导致光在传播过程中的损失增加，甚至部分光线从光导管中散射出去，而且传播路径越长损失越大，这些问题都有待进一步研究解决。

7.2.6 节水技术

(1) 直饮水（分质供水）

随着人们生活水平的提高，保健意识的增强，城市迈向现代化，人们对水质的要求越来越高。尽管我国大城市自来水水质近几年来通过技术改造有较大的提高，但目前一些自来水随着源水污染加重，超过水厂自身净化负荷及存在严重二次污染，使出厂合格的水经过输配管道、中间水箱，到达家庭时已成为不合格的龙头水。由于我们国力所限，目前还不能一下解决城市供水所存问题，因此产生了分质供水的想法和行动，也就是要把仅占自来水 5% 的直接饮用水进行深层加工，通过管道直饮或瓶装形式分质供水。

目前发达国家基本都已实行分质供水，他们总是将可饮用水系统作为城市主体供水系统，拧开水龙头就可以喝；而将低品质水、回用水或海水作为非饮用水，另设管网供应，用于园林绿化、清洗车辆、冲洗厕所、喷洒道路以及工业冷却。非饮用水通常是局部或区域性的，作为主体供水系统的补充。他们设立非饮用水系统的着眼点在于节约水资源及降低水处理费用。在这方面，国内现有的一些分质供水系统，如上海的桃浦工业区工业用水系统、青岛的城市污水回用、香港特别行政区的海水冲厕系统等，实际与国外的做法并无形式及内容上的差别。

(2) 中水回用

面对日益严峻的水资源短缺问题，全世界都在积极地探索新途径以获取足够的淡水资源。跨流域调水、海水淡化、污水回用和雨水蓄用是目前普遍受到重视的开源措施，它们在一定程度上都能缓解水资源供需矛盾，然而中水回用经常被作为首选方案，很重要的原因在于中水水源就近可得，水量稳定，不会发生与邻相争，不受气候的影响。

一般认为中水指各种排水经处理后，达到规定的水质标准，可在一定范围内重复使用的非饮用水，其水质介于清洁水（上水）与污水（下水）之间；中水能够代替非饮用、与人体非直接接触的自来水，应用于市政杂用等领域；将污水处理为中水并加以使用的过程就是中水回用。

中水因用途不同有两种处理方式：一种是将其处理到饮用水的标准而直接回用到日常生活中，即实现水资源直接循环利用，这种处理方式适用于水资源极度缺乏的地区，但投资高，工艺复杂；另一种是将其处理到非饮用水的标准，主要用于不与人体直接接触的用水，如便器的冲洗、地面、汽车清洗，绿化浇洒以及消防等，这是通常的中水处理方式。用于水景、空调冷却等用途的中水水质标准还应有所提高。

(3) 再生水技术

再生水包括市政再生水（以城市污水处理厂出水或城市污水为水源）、建筑再生水（以生活排水、杂排水、优质杂排水为水源），其选择应结合城市规划、项目区域环境、城市中水设施建设管理办法、水量平衡等从经济、技术和水源水质、水量稳定性等各方面综合考虑而定。

再生处理工艺应根据处理规模、水质特性和利用、回用用途及当地的实际情况和要求，经全面技术经济比较后优选确定。在保证满足再生利用要求、运行稳定可靠的前提下，要使基建投资和运行成本的综合费用最为经济节省，运行管理简单，控制调节方便，同时要求具有良好的安全、卫生条件。所有的再生处理工艺都应有消毒处理这个环节，以确保出水水质的安全。

城市污水处理厂出水宜选用混凝-沉淀-过滤的物化法深度处理工艺，有条件的地区亦可选用膜工艺（微滤、微滤-反渗透），也可选用人工湿地等生态处理工艺。人工湿地是人工建造的、可控制的和工程化的湿地系统，其设计和建造是通过对湿地自然生态系统中的物理、化学和生物作用的优化组合来进行废水处理。一般由人工基质和生长在其上的水生植物（如芦苇、香蒲等）组成，是一个独特的土壤（基质）-植物-微生物生态系统。当污水通过系统时，其中污染物质和营养物质被系统吸收、转化或分解，从而使水质得到净化。人工湿地系统可与景观设计相结合，具有良好的景观生态价值。

市政污水宜选用活性污泥法、生物接触氧化等生物处理工艺，根据生物处理的出水水质以及当地再生水利用的要求选用常规过滤或混凝、沉淀、过滤以及微滤等作为深度处理工艺。

建筑再生水处理工艺宜选用生物接触氧化、生物曝气滤池等生物处理工艺，并视情况不同继以沉淀、过滤或微滤等物化深度处理工艺；也可直接选用混凝-沉淀-过滤或微滤等物化处理工艺。

(4) 雨水利用

雨水利用是一种古老的传统技术，数千年以前就被人们采用，一直在缺水国家和地区广泛应用。随着人类社会的进步和技术发展，中水利用技术也有了很大进步。雨水利用有了新的和广泛的含义，涉及资源、环境与生态、城镇规划与基础设施建设、雨水的直接收集利用与间接利用、雨水排放与雨水污染控制、雨水净化处理和洪涝的控制等。

建筑工程的雨水利用和收集有三种方式：如果建筑物屋顶硬化，雨水应该集中引入绿地、透水路面，或引入储水设施蓄存；如果是地面硬化的庭院、广场、人行道等，应该首先选用透水材料铺装，或建设汇流设施将雨水引入透水区域或储水设施；如果地面是城市主干道等基础设施，应该结合沿线绿化灌溉建设雨水利用设施。此外，居民小区也将安装简单的雨水收集和利用设施，雨水通过这些设施收集到一起，经过简单的过滤处理，就可以用来建设观赏水景、浇灌小区内绿地、冲刷路面，或供小区居民洗车和冲马桶，这样不但节约了大量自来水，还可以为居民节省大量水费。

(5) 节水器具

建设部《节水型生活用水器具标准》（CJ 164—2002）中定义的节水型生活器具分别包括以下几种。

① 节水型生活用水器具　满足相同的饮用、厨用、洁厕、洗浴、洗衣用水功能，较同类常规产品能减少用水量的器件、用具。

② 节水型水嘴（水龙头）　具有手动或自动启闭和控制出水口水流量功能，使用中能实现节水效果的阀类产品。

③ 节水型便器 在保证卫生要求、使用功能和排水管道输送能力的条件下，不泄漏，一次冲洗水量不大于 6L 水的便器。

④ 节水型便器系统 由便器和与其配套使用的水箱及配件、管材、管件、接口和安装施工技术组成，每次冲洗周期的用水量水不大于 6L，即能将污物冲离便器存水弯，排入重力排放系统的产品体系。

⑤ 节水型便器中洗阀 带有延时冲洗、自动关闭和流量控制功能的便器用阀类产品。

⑥ 节水型淋浴器 采用接触或非接触控制方式启闭，并有水温调节和流量限制功能的淋浴产品。

⑦ 节水型洗衣机 以水为介质，能根据衣物量、脏净程度自动或手动调整用水量，满足洗净功能且耗水量低的洗衣机产品。

(6) 节水绿地浇灌技术

随着人们生活质量的不断提高和环保意识的不断增强，人们对城市生态绿地的需求愈来愈迫切，对生态绿地的质量要求也越来越高。由于生态绿地具有保护生态、改善环境、丰富文化生活、提高生活质量等多方面的功能，近年来，我国城市生态绿地伴随着城市化的进程，呈现出加速发展的趋势，绿地面积逐年扩大，使城市生态环境得到了很大改善。与此同时，为发展城市生态绿地建设需要的投资也越来越多，相应的管理维护费用不断上升，城市生态绿地的用水量也逐年增长。

绿地节水浇灌是一项新兴的节水技术，它模拟天然降水而对植物提供控制性灌水，以节水、保土、省工和适应性强等诸多优点，逐渐成为城市园林灌溉的主要方式，它分为喷灌、微灌、滴灌。

7.2.7 楼宇自动化与建筑能源管理

(1) 楼宇自动化

随着计算机技术和信息技术突飞猛进的发展。对大楼内的各种设备的状态监视和测量不再是随线式，而是采用扫描测量。系统控制的方式由过去的中央集中监控，转而由高处理能力的现场控制器所取代的集散型控制系统，中央机以提供报表和应变处理为主，现场控制器以相关参数自动控制相关设备，来达到控制目的。对建筑设备用计算机管理系统来代替操作人员，或作其补充措施，是一种自然发展。自动控制技术经过简单的机械控制器控制、常规仪表控制，进入一个崭新的阶段——计算机控制。

(2) 建筑能源管理

目前国内的建筑节能工作主要侧重于建筑设计，事实上，由于建筑竣工后，其功能与运行管理往往与初始的设计意图有所出入，管理人员的技能水平、责任心等也会影响设备运行的状况，因而，建筑运营期间的设备管理、物业管理往往更能决定一个建筑的实际能耗，因此，从建筑的全生命周期的角度上说，建筑物的运营管理对于建筑节能的实际价值并不比建筑设计小，特别是针对我国已经建成的数量庞大的既有建筑而言。

加强建筑能源管理有两条途径：一条是通过完善建筑物内能源管理制度，提高物业管理自身的素质，或按照 EMC 合同能源管理的方式，将建筑物内的能源系统承包给专业的节能服务商，让他们采用一定的技术措施实现能源系统的优化管理；另一条途径就是建筑物的管理者自身采取一些符合技术经济效益的可行的技术措施，对建筑物进行节能改造，目前可能的技术体系包括但不限于冷（热）分户计量、建筑能源管理系统（BEMS）。

由于在建筑在整个生命周期内，运营阶段的能耗将占据绝大部分的比例，而且设备运营阶段的能源性能，将是检验设计、施工是否合格的一个重要参照。在建筑物的能效管理制度或能源管理系统方面国内缺乏可参照的经验，应该成为我们下一步研究的重点。

>>>>>>>>
7.3 城市生态社区建设

本研究中城市生态社区建设主要以天津市作为研究对象，进行天津市生态社区建设的研究。

目前，天津生态社区建设处于起步阶段，围绕生态市建设目标，天津市开始生态社区试点建设。目前，开发区泰丰社区的泰丰家园小区、华纳社区的海望园小区、芳林社区的贻欣园小区 3 个小区被选为天津市首批生态社区试点，标志着天津市生态社区建设全面启动。同时，备受关注的中新天津生态城也将打造第一个河滨生态社区。截至 2008 年，已有 13 个项目获得中国人居环境范例奖，天津市是获奖最多的城市之一。

按照规划，未来一段时间，天津市将进一步优化人居建设布局，将居住用地划分为 52 个居住片区，其中中心城区划分 24 个居住片区，外围组团划分 14 个居住片区，滨海新区划分 14 个居住片区。每个居住片区规划人口为 15 万～25 万人，含 3～5 个居住区或居住小区，居住片区规划配置大型超市、社区文化中心、综合运动场、高级中学、社区卫生服务中心等各项公共服务设施。

围绕海河两岸综合开发改造工程和中心城区一、二级河道改造工程，完善河道两岸的绿化带建设，加快卫南洼等大型的水面风景区建设，推进海河两岸六大节点建设，开展对河流、水面周边原有居住小区的改造，形成临河、临湖的"亲水宜居生态社区"。

实施绿色家园计划，见缝插针、拆建增绿、退建还绿、以绿增靓、以绿优境，形成全面绿化、立体绿化的格局。全面实现城市公园绿地服务半径达到"五一三一〇"目标，即城市居民由任意点出发，500m 内有 1000m² 以上的街头绿地，1km 内有 3000～10000m² 公共绿地，3km 内有 3 万平方米以上的区域性公园，10km 内有市级公园或大型风景区，形成临绿地、临公园的"亲绿宜居生态社区"。

围绕建设蓟县、宝坻、武清、宁河、汉沽、西青、津南、静海、大港、京津和团泊 11 个新城以及中心城区外围城镇组团和中心镇及中心村，充分利用这些地区环境良好、空间开阔、空气清新、优美宁静等有利条件，逐步将中心城区密集人口向城市周边及新城疏散，形成"亲田园宜居生态社区"。

7.4 景观绿化设计技术

7.4.1 城市公园设计

7.4.1.1 城市公园概述

(1) 城市公园的概念

世界造园已有 6000 多年的历史，而公园的出现却只是近一二百年的事。1843 年，英国利物浦动用税收建造了公众可免费使用的伯肯海德公园，标志着世界上第一个城市公园在英国诞生。自此，对于城市公园的研究开了先河。广义的城市公园泛指除自然公园以外的一切公园，包括综合公园和专类公园（如动物园、植物园、城市广场、主题公园等）。而狭义城市公园指一种为城市居民提供的、有一定实用功能的自然化的游憩生活境域，是城市的绿色基础设施，它作为城市的主要的开放空间，不仅是城市居民的主要休闲游憩活动场所，也是市民文化的传播场所。

我国制定了《中华人民共和国城市绿化条例》、《公园设计规范》等城市公园建设的法律规范，同时各省市又制定了符合区域特色的城市公园建设条例、设计规范等，对公园、绿地的建设进行了详细规定，为更好地发展城市公园、城市绿化、创建人居和谐提供了法律依据。城市公园在进行规划建设时应做到：不违反法律法规、不违反技术标准规范、不违反城市规划。

(2) 城市公园分类

按照国际惯例，公园可分为城市公园和自然公园两大类。其中，自然公园是指大规模的森林公园和国家公园（自然保护区）。随着城市绿地的发展和人们的需求变化，城市公园绿地出现了许多种类，尽管目前世界各国对城市公园还没有形成统一的分类系统，但许多国家根据本国国情确定了自己的公园分类系统。

① 美国的公园分类　美国的公园分为以下 12 类：儿童游戏场（Children's Playground）；近邻运动公园、近邻休憩公园（Neighborhood Playground-Parks，Recreation Parks）；特殊运动场，包括运动场、田径场、高尔夫球场、海滨游泳场、露营地等；教育休憩公园（Educational-Recreational Areas），如动物园、植物园、标本园、博物馆等；广场（Ovals，Triangles and Other Odd sand Ends Properties）；近邻公园（Neighborhood Parks）；市区小公园（Downtown Squares）；风景眺望公园（Scenic Outlook Parks）；滨水公园（Water front Landscaped Rest，Scenic Parks）；综合公园（Large Landscaped Recreation Parks）；保留地（Reservations）；道路公园及花园路（Bouleroads and ParkWays）。

② 德国的公园分类　包括郊外森林公园、国民公园、运动场及游戏场、各种广场、有行道树的装饰道路（花园路）、郊外的绿地、运动设施、分区园。

③ 日本的公园分类　日本公园的分类系统是以法律和法令的形式加以规定的，其中有《城市公园法》、《自然公园法》、《城市公园新建改建紧急措施法》、《第二次城市公园新建改建五年计划》和《关于城市公园新建改建紧急措施法及城市公园法部分改正的

法律的实行》等法律、法规。

（3）城市公园重要意义

"城市公园绿地是城市中向公众开放的，以游憩为主要功能，有一定游憩设施和服务设施，同时兼有健全生态、美化景观、防灾减灾等综合作用的绿化用地。是城市建设用地、城市绿地系统和城市市政公用设施的重要组成部分，是表示城市整体环境水平和居民生活质量的一项重要指标。"它是随着近代城市的发展而兴起的。发展至今，城市公园绿地的种类、布局、形式、功能等越来越丰富，已成为城市绿地系统中最为重要的组成部分，是城市的"绿肺"。它作为城市主要的公共开放空间，不仅是城市居民的主要休闲游憩活动场所，也是市民文化的传播场所和精神文明及科学知识教育的重要基地。由于其重要的生态价值、环境保护价值、保健休养价值、文化娱乐价值、美学价值、社会公益价值与经济价值等多重价值，对于城市社会文化、经济、环境以及可持续发展等方面都有着非常重要的作用和意义。

7.4.1.2 城市公园规划及设计

公园的规划和设计需要以一定的科学技术和艺术原则为指导，以满足游憩、观赏、环境保护等功能要求。规划是统筹研究解决公园建设中关系全局的问题。如确定公园的性质、功能、规模、在绿地系统中的地位、分工、与城市设施的关系、空间布局、环境容量、建设步骤等问题。设计是以规划为基础，用图纸、说明书将整体和局部的具体设想反映出来的一种手段。构成公园的主要素材如植物、地形、地貌是受气候、时间、空间等自然条件的影响而演变的。公园规划和设计必须考虑这些影响，因地、因时制宜，创造不同的地方特点和风格。

（1）城市公园的整体规划

公园最初的功能较为单纯，偏重于提供安静的休息如散步、赏景之用的环境。20世纪初叶以来，随着公园建设的发展，又增加了很多活动内容，综合性的公园一般有观赏游览、安静休息、儿童游戏、文娱活动、文化科学普及、服务设施、园务管理等内容。公园规划通常是将造景与功能分区结合，将植物、水体、山石、建筑等按园林艺术的原理组织起来，并设置适当的活动内容，组成景区或景点，形成内容与形式协调，多样统一，主次分明的艺术构图。而且，随着人们对自己周围环境要求的不断提高，城市公园规划设计的趋势和方向不断发展变化，以设计师和领导的决策为主导的设计过程已经在削弱，趋向于注重使用者的需求，因为场所或景观不仅是让人参观的，而且供人使用、让人成为其中的一部分。公园绿地是城市园林绿地的一个重要组成部分，它和人们最贴近、从中受益的公众范围最广，而且是发挥效益最大的绿地类型。所以，设计者就应围绕这个主题进行设计，正确地反映公共需求，通过交流合作来实现循序渐进的过程。我国作为人口大国，推行"公众参与"性设计就显得更为重要，也具有绝对广泛的应用前景。

（2）城市公园的景观生态设计

① 景观生态设计概述　景观是人类的世界观、价值观、伦理道德的反映，是人类的爱和恨、欲望与梦想在大地上的投影。而景观设计是人们实现梦想的途径。城市公园和绿地如同城市的商业区、生活区、办公区一样，变成城市机器的一个个零件，高速干道和汽车成为这些功能体之间的连接。作为自然元素的公园绿地和城市开敞空间，被限

制在红线范围内，与人们的日常生活分开。所以，人们在不同的地块上完成不同的功能：工作、购物、居住、休闲。人的完整生活被切割、被分裂，因此，最终人也成了一部机器。

城市公园是一座城市的窗口，它们的景观面貌代表着一座城市的整体文化修养和精神文明的水平。而在这个崇尚生态的时代，若能在景观设计中透露出保护环境和重视生态的构思，无疑会为一座城市甚至国家提高姿态。城市公园中的生态设计，不仅其本身是对我们生活环境的保护和改善，它当中映射出的设计师的理念，也会在潜移默化中起到对公众的教育作用。

② 景观生态设计原则　在长期的理论研究和实践总结中，有学者得出了一些可以供我们参考遵从的原则。

a. 异质性原则。异质性导致景观复杂性与多样性，从而使景观生机勃勃，充满活力，趋于稳定。因此在对文华公园这种以人工生态为主体的景观斑块单元性质的城市公园设计的过程中，以多元化、多样性，追求景观整体生产力的有机景观设计法，追求植物物种多样性，并根据环境条件之不同处理为带状（廊道）或块状（斑块），与周围绿地融合起来。

b. 多样性原则。城市生物多样性包括景观多样性，是城市人们生存与发展的需要，是维持城市生态系统平衡的基础。文华公园的设计以其园林景观类型的多样化，以及物种的多样性等来维持和丰富城市生物多样性。

c. 景观连通性原则。景观生态学名用于城市景观规划，特别强调维持与恢复景观生态过程与格局的连续性和完整性，即维护城市中残遗绿色斑块、湿地自然斑块之间的空间联系。这些空间联系的主要结构是廊道，如水系廊道等。

d. 生态位原则。所谓生态位，即物种在系统中的功能作用以及时间与空间中的地位。文华公园设计充分考虑系统构成植物物种的生态位特征，合理配置选择植物群落。

e. 整体优化原则。从景观生态的角度上看，文华公园即是一个特定的景观生态系统，包含有多种单一生态系统与各种景观要素。为此，应对其进行优化。

f. 缓冲带与生态交错区原则。

③ 城市公园的植物设计　植物作为园林的重要构成因素，能否在城市公园中适宜地应用也是决定设计成败的关键。植物的不同园林用途和代表的意象，不仅能为公园创造自然环境，也是为公众提供情感寄托的重要棋子。

基于植物景观的空间结构和空间意象的思维，从整体和宏观角度考虑植物景观空间布局和建构，系统开展城市公园植物景观优化设计研究，实现城市公园植物景观的空间结构和空间意象的综合化，使设计是必须要认真严谨完成的任务。在公园植物景观的功能和艺术层面上，如何突破传统，突破局限，也是每位设计者需要思考和研究的。

7.4.2　城市广场设计

7.4.2.1　城市广场概述

(1) 城市广场的定义

在英文中，用来表示广场这个概念的词汇很多，如 Agore、Square、Plaza、Forum

等，这些英文词汇从侧面反映了西方城市广场的特点。从中文角度分析，我国古代城市广场是指结点性城市空间，并有专门为祭神等祭祀活动而兴建的祭祀广场。为了适应当今社会各种生活需要，新型的现代城市广场应运而生，它较传统城市广场有了更为深刻、更为丰富的内涵，中外学者也尝试着从不同的角度来定义它。

《城市规划原理》一书中对广场的定义是："广场是由于城市功能上的要求而设置的，是供人们活动的空间。城市广场通常是城市居民社会活动的中心，广场上可组织集会、交通集散、组织居民游览休闲、组织商业贸易的交流等。"

在克莱尔·库柏·马库斯（Clair Cooper Mareus）和卡罗琳·佛朗西斯（Carolyn Franois）所编著的《人性场所——城市开放空间设计导则》中认为：广场是一个主要为硬质铺装的、汽车不得进入的户外公共空间，其主要功能是漫步、闲坐、用餐或观察周围世界。它与人行道不同，是一处具有自我领域的空间，而不是一个用于路过的空间。广场中可能会有树木、花草和地被植物的存在，但占主导地位的是硬质地面。如果草地和绿化区域超过硬质地面的数量，这样的空间应被称为公园，而不是广场。

(2) 广场的类型

① 市政广场　市政广场是市政府定期与市民进行交流和组织集会活动的场所，多修建在城市的行政中心区，一般与城市重要的市政建筑共同修建，成为城市的标志性场所。其往往是由政府办公楼等重要建筑物、构筑物、绿化等围合而成的空间，是城市广场的重要组成部分。

a. 规划的结构。规划采用的广场结构，既符合中国传统的建筑规划格局，又顺应了现有的城市空间肌理和脉络。要在利用原有建筑布局的基础上，修建一些市民活动的开敞空间，能满足市民对市政广场的需求。

b. 绿化景观的设计。规划注重高质量的生态学效应，因地、因材制宜地配置草坪、灌木、乔木等生态要素。植物培植以乡土树种为主，充分考虑寒地城市特定的生态条件和气候特点。冬季由于缺少绿化，景观较为单调，广场利用率和其他季节相比不高。因此，一方面应选择适合于寒冷地区生长的植物类型，加大常绿树种的比例，并避免设置大面积的空旷草坪。在广场规划设计和环境塑造上，应符合季节变化，使广场在一年四季中可展示不同的自然生态景观。通过这些极富地方特色的自然景观，改变寒地城市广场冬季萧条的景象。另一方面，在塑造广场自然景观的同时，还应注重城市局部生态环境的改善。广场绿化设计夏季以遮荫通风为主，冬季以向阳避风为主，因而，在冬季主导风向侧可设计常青树作为防风屏障，而在向阳侧采用落叶乔灌木，达到冬季不阻挡阳光、夏季又可遮荫的效果，改善广场热环境质量。

② 纪念广场

a. 规划的结构。纪念性广场作为人类情感的物化形式，随着人类文明的进步与社会的多元化拓展出多元化的表现，其精神内涵与表现手法都与过去传统的彰显君王功绩的纪念性广场明显不同。

现代纪念广场更多的是注重整体环境与空间的塑造以及观众的心理体验，目的是营造感人的纪念性气氛，创造一种"场所精神"，所以设计常常采用中轴对称形式，把广场高架。

b. 绿化景观的设计。设计时多采用挺拔的松树、柏树等常绿树种和适合当地生长的乔灌木树种，并避免设置大面积的空旷草坪。在广场规划设计和环境塑造上，应符合纪念性的主题，使人漫步在广场中达到了解或纪念意义。通过这些极富地方特色的自然景观，改变寒地城市广场冬季萧条的景象。另一方面，在塑造广场自然景观的同时，还应注重城市局部生态环境的改善。

③ 文化广场

a. 规划的结构。广场文化展现的是群众的精神风貌，是现代城市文明的重要载体，也是陶冶人们情操的思想文化阵地。文化广场的设计应该结合当地的文化特色和人民的日常生活习惯进行设计。在时间上和空间上创造出适合当地文化人群需要的开放空间。

b. 绿化景观的设计。绿化上没有特定的要求。结合乡土树种，采用乔木灌木藤本和地被植物创造高低起伏的视觉空间即可。

④ 商业广场

a. 规划的结构。商业广场是一种集艺术性、娱乐性、流动性和商业性为一体的广场，往往起到完善娱乐、休闲、绿化的功能。

b. 绿化景观的设计。绿化的设计常常采用盆景或是形态比较好的常绿观赏树种。花卉的设计居多，更多时候也会考虑采用人造花卉和树木进行布置。

⑤ 交通广场

a. 交通广场（traffic square）指的是具有交通枢纽功能的广场。交通广场分两类：一类是道路交叉的扩大，疏导多条道路交汇所产生的不同流向的车流与人流交通；另一类是交通集散广场，主要解决人流、车流的交通集散，如影、剧院前的广场，体育场，展览馆前的广场，工矿企业的厂前广场，交通枢纽站站前广场等，均起着交通集散的作用。在这些广场中，有的偏重解决人流的集散，有的则对人、车、货流的解决均有要求。交通集散广场车流和人流应很好地组织，以保证广场上的车辆和行人互不干扰，畅通无阻。

b. 绿化景观设计。绿化是多采用低矮的灌木，尽量避免高大的乔木影响驾驶员的行车视线。对于围合空间和隔离区域可以设计乔木。

⑥ 园林广场　园林广场设计时主要注重栽植设计，如何合理搭配植物物种，才能满足人们的需求和生物多样性。

⑦ 集散广场　集散广场顾名思义设计时要主要考虑其功能。能够容纳一定的人群，也同时要满足短时间内能够疏散一定人群的要求，所以设计时尽量采用开放、半开放的空间围合形式。

7.4.2.2　城市广场设计

(1) 广场的定性

广场设计首先需要给广场定性，即确定一个明确的主题广场的性质受周围建筑物功能的影响。例如在市政设施附近，就会有市政广场，带有一定的象征意义；在车站、码头前，就有集散广场，起到疏导人流的作用；在商业中心和游览区附近，比较适合兴建休闲娱乐广场，为购物者和游览者提供小坐片刻的空间；在居住区附近，小型的居住区广场为居住区的居民提供了方便的交往空间。因此，在设计广场之前，首先要对广场周围的环境进行了解，使广场与周围环境协调，以此提升自身的吸引力。例如天安门广场由于它特殊的政治意义和地理位置，主题就具有政治意义。无论何时何地提起天安门广场，都会给人一种代表中华人民共和国形象的庄严肃穆感，而王府井步行街两侧的广场则充满生活气息。虽然广场在使用时，其功能不仅仅局限于它的主题，但是明确的主题能够帮助广场体现自身的特色，避免使它们流于平庸和雷同。例如中心生态城湿地设计中的太极广场，则是用于参观游玩时休息和停留。所以设计时更多地考虑在其满足水处理功能的要求下，做到简洁美观。

(2) 广场的选址

一般来说，广场并不是依靠场地自身而吸引人，它的吸引力来自于周围建筑和附属物等形成的能够聚集人气的魅力。城市中存在着一些以不同功能和特色吸引人流的场所或区域，可称为"吸引点"，这些"吸引点"包括城市的商圈、文娱、行政心、风景区以及其他具有活力的空间。在这些"吸引点"附近兴建的广场，会因为环境而吸引更多的人加入到广场中。

在人流与吸引点之间的主要交通线路上会形成一种"人流运动趋势"，这种趋势具有从起点指向终点的强烈的方向性。当广场位于"人流运动趋势"的终点，便成为城市人流所经历的一系列空间序列的高潮，对积聚城市人流具有积极的作用；位于"人流运动趋势"的起点与终点之间并靠近终点，也具有较强的可识别性。人们在通往"吸引点"的路上自然而然地路过广场并发现它、使用它，从而增大了人群滞留的概率和社会交往的机会，提高了广场的使用效率。此外，当广场的选址被确定之后，广场的具体方位要根据当地的气候条件来确定。根据伊娃·利伯门（Eraliberman）的研究，人们选择去哪个广场，首先考虑的是阳光，占调查人数的 25%，考虑距离的占 19%，考虑舒适和美学因素的占 13%，考虑广场社会因素的占 11%，所以广场的位置选择应考虑太阳的四季运行，以及建成的或将建的建筑对它的影响。

鉴于我国的气候特点，考虑到人在心理及生理方面对所处环境感觉的舒适度，城市广场的具体选址既要考虑冬季的避寒，也要考虑夏季的遮荫避暑。瑞典的一项研究表明，同样在避风和有充足日照的条件下，人的舒适温度底限是 $11℃$，而在阴影下则是 $20℃$，这意味着有充足的阳光照射的广场可以延长人在户外活动的时间。而英国的一项研究表明，$12℃$ 的空气温度，在 $4m/s$、$6m/s$、$8m/s$ 的气流中被感知的温度分别是 $9.5℃$、$8.0℃$ 和 $6.5℃$，也就是说，风速越大，气温下降越快，因此，在冬季有效的防风就能做到避寒。所以广场适宜选择在建筑的阴影之外，以保证在冬季有充足的日照和适宜的温度。

大型广场择址势必结合旧城的状况，遵循一种"微偏心"的原则：适当避让旧城中心，使中心昂贵的地价得以更充分的发挥。同时，广场又不宜距之过远，应位于绝对中心的一侧或边缘，形成与中心商圈既分又合，功能上相互支持补益，空间上相互对比均衡的格局。上海人民广场偏置于城市中最为繁华的南京路、外滩、豫园一带的西侧，位置恰如其分，正是吻合了"微偏心"的原则。总之，广场要选址在一个方便的、使用率高的、并且舒适宜人的公共空间环境中，以延长人们户外活动时间，提高户外活动的舒适程度，满足人们休闲、娱乐、交往的需求，使人们获得更多的人文关怀。

(3) 广场的尺度比例

广场的尺度比例有较多的内容，包括广场的用地形状，各边长度之比，广场的大小与广场上建筑物的体量之比，广场上各组成部分之间的相互比例，广场的整个组成内容与周围环境的关系等。广场空间的尺度比例对人的感情、行为等都会产生巨大的影响，继而直接影响到广场的使用率。所以给广场选择恰当的尺度给接下来的设计、使用都创造了良好的前提。

现代城市广场大量承载的是居民日常散步、锻炼、交往等邻里性的休憩活动。这一功能同样可以由公园、绿地等城市开放空间来承载。因此，城市广场用地规模应当与开放空间统筹考虑。一般而言，城市广场用地规模与城市规模呈正相关关系。城市愈大，城市广场用地总量就愈多，其主要广场的用地面积也会大一些；反之则小一些。此外，公共绿地率较高、分布较合理的城市，其广场用地的总量就可以少一些，单个广场的用地规模也可小一些。但如果广场的规模太小会使人感到局促、压抑；而过于庞大，则会让人觉得空旷、冷漠、不亲切。

卡米洛·希泰（Cmrdllo Sitte）提出，广场宽度的最小尺寸应该等于广场主要建筑物的高度，也就是说在建筑高度与间距之比为 1 时形成的广场规模最小，广场的最小规模由广场上的主体建筑尺度决定。芦原义信也在他的《外部空间设计》一书中提出了"十分之一理论"（one-Tenth Theory），认为外部空间适宜的尺度多采用内部空间尺寸的 8～10 倍，并要从周围的建筑高度与建筑间距之间的比例关系来确定空间的大小。由此推出外部空间的宜人尺度应该控制在 57.4m×144m 左右，这与欧洲大型广场的平均尺寸 190 英尺×465 英尺（57.5m×140.9m）大体一致。这一数值可以作为城市和建筑的尺度相对较小的传统广场空间的尺度参考。

对于城市与建筑规模均相对较大的现代城市广场，尺度应该相应放大。城市大型广场，除绿化休闲广场以外的各类广场建筑与最佳视点距离应小于 300m，因此规模一般应该控制在 300m×300m＝9hm² 之内。绿化休闲广场的视距可以放宽到 600m 以内，因此规模应该控制在 600m×600m＝36hm² 之内。

对于广场的长宽比，美国建筑师卡米洛·希泰提出了广场宽度（D）和周围建筑高度（H）之比应在 1～2 之间为最佳尺度，这时给人的领域感最强。

马铁丁在他的《心理环境学与环境心理学》一书中对建筑物高度的视觉环境进行了分析，提出，可对广场的长宽比和广场尺寸与周围建筑物的比例进行控制，推荐市中心广场的适宜尺度为：建筑物的高度与广场的长度比值为 1；视距与楼高的比值为 1.5～2.5；视距与楼高构成的视角 180°～270°。

（4）广场设计中应该考虑的问题

① 广场设计要与自然、人文、居民、城市需要相结合。

② 注重广场安全功能　在广场设计中，要适当考虑满足防灾救灾的要求。要注意广场的地面铺装材料，无论在任何季节（例如冬季或梅雨季节）都能防滑，避免游人发生危险。在现实中已经建好的广场中，就曾经发生过行人在雪天穿越广场，因为铺装材料太光滑，造成行人摔倒骨折的事件。要注意广场在种植植物时，选择长绿耐火的常绿树种，并在广场留出隔离带。同时城市广场是城市避灾防灾系统的主要场所之一。

③ 注重交通组织　在广场中，步行者具有绝对优先权。通过对交通的组织分区，车流量应该减少到最低限度。要充分考虑广场的交通组织对广场周边地区带来的压力，完善广场周边及地下的交通并且适当设立停车场。可达性会直接影响到广场的使用频率，所以城市广场外部交通设计应当充分考虑广场建成之后的交通状况。而高度可达性

依赖于完善的交通设施，应当优先解决地面交通、地下交通的组织及其转换，同时明确广场周围的人流、车流之间的关系，做好分流规划。充分利用公共交通，可以大大减缓对广场周围的交通压力。

但随城市的汽车拥有量日益增加，在城市广场设计时还需充分考虑到大量的停车需求。由于广场地面的有限性难以满足大量的停车需求，可以采用地下停车场的方式，充分利用地下空间，提升整体空间的利用效率对于集散广场来说，快速疏散人流是首要目标。

④ 广场的围合程度与围合方式　不同的围合方式给人们不同的空间感受，比如说有 A、B 两个城市广场，它们的面积和形状等条件都是一样，但是 B 广场的四个角被建筑物所封闭，而 A 广场的四个角则是四个路口，那么这两个广场给人的空间感受是不一样的。B 广场由于四个角都构成了阴角空间，大大提高了内部空间的封闭性，A 广场由于四个角形成了缺口，所以削弱了空间的封闭性，两者相比较，B 广场给人的感觉就要比 A 广场的面积大。这就是不同的空间围合方式所形成的不同空间感受。

对广场的围合度，我们可以借助格式塔（Gestalt）心理学中的"图-底"（Figure and Ground）关系进行分析。广场围合一般有以下几种情形。

1）四面围合的广场：当广场的规模尺度小时，这类广场就会产生极强的封闭性，具有强烈的向心性和领域感。

2）三面围合的广场：封闭感较好，具有一定的方向性和向心性。

3）二面围合的广场：常常位于大型建筑与道路的拐角处，平面形态有"L"形和"T"形等，领域感较弱，空间有一定的流动性。

4）仅有一面围合的广场：这类广场封闭性很差，规模较大时可以考虑组织不同标高的二次空间，如局部下沉等。

四面和三面围合的广场是最传统的、最多见的广场布局形式。此类广场一般由建筑围合而成，但当进入广场的每条道路能够封闭视线时，或广场的角部封闭、中间开口，也能形成这种较为完整的空间围合感。这种布局形式围合感强，容易成为"图形"，能使人产生安全感，有更好的使用效果。

7.5 滨海城市环境安全建设相关技术

7.5.1 基于环境风险容量的区域环境风险评价体系

7.5.1.1 区域环境风险评价方法研究现状

目前区域环境风险评价的方法还是定性和半定量的，难以完全定量化。综合起来，可归纳为以下几种。

（1）逻辑分析法

将层次分析方法 AHP（analytic hierarchy process）和故障树及事故树等逻辑分析方法用于区域环境风险评价中，分析事故源项，求取各风险因素的风险"相对大小"，即衡量对区域综合风险的贡献。

（2）统计方法

收集历史上的有关数据，利用统计分析的方法求取类似事故发生的概率，即"依旧推新"，如事故时天气条件的计算、疾病发生率的估计等多用此方法。

（3）公式评价法

通过对事故的模拟分析，推导或实验得出经验公式，利用公式计算出风险的可能大小，通过进一步实验和观测，对公式逐步修正。如有毒气体的泄漏，利用在类似条件下的大气扩散模式；污染物在水中的泄漏，利用水体迁移扩散模式；人体健康风险也可采用暴露危害计算公式。

（4）模糊数学法

风险就是可能发生的危险，用模糊数学的语言来描述，风险是对安全的隶属度。区域环境风险涉及复杂的因果关系，往往用精确的方法难以解决，风险在大与小之间没有明显的界限，模糊数学恰恰能够表达这种差异的中间过渡性，较为客观地刻画出风险的大小。在输油管线的泄漏风险评价中，用该方法得到了比较满意的结果，其研究和应用逐步深入。

（5）图像叠加法

单因素环境风险评价结果有时采用图形表示，特别是风险危害后果在用上述方法难以计算时采用图形表达，如有毒危险性气体的泄漏扩散一般绘制浓度等值线图。在风险综合评价时，将各个环境风险因素的分布图进行合理叠加，得到整个研究区域中不同功能区的风险相对大小。

综合来看，这些方法均是仅针对与区域环境风险源的评价方法，未将环境安全管理的因素考虑进去。但是，完善的日常监督管理和应急处置能力，是防范环境风险、保障区域环境安全的重要基础。因此，在区域环境风险评价的过程中，将环境安全建设引入评价体系，从而建立基于环境风险容量的区域环境风险评价体系。

7.5.1.2　环境风险容量的概念

（1）环境容量

环境容量（environment capacity）是指某区域环境对该区域发展规模及各类活动要素的最大容纳阈值。环境容量包括自然环境容量（大气环境容量、水环境容量、土地环境容量）、人工环境容量（用地环境容量、工业容量、建筑容量、人口容量、交通容量等），不同要素的环境容量在人为活动下，相互影响、相互制约，这些容量的综合即为整体环境容量。环境容量的大小随时间、地点和利用方式而有所差异，取决于区域环境功能的作用与区域的自然条件、社会经济条件和所选取的环境质量标准等。

环境容量包括绝对容量和年容量两个方面：前者是指某一环境所能容纳某种污染物的最大负荷量；后者是指某一环境在污染物的积累浓度不超过环境标准规定的最大容许值的情况下，每年所能容纳的某污染物的最大负荷量。任何一个环境，它的环境容量越大，可接纳的污染物就越多，反之则越少。污染物的排放，必须与环境容量相适应。如果超出环境容量就要采取措施，如降低排放浓度，减少排放量，或者增加环境保护设施等。

（2）安全风险容量

安全风险容量的概念是在风险评价研究基础上逐步深化得出的。随着对安全管理工作认识的逐步加深，人们意识到控制风险、保障安全的成效取决于两个方面，即风险控制措施和风险源本身。因此，安全风险容量应是某一区域内在危险设施的风险程度处于可以接受条件下时危险物质的最大容量。

安全风险容量不仅与区域内危险物质的数量有关，还与危险物质的性质、危险设施生产工艺条件、危险设施周围的人员分布情况、区域的土地利用状况、事故预防控制措施等密切相关。因此，区域的安全风险容量是确定区域危险品库容、生产规模、运输量和危险源与脆弱性目标之间关系的重要依据。

（3）环境风险容量

环境风险是由人类活动引起的，或由人类活动与自然界的运动过程共同作用造成的，通过环境介质传播的，能对人类社会及其赖以生存、发展的环境产生破坏、损失乃至毁灭性作用等不利后果的事件的发生概率及环境影响。因此，本研究将环境风险容量定义为：在某一区域内，危险设施的环境风险程度，环境安全日常监管和应急处置能力可以接受的条件下，区域内危险物质的最大容量。

7.5.1.3 基于环境风险容量的区域环境风险评价指标体系

（1）指标体系框架

根据环境风险容量的概念，指标体系分为环境风险状况和环境安全管理两大部分。其中环境风险状况表征区域内的环境风险状态和影响，包括风险源的危害指数、风险事故概率、环境风险可能造成的损失以及对大气、水、土壤、生态、海洋等环境的损害等。环境安全建设表征区域对环境风险的响应，包括环境应急机构与队伍、应急监测能力和基础设施、应急处置部门联动机制、风险源环境应急的科技信息支撑（例如环境风险源和风险预案数据库）等。

（2）评价指标及其评价值的获取方法

基于环境风险容量的区域环境风险综合评价指标体系见表 7-6。

■ 表 7-6　基于环境风险容量的区域环境风险综合评价指标体系

目标层	准则层	指 标 层
区域环境风险容量	环境风险状况	重大风险源危害指数
		区域环境风险发生概率
		环境风险事故人员伤亡率
	环境安全建设	应急管理机构和应急队伍
		应急监测能力和基础设施
		应急处置部门联动机制
		环境风险源和风险预案数据库

① 重大风险源危害指数　重大风险源是指依据《重大危险源辨识》（GB 18218—2009）确定的区域风险源。重大风险源危害指数是指根据风险源可能对人、社会、生态环境产生的影响确定其危险程度，按下式估算：

$$P = \frac{w_1 P_1}{100} + \frac{w_2 P_2}{5000} + \frac{w_3 P_3}{1000000} + \frac{w_4 P_4}{10000}$$

式中　　P——风险源危害指数；

　　　　P_1——对人体的危害指数；

　　　　P_2——社会影响指数；

　　　　P_3——直接经济损失指数；

　　　　P_4——生态损失指数；

　　　　w_i——第 i 项指标的权重。

② 区域环境风险概率　区域环境风险概率是指区域内发生环境风险事故的概率，可以采用事件树、事故树分析法或类比法获得。

③ 环境风险事故人员伤亡率　环境风险事故人员伤亡率可以采用类比分析法获得。

④ 应急管理机构和应急队伍　环境突发事件具有"急、难、险、重"的特点，同时严格专业的日常监督管理也是降低突发环境事件发生率的重要手段。专业的应急管理机构和应急队伍能够在最短的时间内从环境保护的角度对突发环境事件做出准确判断，采取有效的应对和处理措施。因此，强有力的环境应急管理机构和队伍是应对和处理环境突发事件的重要保证。

⑤ 应急基础设施与能力建设　环境事故"急、难、险、重"的特点，对于应急物资和技术储备的要求也较高。在日常监督管理中，需要有完整、系统的环境安全应急平台，对重点区域、重点风险源进行实时监控，降低环境事故的发生率。在事故发生后，需要及时做出反应，应急监测、应急处置、事故原因调查分析、事后环境修复等均需要大量的人员、资金、器材、装备等。

⑥ 环境应急部门联动机制　环境安全事件不同于其他突发性事件，大多是由于其他安全事故引发。因此，环境安全事件应急不能仅仅依靠环境保护部门，需要协调气象、公安、消防、交通、水务、海洋等多部门和有关事故单位形成联动。同时事件的应对与救援需要由具备一定专业技能、经过特殊培训的人员来完成。特别是需要有一支熟悉情况的专家队伍支撑，否则一旦决策和救援不当反而会使事件扩大化，比如 2005 年发生的吉林石化硝基苯精馏塔爆炸，虽然火灾被消防部门扑灭，但是含有硝基苯的消防废水未加以及时处理而排入松花江，导致松花江受到污染并引起了国际纠纷。一直以来，面对我国重大突发环境事件，环境应急咨询专家、环境应急救援队伍都在处置过程中都发挥重要作用。

⑦ 环境应急科技信息支撑　环境应急是一项系统的复杂工程，不仅需要健全的应急管理机构和队伍、完善的监测能力和基础设施、有效的部门联动机制，还需要先进的科技和信息支撑。其中最主要的工作为建立环境风险源和风险预案数据库。环境风险源和风险预案是应对环境突发事件的基础资料。准确、全面的环境风险源数据库应包括风险源的位置、类型、规模、危险性、应急措施等信息，不仅可以使日常的环境安全监管工作有的放矢，也可以在发生突发事件的时候，为应急工作提供第一手的数据资料，帮助对事故情况做出准确判断，并采取有效的应急措施。环境风险预案库是针对每一个风险源的每一种情景的预案集合，可以在突发环境事件的时候及时做出应对决策。环境风险源具有动态特点，风险预案库必须保持一定的时效性，针对风险源的储存、运输等重

要环节需要实时提供监测数据以便有效地为管理服务。

环境安全管理的 3 项指标评价值分为"0、50 和 100"三个等级，分别对应"无、已建立但不完善和完善"3 种水平，由专家咨询法获得。

(3) 综合评价方法

① 信息熵理论　在环境风险容量的计算过程中，使用信息熵理论确定不同指标之间的权重。

信息熵的概念起源于热力学，1908 年 Shannon 首先在信息论中引入了熵的概念，将其定义为信息熵，即对于一个不确定性系统，若用随机变量 X 表示其状态特征，对于离散型随机变量，设 X 的取值为（$n \geqslant 2$），每一取值对应的概率为 $P = \{p_1, p_2, \cdots, p_n\}$（$0 \leqslant p_i \leqslant 1$，$i = 1, 2, \cdots, n$），且有 $\sum\limits_{i=1}^{n} p_i = 1$，则该系统的信息熵为：$e = -\sum\limits_{i=1}^{n} p_i \ln p_i$。

目前信息熵已在工程技术、社会经济等领域得到了较多的应用。信息熵的概念可以用来评价系统的均衡性，个体之间越是接近，差异越不显著，信息熵就越大，系统越均衡；在决策方面还可以利用信息熵的概念确定属性的权重，根据信息熵理论，信息熵是信息不确定性的度量，熵值越小，所蕴涵的信息量越大，若某个属性下的熵值越小，则说明该属性在决策时所起的作用越大，应赋予该属性较大的权重，即可以用熵值法来确定属性的权重。

利用上述信息熵的理论来定量分析不同指标之间的重要性。首先利用信息熵评价系统均衡性的功能，采用信息熵的概念度量各个指标的区域差异程度，信息熵越大区域差异性越小，分配越公平；信息熵越小，则差异性越大，分配越不公平；其次可以利用信息熵确定不同指标之间的重要程度，从权重意义上认为某类指标信息熵越小，单位指标负荷污染物量的区域差异性越大，即该类指标在评价中的作用更突出，相反如果某类指标信息熵大，则该类指标在排序或评价中的意义越小，应给予较小的权重。

信息熵计算公式如下：

$$P_{ij} = \frac{X_{ij}}{\sum\limits_{i=1}^{n} X_{ij}}$$

式中　P_{ij}——第 j 项指标下第 i 个指标所占的比重 P_{ij}；

X_{ij}——第 j 项指标下第 i 个指标的无量纲值。

信息熵 e_j（这里采用的是实际信息熵与最大信息熵 $\ln n$ 的比值，将信息熵的取值范围修订在 0～1 之间，即如果各个区域之间完全没有差异，即 $p_{ij} = \frac{1}{n}$，则 $e_j = 1$，如果只有一个区域的值，其他区域全部为 0，$p_{ij} = 1$，则 $e_j = 0$）：

$$e_j = -\frac{1}{\ln n} \sum\limits_{i=1}^{n} P_{ij} \ln P_{ij}$$

权重为：

$$\omega_j = \frac{1 - e_j}{\sum\limits_{j=1}^{n} (1 - e_j)}$$

② 模糊数学　模糊数学又称 FUZZY 数学。"模糊"二字译自英文"FUZZY "一词，该词除了有模糊意思外，还有"不分明"等含意。有人主张音义兼顾译之为"乏晰"等，但都没有"模糊"含意深刻。模糊数学是研究和处理模糊性现象的一种数学理论和方法。

模糊数学是一门新兴学科，它已初步应用于模糊控制、模糊识别、模糊聚类分析、模糊决策、模糊评判、系统理论、信息检索、医学、生物学等各个方面。在气象、结构力学、控制、心理学等方面已有具体的研究成果。然而模糊数学最重要的应用领域是计算机智能，不少人认为它与新一代计算机的研制有密切的联系。

由于环境风险评价与环境风险容量是由多种因素决定的复杂指标，这些因素具有不可忽视的模糊性，因此采用传统的评价方法难以对其做出准确的评价。运用隶属度、隶属函数，确定单因素评判矩阵的模糊综合评判方法已广泛应用于环境风险、安全科学等领域。它能够进行多指标的综合评价，并反映其分级评价中中介过渡的亦此亦彼性。它能克服定性分析的弊端，客观地反映多因素影响所产生的结果，且具有准确、合理的特点。本书试用模糊数学综合评判方法对区域的环境风险管理水平进行评价。

建立模糊矩阵，通过辨识各风险因子与评价指数之间的模糊关系，计算关系矩阵 A。

$$A = \begin{bmatrix} a_{11} & a_{12} & \cdots & \cdots & a_{1n} \\ a_{21} & a_{22} & \cdots & \cdots & a_{2n} \\ \vdots & \vdots & \ddots & & \vdots \\ \vdots & \vdots & & \ddots & \vdots \\ a_{m1} & a_{m2} & \cdots & \cdots & a_{mn} \end{bmatrix}$$

式中　a_{ij}（$i=1, 2\cdots, n$；$j=1, 2, \cdots, m$）——风险因子集合 $U=\{u_1,u_2,u_3,\cdots,u_n\}$ 中第 i 个元素 u_i 到环境风险事件集合 $U=\{u_1,u_2,u_3,\cdots,u_n\}$ 中第 j 个元素 u_j 的关系函数。

风险隶属度向量 $R=WA$，其中 W 是不同风险事件权重系数矩阵。构建风险级别向量 S，由此得到风险源风险评价指数 $I=RST$。计算环境风险容量的过程与之相似。

③ 克里格方法　由于目前滨海新区仍然处在大发展的阶段，区内很多企业与公共设施仍然处在规划阶段，无法直接计算工业区各处的风险指数与风险容量值，所以使用克里格法进行简单计算。首先计算出重点区域的环境风险指数和环境风险容量值，而后利用地质统计学中经常使用的克里格法，计算目标区内各个地区的环境风险指数和环境风险容量值。

地质统计这一概念首先由马特隆提出的，其定义为"地质统计学就是应用随机函数的形式体系来探索和评价自然现象"。1988 年国际地质统计学学会成立，地质统计学被定义为："地质统计学这一术语是指对于区域性现象的研究，更具体地说是指这些现象中复杂的估计问题的研究。"

使用一个或多个变量的空间分布来抽象地表征现实世界中的事物，这种变量就叫做"区域化变量"，可以使用 $Z(x)$ 来表示。地质统计学就是要通过研究 $Z(x)$ 在空间内的变异性，来解决在未取得观测数据的点 x_0 上的 $Z(x_0)$ 值，或估计在一个给定区域内大于某一给定极限的 $Z(x)$ 值所占的比例。

Kriging 方法是地质统计中常用的一种差值方法。Kriging 方法的建立源于南非采矿工程师 Daniel Gerhardus Krige 在估算黄金品位的工作中首先使用距离加权计算。他提出了一种回归方法，给每一个样品赋予一个加权系数，然后将各样品的品位数值的线性组合作为该矿块品位的估计值。而后，由法国数学家 Georges Matheron 将这一理论完善并予以发展。

Kriging 方法的基本思想是假设未知点数值与已知点数值存在关系，通过线性叠加使用已知点的数据来预测未知点的数值。

Kriging 法是一种求最优、线性、无偏内插值估计量的方法。具体地说，Kriging 法就是在考虑了信息样品的形状、大小及其与待估块段相互间的空间分布位置等几何特征以及品位的空间结构之后，为了达到线性、无偏和最小估计方差的估计，而对每一样品值分别赋予一定的权重系数，最后进行加权平均来估计未知点数值的方法，即：

$$z^*(x_0) - m(x_0) = \sum_{i=1}^{n} \lambda_i [z(x_i) - m(x_i)]$$

式中 $z(x_0)$——未知点 x_0 的区域变量真实值；

         $z^*(x_0)$——未知点的区域化变量值的估计值；

         $z(x_i)$——已知点的变量值；

         λ——权重；

$m(x_i)$、$m(x_0)$——$z(x_i)$、$z(x_0)$ 的平均值。

若位于坐标 $\{x_1, x_2, x_3, \cdots, x_n\}$ 的区域化变量数值 $\{z(x_1), z(x_2), z(x_3), \cdots, z(x_n)\}$ 为已知，则假设未知点 x_0 的数值 $z(x_0)$ 可以由已知数据的线性组合表示，即：

$$z(x_0) = \sum_{i=1}^{n} \omega_i z(x_i)$$

协方差函数能够表征某一区域内两点之间区域化变量 $z(x)$ 与 $z(x+h)$ 之间的相关性，其中 h 是两点间距离，两点间协方差表示为：

$$\text{cov}[z(x), z(x+h)] = E[z(x)z(x+h)] - E[z(x)]E[z(x+h)]$$

普通 Kriging 与简单 Kriging 的假设稍有不同。普通 Kriging 假设区域变量的平均值存在且为常数，但是该数值未知。则对于 x 与 h 具有以下性质：

$$\begin{cases} E[z(x)] = E[z(x+h)] = m \\ E[z(x+h) - z(x)] = 0 \\ \text{Var}[z(x+h) - z(x)] = 2\lambda(h) \end{cases}$$

假设未知点 x_0 的估计值为：

$$z^*(x_0) = \sum_{i=1}^{n} \lambda_i z(x_i)$$

误差平均值为：

$$E[z^*(x_0) - z(x_0)] = E\left[\sum_{i=1}^{n} \lambda_i z(x_i) - z(x_0)\right] = m\left(\sum_{i=1}^{n} \lambda_i - 1\right)$$

所以为保证估计值无偏估计即 $E[z^*(x_0) - z(x_0)] = 0$，要加入限制条件 $\sum_{i=1}^{n} \lambda_i = 1$。估计偏差的方差 L 为：

$$
\begin{aligned}
L &= \text{Var}[z^*(x_0) - z(x_0)] \\
&= \text{Var}[z(x_0)] + \text{Var}[z^*(x_0)] - 2\text{Cov}[z^*(x_0), z(x_0)] \\
&= C(0) - 2\sum_{i=1}^{n} \lambda_i C(x_0 - x_i) + \sum_{i=1}^{n}\sum_{j=1}^{n} \lambda_i \lambda_j C(x_i - x_j) \\
&= C(0) - 2\sum_{i=1}^{n} \lambda_i [C(0) - \gamma(x_0 - x_i)] + \sum_{i=1}^{n}\sum_{j=1}^{n} \lambda_i \lambda_j [C(0) - \gamma(x_i - x_j)] \\
&= 2\sum_{i=1}^{n} \lambda_i \gamma(x_0 - x_i) - \sum_{i=1}^{n}\sum_{j=1}^{n} \lambda_i \lambda_j \gamma(x_i - x_j)
\end{aligned}
$$

其中 $\lambda(h)$ 是变异函数，为了确保 $\sum_{i=1}^{n} \lambda_i = 1$，在估计偏差的方差里引入一个拉格朗日算子 μ，使估计偏差的方差 L 变形为：

$$L = \text{Var}[z^*(x_0) - z(x_0)] - 2u\left(\sum_{i=1}^{n} \lambda_i - 1\right)$$

$$L = 2\sum_{i=1}^{n} \lambda_i \gamma(x_0 - x_i) - \sum_{i=1}^{n}\sum_{j=1}^{n} \lambda_i \lambda_j \gamma(x_0 - x_i) - 2u\left(\sum_{i=1}^{n} \lambda_i - 1\right)$$

对上式求导，以求取满足误差方差最小情况下的系数权重。

$$
\begin{cases}
\dfrac{\partial L}{\partial \lambda_i} = 2\gamma(x_0 - x_i) - 2\sum_{j=1}^{n} \lambda_j \gamma(x_i - x_j) - 2\mu = 0 \\[3mm]
\dfrac{\partial L}{\partial \mu} = 2\left(\sum_{i=1}^{n} \lambda_i - 1\right) = 0
\end{cases}
$$

设 $\lambda(x_i, x_j) = \lambda_{ij}$，可以将上式整理为：

$$
\begin{cases}
\gamma_{0i} = \sum_{j=1}^{n} \lambda_j \gamma_{ij} - \mu \quad i = 1, \cdots, n \\[3mm]
\sum_{i=1}^{n} \lambda_i = 1
\end{cases}
$$

使用矩阵表达可以表示为：

$$
\begin{bmatrix}
\gamma_{11} & \cdot & \cdot & \cdot & \gamma_{1n} & 1 \\
\cdot & \cdot & & & \cdot & \cdot \\
\cdot & & \cdot & & \cdot & \cdot \\
\cdot & & & \cdot & \cdot & \cdot \\
\gamma_{n1} & \cdot & \cdot & \cdot & \gamma_{m} & 1 \\
1 & \cdot & \cdot & \cdot & 1 & 0
\end{bmatrix}
\begin{bmatrix}
\lambda_1 \\
\cdot \\
\cdot \\
\cdot \\
\lambda_n \\
\mu
\end{bmatrix}
=
\begin{bmatrix}
\gamma_{01} \\
\cdot \\
\cdot \\
\cdot \\
\gamma_{0n} \\
1
\end{bmatrix}
$$

利用该矩阵表达式可以求得各个权重值 λ_i 和拉格朗日算子 μ，估计值与估计误差方差分别为：

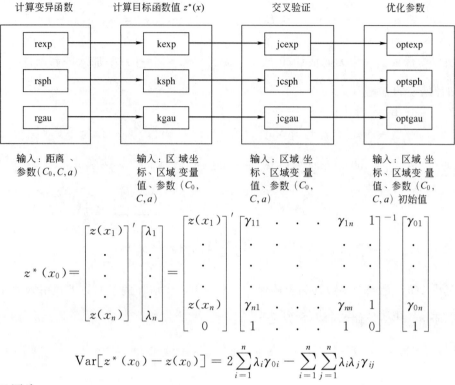

$$z^*(x_0) = \begin{bmatrix} z(x_1) \\ \cdot \\ \cdot \\ \cdot \\ z(x_n) \end{bmatrix}' \begin{bmatrix} \lambda_1 \\ \cdot \\ \cdot \\ \cdot \\ \lambda_n \end{bmatrix} = \begin{bmatrix} z(x_1) \\ \cdot \\ \cdot \\ \cdot \\ z(x_n) \\ 0 \end{bmatrix}' \begin{bmatrix} \gamma_{11} & \cdot & \cdot & \gamma_{1n} & 1 \\ \cdot & & & \cdot & \cdot \\ \cdot & & & \cdot & \cdot \\ \cdot & & & \cdot & \cdot \\ \gamma_{n1} & \cdot & \cdot & \gamma_{mm} & 1 \\ 1 & \cdot & \cdot & 1 & 0 \end{bmatrix}^{-1} \begin{bmatrix} \gamma_{01} \\ \cdot \\ \cdot \\ \cdot \\ \gamma_{0n} \\ 1 \end{bmatrix}$$

$$\mathrm{Var}[z^*(x_0) - z(x_0)] = 2\sum_{i=1}^{n}\lambda_i\gamma_{0i} - \sum_{i=1}^{n}\sum_{j=1}^{n}\lambda_i\lambda_j\gamma_{ij}$$

又因为

$$\mu = \gamma_{0i} - \sum_{j=1}^{n}\lambda_j\gamma_{ij} = \sum_{i=1}^{n}\lambda_i(\gamma_{0i} - \sum_{j=1}^{n}\lambda_j\gamma_{ij}) = \sum_{i=1}^{n}\lambda_i\gamma_{0i} - \sum_{i=1}^{n}\lambda_i\sum_{j=1}^{n}\lambda_j\gamma_{ij}$$

于是得到误差方差的表达式:

$$\mathrm{Var}[z^*(x_0) - z(x_0)] = \mu + \sum_{i=1}^{n}\lambda_i\gamma_{0i} = \begin{bmatrix} \lambda_1 \\ \cdot \\ \cdot \\ \cdot \\ \lambda_n \\ \mu \end{bmatrix}' \begin{bmatrix} \gamma_{01} \\ \cdot \\ \cdot \\ \cdot \\ \gamma_{0n} \\ 1 \end{bmatrix}$$

根据交叉验证的结果,对变异函数进行了选择。整个过程使用 Matlab 编程实现,显示了交叉验证和 Kriging 插值的程序结构和计算过程。

(4) 区域环境风险评价结果等级划分

由此计算所得的评价值为区域环境风险的综合评价结果,其取值范围在 $0\sim100$ 之间,评价值越高区域环境风险水平越高,区域环境所面临的风险越高。本研究在参照国内外的各种综合指数的分组方法,再进一步对综合评价值进行分级,设计了一个 4 级分级标准,并给出相应的分级评语,以确定区域环境风险水平(表 7-7)。

采用上述基于环境风险容量的区域环境风险综合评价体系,根据滨海新区环境风险源的调研结果,分别分析滨海新区及各重点区域的环境风险形式。分析结果显示,滨海新区环境安全形势严峻,各重点区域的环境风险等级。

■ 表 7-7　区域环境风险等级分级表

分　级	区域环境风险综合评价值
重大	80～100
较大	60～80
一般	40～60
较轻	0～40

7.5.2　"一源、一景、一案"的环境风险应急预案制定与评估方法

预案建设是应急管理部门实施应急教育、预防、引导、操作等多方面的有力助手，把应对突发环境事件的成功做法规范化、制度化，实质上是把非常态事件中的隐性常态因素显性化。

根据天津市滨海新区的特殊要求，建立"一源、一景、一案"的环境风险预案基本原则并将其制度化，即要求滨海新区现有的每一个重点环境安全风险源（称"一源"），针对每一种可能发生的事故背景（无论是人为活动还是自然灾害造成的）（称"一景"），分别提出对应的处理预案（称"一案"）。同时，在滨海新区环境安全应急预警系统平台上使"一源、一景、一案"得以实现。

7.5.2.1　环境风险应急预案的原则

环境风险应急预案是在环境风险事故发生时由多部门联合进行消除或降低环境事故所带来的针对地区自然环境、人居环境、人民健康等负面影响的行动计划。环境风险应急预案的编制需要满足以下几个原则。

① 科学性　科学性是指环境风险应急预案的编制要符合科学性，建立在科学的方法、假设、推理论证之上，环境风险的应对措施要科学合理。

② 综合性　环境风险应急并非一个部门、一个学科所能够解决的问题，所以环境风险应急预案的编制是一个设计多学科交叉的工作，同时预案中又要涉及多个部门协同配合，是一项综合性很强的工作。

③ 可行性　可行性是指环境风险应急预案必须是切实可行的、符合当地的实际情况、满足人们的实际需求。

④ 有效性　有效性是指环境风险应急预案能够有效地防止或降低环境风险事故的发生概率、最大限度地减少环境风险事故所造成的危害。

7.5.2.2　环境风险应急预案建立方法

"一源，一景，一案"的应急预案建立方法是基于情景分析法在环境领域的应用产生的，其本意是通过风险预案的建立。在应急预案建立之后，还需要通过对所在地区环境风险容量等级与应急预案进行匹配，符合环境安全要求的项目才能够获得通过，如图7-3 所示。

7.5.2.3　环境风险应急预案的组成

环境风险应急预案应该包括以下几个重要的组成部分：环境风险源信息、可能发生的环境风险及其影响、风险应急准备、风险源预防措施、后期处置。以上主要内容都将

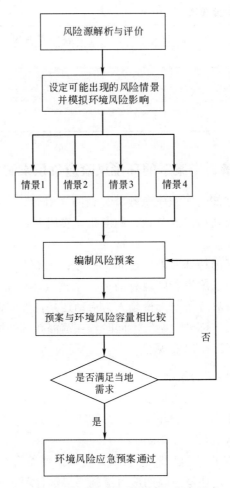

图 7-3　环境风险应急预案建立程序示意

涵盖在"一源、一景、一案"的风险预案中。

(1) 一源

"一源"指的是环境风险评价中的风险源，在风险应急预案的编制中，一个企业内的源可以有很多，比如各种化工储罐、天然气储罐、化工生产装置、产品储存装置等所有可能产生环境风险的部分都属于"源"的范畴。

环境风险主要来源于液体化工品泊位码头罐区、各化工企业危险化学品储存区域、化学品输送管道、进出园区危险品的运输车辆、船舶等化学品、危险品的泄漏，船舶工业区生产时产生铁锈、滴洒的涂料、溢油、残油等，粮油加工区产生的废气、废水等。

环境风险源还分为可移动风险源与固定风险源，传统的环境风险应急常常忽视可移动风险源的影响，比如油轮、危险化学品运输车辆等也对环境有一定的危害。此外，还有一部分物质虽然直接危害性较低，但是产生的区域性环境危害较大，也属于环境风险源。

(2) 一景

在确定了"源"的基础上，针对每一个可能出现的事故，预测风险事故发生时产生的环境影响。事故包括人为事故（如车祸、生产事故、操作失误等）和非人为事故（如自然灾害、设备损坏等）。通过污染物扩散模型对事故发生后可能造成的污染物扩散范围、时间、浓度以及由此对居民身体健康与日常生活造成的影响进行预测分析。

（3）一案

在前面工作的基础上，提出风险应急预案。风险应急预案包括日常工作中的风险源检查（定期核查、专人负责等制度）、风险应急准备（设施的建设、设备维护、人员训练、组织演习等）、风险应急方案（事故上报机制、各个部门协同机制、事故应对程序）、后期处置措施（消除环境影响的措施以及相应的补偿机制）。

7.5.3 环境风险应急平台建设方案

7.5.3.1 平台概述

针对工业集群区的风险特征，通过建立工业集群区环境风险源动态监管体系，抓住工业集群区危险化学品运输过程风险、突发性大气污染事故和海洋污染事故等重点防范环节，研究相关的风险管理、事故预警和应急检测、处理处置技术集成，创建满足工业集群区特殊要求的应急管理决策支持系统与协作平台，并为风险和事故的日常预防搭建应急预案和演习模拟平台。最终形成事故前预警和培训演习，事故中快速判断、决策并妥善处理处置的"平时"和"战时"有机结合的环境污染事故防范与应急系统；是一个集信息收集、传输、反馈、分析，区域安全和环境质量监控、事故灾害预警、应急决策支持、有效调度指挥、快速处理处置、合理应急培训演练于一体的综合性安全与环境应急响应平台。

滨海新区环境监测预警体系包括一个中心和九大系统。一个中心即滨海新区环境监测预警中心；九大系统包括环境空气监测预警系统、水环境监测预警系统、环境噪声监测预警系统、生态环境监测预警系统、辐射环境监测预警系统、污染源监测监控预警系统、污染事故应急监测预警系统、环境分析测试试验系统和环境综合信息网络系统。

基于国家高技术研究发展计划（863 计划），"重大环境污染事件应急技术系统研究开发与应用示范"项目"典型工业集群区环境污染事故防范与应急示范"课题的研究，本书以临港工业区为主要研究对象对环境应急管理平台的建设进行了更进一步的设计。

根据滨海新区的特点与需求，综合考虑其现状与未来发展的前景，整个环境应急平台采用模块化的设计思想，将整个系统从总体架构上划分为 4 个模块——基础设施、封闭式园区管理、监测管理和安全环保应用软件。每个模块又具体划分为若干子系统（其中监测预警管理模块由气象监测预警系统、大气质量监测预警系统、水污染源监测预警系统、特征污染物监测预警系统、泵站监测和应急监测 6 个子系统组成），具体表现为以封闭式园区管理为核心，底层通过基础设施建设和监测预警管理系统作为支撑，以安全环保应用软件平台为桥梁连接各个模块，通过建立标准规章制度和运行维护管理体系使安全环保体系成为一个有机的整体和系统。其系统架构如图 7-4 所示。

7.5.3.2 基础设施模块

基础设施在临港经济区安全环保应急体系中起到重要的支撑和保障作用，具体包括计算机系统和应急通信系统。

（1）计算机系统

计算机系统用以保障各模块监测数据的保存、调用、统计等功能的实现，以及作为

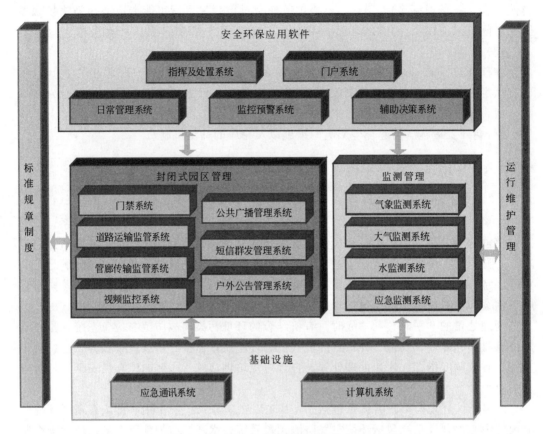

图 7-4 安全环保体系架构

GIS 系统、封闭式园区管理系统、监测管理系统和应用软件系统的有力支撑。具体建设内容包括：改造原临港办公区网络架构、线路；调整汇聚层、接入层交换机；20 平方千米化工聚集区主干线光缆布设；外购刀片服务器组、GIS 软件、视频存储系统、电视墙、防火墙、网络优化网关、磁盘阵列、30kW 长延时机房 UPS；开发安全环保应急平台和安全一体化平台试用软件、扩展外网总带宽、建立数据专线等。

(2) 应急通信系统

应急通信系统包括应急值守系统、电子传真、多媒体调度系、无线 WIFI-MESH、移动单兵、无线微波对讲、应急指挥车（可实现语音、数据、视频无线通信）、小型无人飞行器系统（实现视频、图像的空中拍摄）、手机短信等，在应急指挥系统中担负信息联络、信息传递的重要任务，是应急系统的重要组成部分。

7.5.3.3 监测管理模块

监测管理是对环境监测系统不断进行监控和评估的过程，是环保管理职责最基本的保障。完善的监测手段和准确的监测数据是应急响应和综合决策的重要依据。监测管理体系需要通过完善的监测体系来充分掌握风险的动态变化，及早发现危害警兆。根据天津临港经济区的产业结构和监测需求，其监测管理系统包括气象监测、大气和特征污染物监测、污水和雨水排放口监测、应急监测。

监测预警系统主要包括气象监测预警系统、大气质量监测预警系统、水污染源监测预警系统、特征污染物监测预警系统、重大风险源监测预警系统、泵站监测以及应急监测系统，如图 7-5 所示。

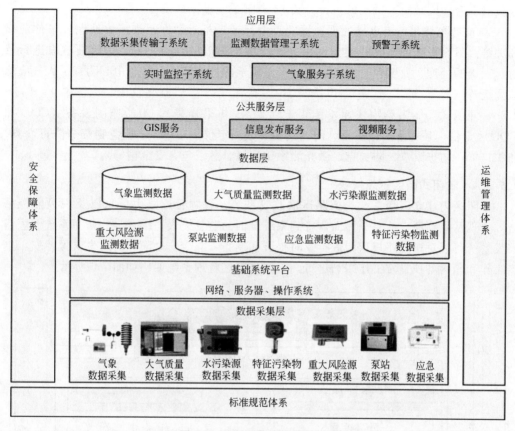

图 7-5 监测预警系统架构示意

① 气象监测系统是全面提升临港经济区区气象防灾减灾以及为环境质量预测、预警模型分析提供支持的重要内容，可以为突发气象灾害以及其他环境灾害提供气象决策服务。建设内容包括一个气象观测场（渤海 18 路与淮河道交口西北侧）、一个自动气象站（管委会办公楼后院）、一个气象交通站（中粮码头泡沫间用房屋顶）和一个三层气象梯度站（渤海 40 路与海河中道交口 14 号通信基站）及气象预警服务平台。对本区域的风速、风向、气压、温度、湿度、雨量、能见度、地温、辐射、大气电场等气象要素进行实时监测。

② 大气和特征污染物监测可以对园区环境整体情况、污染源排放情况、重大风险源、移动风险源和管廊的气体泄漏情况进行实时动态监测和预警，可以对风险源的危险征兆或重大污染事故的前兆进行监测和判断，并随时跟踪变化情况，以便对污染事故及时采取应对措施。建设内容包括两套 Thermo Scientific 公司设备（分别安装在访客中心机房和渤海 18 路大气站房内，主要测定大气中二氧化硫、氮氧化物、一氧化氮、一氧化碳、臭氧、PM10、PM2.5 指标）、四套 FGM-1000 固定有机气体检测仪（安装在大化临港分场场区外侧，实时监测挥发性有机化合物浓度，即 VOCs）。

③ 污水和雨水排放口监测是对污水排放企业及其排放管道进行在线实时监测，建

设内容包括三套数采仪（分别安装在 LG、胜科、华能三家企业，实时采集其污水排放口 pH 值、COD、氨氮等参数）、四套明渠视频监控（LG 雨水排放口一套、大化雨水排放口二套、天碱雨水排放口一套）及 14 套暗渠流量监测设备。

④ 应急监测是污染事故处理处置的首要环节，是对做好污染事故处理处置的前提和关键。只有对污染事故的类型及污染状况做出准确的判断，才能为污染事故进行及时、正确的处理、处置和制定恢复措施提供科学的决策依据。应急中心购置了大气应急监测设备（移动 VOC 监测仪 PGM-7340、有毒气体移动监测仪 PGM-7840 和 PGM-2000、便携式气体污染物快速检测箱 P51-2、气体采样袋）、水质监测设备（COD 和 TOC 测定仪、环境水质检测箱、便携式多参数测定仪 HQ40d）、应急物资（防毒面具、防护口罩、防护眼罩、防护靴、激光测距望远镜、急求包、安全帽等）。

7.5.3.4 封闭式园区管理模块

在园区内建立门禁系统、道路运输监管系统、管廊管道路由信息以及视频监控系统，实现从点到面、从单一片面监管到系统全面的监管模式，结合公共广播系统、短信群发系统可以对违章违规行为进行及时提醒和制止，减少安全隐患的发生，保障安全生产工作和园区各项日常工作顺利进行。封闭式园区管理系统架构如图 7-6 所示。

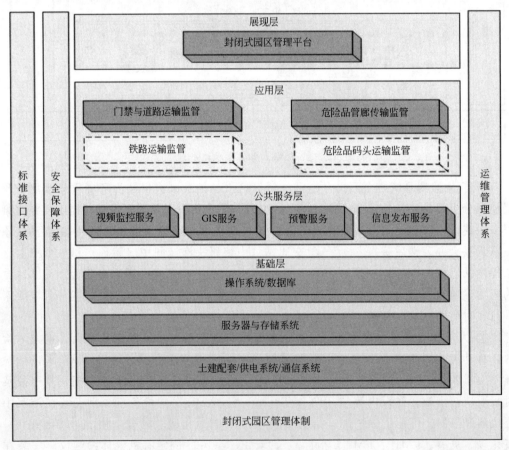

图 7-6 封闭式园区管理系统架构示意

① 门禁系统建设　内容包括：海河道四进三出七车道正式门禁、黄河道双向六车

道正式门禁、渤海10路双向六车道正式门禁、辽河道临时门禁二套、黄河道东临时门禁二套、淮河道临时门禁一套、绿化带过铁路闸口一处等及相关配套设施。

② 道路运输监管建设 内容包括：19套闸口RFID读写器、40套道路RFID读写器、6套手持读写器。

③ 视频监控 包括70多路道路视频、46路企业视频（码头、思多尔特、汇荣石油、LG、SBS、法液空、新龙桥、大化、澳加永利等企业）。

④ 户外LED屏 20m² 全采室外电子屏一套（管委会前）、6m² 双基色室外电子屏二套（黄河道门禁、渤海10路门禁）、4m² 双基色室外电子屏四套（汇荣、消防站、黄河道与渤海10路交口、黄河道与渤海16路交口）。

⑤ 公共广播和短信群发 建有37套室外广播、中心控制系统、手机短信群发。

⑥ 管廊管道 将地上管廊和地下各种管道信息集成到系统GIS图中。

7.5.3.5 安全环保应用软件平台总集成软件

软件平台采用易扩展、"柔性"架构设计，并提供可复用的通用公共组件和服务，为相关的业务应用系统提供支撑和集成环境，从而适应多变的日常业务和应急业务的发展需要。安全环保应用软件系统包括日常管理、监控预警、封闭式园区、值守监控、应急指挥、系统管理等主要模块。

① 日常管理可对企业实现信息管理、风险源申报管理、隐患与巡检管理、应急预案日常管理、应急资源管理到应急演练管理的平时战时全方位管理。

② 监控预警管理主要实现监控管理系统的后台管理，实现重大风险源安全和环境监控、环境质量监控、应急监测、气象监测、道路运输监控和管廊监控的数据管理、电子地图展示、统计分析、预警报警等工作。

③ 应急指挥用于在事故发生时，通过智能方案、事故模拟分析和支撑数据库生成处理处置方案，给负责应急指挥的有关领导提供全方位、及时准确的决策信息支持，从而提高事故应急响应的指挥和调度工作的准确性、及时性和科学性。

④ 值守监控包括应急值守管理系统、应急事件跟踪系统、事故评估及上报管理系统以及事后恢复管理系统等子系统，实现了从事故接处警到事后恢复的一系列过程的管理。

参考文献

[1] 胡永红、秦俊等.城镇居住区绿化改善热岛效应技术.北京：中国建筑工业出版社，2010.

[2] 宋德萱.节能建筑设计与技术.上海：同济大学出版社，2003.

[3] ［德］英格伯格·弗拉格等.建筑技术.北京：中国建筑工业出版社，2003.

[4] 涂逢祥主编.建筑节能.北京：中国建筑工业出版社，2005.

[5] 黄振利主编.外墙保温应用技术.北京：中国建筑工业出版社，2005.

[6] 张维迎著.博弈论与信息经济学.上海：上海三联书店，2004.

[7] 蔡德容，潘军著.住房金融创新研究.大连：东北财经大学出版社，2002.

[8] ［美］罗伯特·吉本斯（RobertGibbons）著.博弈论基础.高峰译.北京：中国社会科学出版社，1999.

[9] 陈云浩等著.城市空间热环境遥感分析.北京：科学出版社，2004.

[10] 邢运民，陶永红.现代能源与发电技术.西安：西安电子科技大学出版社，2005.

[11] 王革华，田雅林，袁婧婷．能源与可持续发展．北京：化学工业出版社，2005.

[12] 倪健民主编．国家能源安全报告．北京：人民出版社，2005.

[13] 乔尔·科特金（JoelKotkin）著．全球城市史．王旭等译．北京：社会科学文献出版社，2006.

[14] 张雷著．矿产资源开发与国家工业化．北京：商务印书馆，2004.

[15] 杨立勋著．城市化与城市发展战略．广州：广东高等教育出版社，1999.

[16] 国家环境保护总局编著．全国生态现状调查与评估．北京：中国环境科学出版社，2006.

[17] 张凯等编著．城市生态住宅区建设研究．北京：科学出版社，2004.

[18] 周一星著．城市地理学．北京：商务印书馆，1995.

[19] 金磊编著．城市灾害学原理．北京：气象出版社，1997.

[20] 胡二邦主编．环境风险评价实用技术和方法．北京：中国环境科学出版社，2000.

[21] 国家突发环境事件应急预案．油气田环境保护．2006（4）．

[22] 张弘．日本 OM 阳光体系住宅．住区，2001，（2）．

[23] 江亿．我国建筑耗能状况及有效的节能途径．暖通空调，2005，（5）：18-22.

[24] 左现广，唐鸣放．国内外建筑能耗调查与统计研究．重庆建筑，2003，（2）：16-18.

[25] 马驰，丁俊慧．基于低碳经济的旅游业发展对策研究．现代经济（现代物业下半月刊），2009，（8）：17-19.

[26] 朱伟峰，江亿，薛志峰．空调冷冻站和空调系统若干常见问题分析．暖通空调．2000（6）：4-11.

[27] 谭少华，赵万民．城市公园绿地社会功能研究．重庆建筑大学学报，2007，（5）：6-10.

[28] 周红妹，周成虎，葛伟强，丁金才．基于遥感和 GIS 的城市热场分布规律研究．地理学报，2001，（2）：189-197.

[29] 黄大田．全球变暖、热岛效应与城市规划及城市设计．城市规划，2002，（9）：77-79.

[30] 肖荣波，欧阳志云，张兆明，王效科，李伟峰，郑华．城市热岛效应监测方法研究进展．气象，2005，（11）：4-7.

[31] 李海防，夏汉平，熊燕梅，张杏锋．土壤温室气体产生与排放影响因素研究进展．生态环境，2007，（6）：1781-1788.

[32] 盛景荃．科技是节能减排的重要手段．华东科技，2007，（7）：20-22.

[33] 周宏春，鲍云樵，渠时远．城市能源与环境．世界环境，2007，（5）：46-49.

[34] 王力．直面严峻的能源现实．国际石油经济，2007，（10）：23-28.

[35] 郭仁宁，孙琦，冯新伟，李小艳．温室地热系统结构设计及节能环保效益．黑龙江农业科学，2011，（12）：143-145.

[36] 高广智．浅谈现代高层建筑的节能环保．中国科技投资，2013，（z2）：151.

[37] 温娟，唐大伟，张璟，王志成，李宴君．空冷岛扁平管外翅片空间的大涡模拟研究．工程热物理学报，2012，（12）：2126-2129.

[38] 辛钰林．浅谈房屋建筑工程施工中的节能环保技术．科技创新与应用，2013（5）：217.

[39] 魏鋆，张维亚．煤炭、环境与空调冷热源．华北科技学院学报，2005，（4）：49-50.

[40] 严陆光．构建我国可持续能源体系．中国石油企业，2007，（7）14-15.

[41] 温惠．节能减排需完善绿色能源机制．广西电业，2008，（11）：12-13.

[42] 孙克放．吸收国外经验提高我国住宅建筑技术水平．住宅科技，2004，（7）：4-8.

[43] 童悦仲，孙克放．吸收国外经验．提高我国住宅建筑技术水平——考察欧洲住宅建筑技术．建筑学报，2004，（4）：66-69.

[44] 任维琴，崔春龙，亓绍斌．运用循环经济理念指导城市设计．建筑经济，2006，（S1）：251-252.

［45］ 李培哲．生态工业园规划设计与发展对策研究．前沿，2009，（1）：111-113.

［46］ 陈伟，桂小琴．城市和谐社区规划的可持续性设计．住宅科技，2006，（4）：18-21.

［47］ 赵思健．基于情景的自然灾害风险时空差异多维表达框架．自然灾害学报，2013，（1）：10-18.

［48］ 杨灵芝，丁敬达．论城市突发事件的应急信息管理．情报科学，2009，（3）：351-355.

［49］ 茅学玮，廖振良突发环境污染事故应急管理系统研究进展．环境科学与管理，2010，（5）：5-8.

［50］ 耿海清，任景明．决策环境风险评估的重点领域及实施建议．中国人口·资源与环境，2012，（11）：40-44.

［51］ 唐征，吴昌子，谢白，卢丽娟．区域环境风险评估研究进展．环境监测管理与技术，2012，（1）：8-11.

［52］ 李朝奎，吴柏燕，高振记，冯志元，李拥．流域水环境风险评估预警系统中间件的设计与实现．环境工程技术学报，2012，（5）：396-402.

［53］ 夏恒林．建立环境风险评估化解机制．中国环境报，2010年9月23日第4版.

［54］ 潘红波，王梅，高宇．开展环境风险评价防范突发污染事件．环境保护科学，2006，（4）：63-65.

［55］ 邵超峰，鞠美庭，张裕芬，李智．基于DPSIR模型的天津滨海新区生态环境安全评价研究．安全与环境学报，2008，（5）：87-92.

8

<<<

新型生态城市系统构建技术示范典型案例

>>>>>>>>>
8.1 中新天津生态城建设

中新天津生态城是中新两国政府继苏州工业园区之后确定的又一个重大合作项目，根据发展定位要求，中新天津生态城将致力于建设成为综合性的生态环保、节能减排、绿色建筑、循环经济等技术创新和应用推广的平台，成为国家级生态环保培训推广中心，成为现代高科技生态型产业基地，成为参与国际生态环境建设的交流展示窗口，成为"资源节约型、环境友好型"的宜居示范新城。

中新天津生态城（图8-1）位于天津滨海新区，距天津中心城区45km，距北京150km，东临滨海新区中央大道，西至蓟运河，南接彩虹大桥，北至津汉快速路。规划面积30km²，人口规模35万，10年内基本建成。起步区4km²，3～5年建成。

8.1.1 中新天津生态城指标体系构建

8.1.1.1 中新天津生态城指标体系构建背景

中新天津生态城建设的核心目标，就是在资源约束下寻求城市的繁荣和发展，具体来说，这一核心目标体现在以下三个方面。

（1）健全发展功能

中新天津生态城是一座融生产、生活、服务为一体的复合功能的城市。按规划，中新天津生态城未来将能容纳大约35万人同时生活就业，实现就业与居住地平衡。同时，大力发展低碳经济和生态经济，构筑高层次的产业结构，与周边地区优势互补，实现共

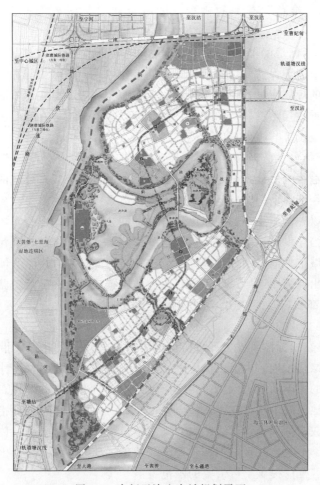

图 8-1 中新天津生态城规划平面

同协调发展。

(2) 集约紧凑发展

从保护生态环境、促进土地利用和紧凑布局以及推行绿色交通模式三点出发考虑，中新天津生态城规划特别强调集约紧凑式发展。

(3) 提高资源利用效率

主要是提高淡水资源的利用效率以及能源利用效率。

为实现这三大目标，中新天津生态城联合工作委员会经过组织多方参与的讨论研究，结合选址区域的实际情况，按照科学性与操作性、前瞻性与可达性、定性与定量、共性与特性相结合的基本原则，制订了中新天津生态城规划建设的指标体系。

8.1.1.2 中新天津生态城指标体系构建步骤

(1) 特色分析

为体现中新天津生态城作为资源节约和环境友好城市的示范，指标体系不但在结构上有所突破，还引入许多创新性的特色指标。

① 四个"绿色"指标 为了突出生态城市特色，指标体系中创新性地在指标

中采用了四个与"绿色"有关的概念，即绿色建筑、绿色出行、绿色消费和绿地建设。

1) 绿色建筑指标是要求区内所有建筑物均应达到绿色建筑相关评价标准的要求，设计施工上满足节能环保需要，并在最大程度上保障人们的健康舒适。这一指标的制定直接指导了此后的规划建设各项工作开展，旨在避免我国城市快速发展进程中建筑物片面追求奢华，只重数量不重质量的现象，并且可以吸取新加坡在绿色建筑领域的先进经验，促进我国建筑设计与施工总体水平的提高。

2) 绿色出行指为了减轻交通拥挤、降低污染、促进社会公平、节省建设维护费用而发展的交通运输系统。该系统是指通过低污染的、有利于城市环境的多元化城市交通工具来完成社会经济活动的交通运输系统。指标体系中绿色出行方式包括区域内人的出行选择除小汽车以外的污染小的交通出行方式，如公共交通、自行车、步行等。交通问题已经日益成为当今世界城市发展的瓶颈，如何解决交通带来的环境污染与道路堵塞等问题是世界上大城市普遍遇到的难题。绿色出行指标充分发挥中新天津生态城作为新建城市的优势，提出保障城市居民绿色出行为主的要求，从而在随后道路规划、城市开发强度等各个领域都要采取相应措施予以配合，这是在城市交通发展模式上的创新性探索。

3) 绿地建设在指标体系人工环境协调层中有所体现。公共绿地指向公众开放，有一定游憩设施的绿化用地。中新天津生态城在绿地建设中不是单纯地提高绿化覆盖率，而是强调了绿地的休闲功能，保障居民有足够的可以亲近的有效绿地。此外，由于中新天津生态城选址地区缺水且存在土地盐渍化情况，因此人均公共绿地指标设置适中，且结合本地植物指数指标一项，对绿化以乡土耐旱植物为主提出要求，体现了绿地建设以科学性、实用性、美观性并重，不刻意要求绿地越多越好的理念，为生态城建设经验在我国北方缺水地区推广提供了可借鉴的示范。

4) 绿色消费是近年来逐渐走进人们视野的新理念，不仅包括绿色产品，还包括物资的回收利用、能源的有效使用、对生存环境和物种的保护等。由于绿色消费涵盖了生产行为、消费行为的方方面面，涉及面广，至今较难量化，因此在指标体系中作为引导性指标加以要求。随着中新天津生态城的逐步建成，可以考虑通过"绿色商店"、"绿色饭店"、"绿色账户"等方式，从销售、宣传等方面普及绿色消费理念，同时也尝试以中新天津生态城为试点，开展绿色消费的量化研究。

② "十个字"概念　指标体系的编制和成果中，贯穿始终的是体现生态城市核心的十个字，即和谐、高效、健康、安全、文明。

a. 和谐，指标体系要体现"三和、三能"原则，即人与自然和谐、人与经济和谐、人与人和谐，能复制、能实行、能推广的原则。这是中新天津生态城建设的初衷，也是衡量生态城市发展成果与否的关键。

b. 高效，即指标体系要有利于城市社会经济蓬勃高效发展。生态城市绝不是以发展缓慢为代价换取环境的保护，而是社会、经济、环境互惠共生，高水平地共同发展。

c. 健康，不仅包括人体健康，还包括生态环境、生活模式等各方面的健康。建设生态城市的重要目标之一就是克服城市发展传统模式下的诸多弊病，引导人们以更加健康的方式追求幸福生活。

d. 安全，即指标体系要从城市安全、生产安全、生态安全等多方面约束生态城市发展建设。特别是无障碍设施率指标，要求区内所有公共设施设计必须考虑到残障人士行动的安全便捷，是城市建设指标的一项突破。

e. 文明，即生态城市是有自身特色，形成生态文明的城市。中新天津生态城选址地区具有河口渔村、炮台遗址等许多颇具地方特色的历史文化景观，在指标体系中对这些景观提出予以保留。

（2）内涵

中新天津生态城的内涵是人与自然环境、人与经济发展、人与社会有机融合、互惠共生的开放式复合生态系统，中新天津生态城的目标是致力于建设和谐、高效、健康、安全、文明的、具有示范性的滨海宜居新城。

（3）指标体系类型

本着科学性与操作性相结合、定性与定量相结合、特色与共性相结合以及可达性与前瞻性相结合的原则，分别给出控制性指标与引导性指标，并按照"指标层＋二级指标＋指标值"的框架模式进行构建。

（4）指标体系框架

根据中新天津生态城的框架和内涵，控制性指标主要包括生态环境健康、社会和谐进步和经济蓬勃高效这三个方面，引导性指标主要指区域协调融合。

（5）指标体系建立

中新天津生态城考核指标见表 8-1。

■ 表 8-1　中新天津生态城考核指标

定量指标						
指标层		序号	二级指标	单位	指标值	时限
生态环境健康	自然环境良好	1	区内城市空气质量	天数	好于等于二级标准的天数≥310 天/年	即日开始
				天数	SO_2 和 NO_x 好于等于一级标准的天数 ≥ 155 天/年	即日开始
		2	区内水体环境质量		达到《地表水环境质量标准》(GB 3838)最新标准Ⅳ类水体水质要求	2020 年后
		3	水喉水达标率①	%	100	即日开始
		4	功能区噪声达标率	%	100	即日开始
		5	单位 GDP 碳排放强度	tC/百万美元	150	即日开始
		6	自然湿地净损失②	%	0	即日开始
	人工环境协调	7	绿色建筑比例	%	100	即日开始
		8	本地植物指数		≥0.7	即日开始
		9	人均公共绿地	平方米/人	≥12	2013 年前

续表

定量指标						
指标层		序号	二级指标	单位	指标值	时限
社会和谐进步	生活模式健康	10	日人均生活水耗	升/(人·日)	≤120	2013年前
		11	日人均垃圾产生量	千克/(人·日)	≤0.8	2013年前
		12	绿色出行所占比例③	%	≥30	2013年前
					≥90	2020年前
	基础设施完善	13	垃圾回收利用率	%	≥60	2013年前
		14	步行500m范围有免费文体设施的居住区比例	%	100	2013年前
		15	危废与生活垃圾（无害化）处理率	%	100	即日开始
		16	无障碍设施率	%	100	即日开始
		17	市政管网普及率④	%	100	2013年前
	管理机制健全	18	经济适用房、廉租房等占本区住宅总量的比例	%	≥20	2013年前
经济蓬勃高效	经济发展持续	19	可再生能源使用率	%	≥15	2020年前
		20	非传统水源利用率	%	≥50	2020年前
	科技创新活跃	21	每万劳动力中R&D科学家和工程师全时当量	人年	≥50	2020年前
	就业综合平衡	22	就业住房平衡指数	%	≥50	2013年前

引导性指标				
指标层		序号	指标	指标描述
区域协调融合	自然生态协调	1	生态安全健康、倡导绿色消费低碳运行	本区内要求从区域资源、能源以及环境承载力合理利用角度出发，保持区域生态一体化格局，强化生态安全，建立健全区域生态保障体系
	区域政策协调	2	创新政策先行、联合治污政策到位	积极参与并推动区域合作，贯彻公共服务均等化原则；实行分类管理的区域政策，保障区域政策的协调一致性。建立区域政策制度，保证周边区域的环境改善
	社会文化协调	3	河口文化特征突出	城市规划和建筑设计延续历史，传承文化，突出特色，保护民族、文化遗产和风景名胜资源；安全生产和社会治安均有保障
	区域经济协调	4	循环产业互补	健全市场机制，打破行政区划的局限，带动周边地区合理发展，促进区域职能分工合理、市场有序，经济发展水平相对均衡，职住比较为平衡

　　① 满足国家《生活饮用水卫生标准》（GB 5749）现行标准规定，同时满足世界卫生组织《饮用水水质规则》现行标准的要求。

　　② 自然湿地净损失是指任何地方的湿地都应该尽可能受到保护，转换成其他用途的湿地数量必须通过开发或恢复的方式加以补偿，从而保持甚至增加湿地资源基数。

　　③ 绿色出行包括公共交通、自行车和步行出行。

　　④ 市政管网包括供排水管网、再生水管网、燃气管网、通信管网、电力电缆、供热管网等。

8.1.2　滨海区域水系统规划与构建技术研究

8.1.2.1　水系循环调度技术

对于北方滨海地区来说，由于水量不足、地势低平，水体多流速滞缓，水质极易恶化。对这种滞缓流水体（尤其是景观水体）来说，进行科学的循环与调度，是使其水质长期、高效保持的有效手段。通过流动形成水体交换，并结合强化净化措施，如人工生物浮床、生物栅、曝气充氧等措施，从而构建与保持水质良好、环境优美的北方滨海城市水环境。因此，以中新生态城水系为例，研究开发水系循环调度技术。

中新生态城的水系循环调度技术针对当地水体盐度高、水量和水质不稳定、水流缓慢及蒸发量高等不利条件，研究中新天津生态城再生水环境系统的循环与流动，对该区域水动力学进行初步分析和研究，通过比选不同调度方案下的水体流动情况，选择最佳方案，并在此基础上初步确立河道水力条件的改善方法，采用工程措施和自然恢复相结合，以实现再生水水系优化和景观生态系统的重建。

（1）研究方法

结合实地调研与考察，采用计算流体动力学 Fluent 软件对该片区域整个水环境系统进行建模和仿真，对整个水系的流动状态进行全局模拟与分析。图 8-2 为水体流动区域的计算网格图。

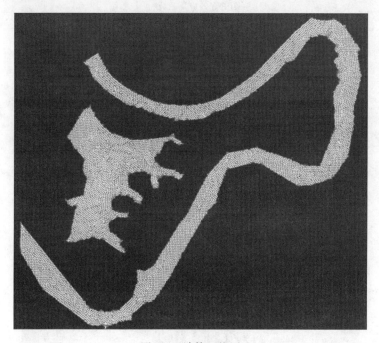

图 8-2　计算网格图

鉴于该地区平均水深在 1.6～2m，河道宽度百米以上，宽深比值较大，因此对该水体进行二维平面流场的模拟与研究。

（2）水系统循环调度方案比选

① 调度方案拟订　根据周边地形特点与实际情况，遵循水流循环通道距离最短的原则，对以下 3 种水环境系统调度方案进行比选，分别在图 8-3～图 8-5 中红圈区域选

取南北两个通道，作为内水域（清静湖）与外水域（蓟运河）之间进行水体交换与循环的通道。内外水体交换河道的拟订选址方案如图 8-3～图 8-5 所示。

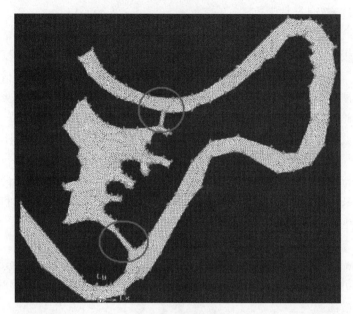

图 8-3　方案 1 选址

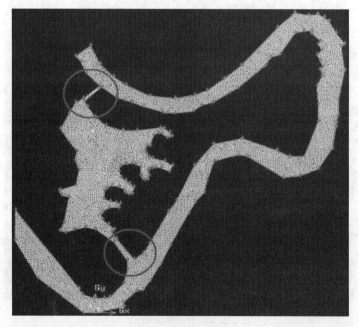

图 8-4　方案 2 选址

② 不同调度方案流动情况分析　三种方案的流速与流场梯度如图 8-6 所示。

③ 方案评估与比选　无论采用任何一种方案，都需要采用外加人工动力形成内外水体的交换与循环，不同方案对自然流动的状态产生较大的影响，通道的长度与外加动力是经济成本的主要因素。其中方案 1 虽然总体流场梯度，但在弯道等处局部死区较

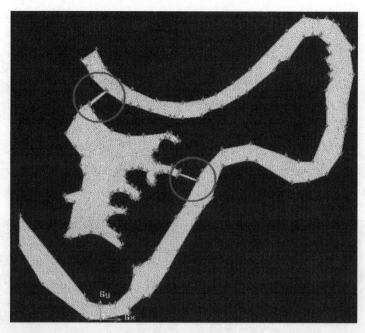

图 8-5　方案 3 选址

多，需外加人工动力推动水流循环；方案 2 水流通道长度较长，施工成本高，低速区较多，需较高人工动力；方案 3 由于南北出口距离较近，虽然水流通道长度较短，但下游很长地区无法有效地进行水体循环互换。因此综合上述各方案，初步选取方案 1 作为备选方案。

方案 1 能较好地实现水系的连通与循环，但还是存在部分死区，对方案 1 中所存在的死区进行推流前与推流后的模拟比较，见图 8-7。建议在湖体中设置两台多功能曝气船，表面流湿地中心湖区、清净湖湖体和河道部分区域增加曝气推流复氧设施，曝气船可以作为水质恶化时应急使用，推流曝气设施能促进水体流动，增加水体含氧量，防止水体富营养化，同时作为突发性污染的应急措施。

8.1.2.2　湿地水系的景观设计技术

"景观"是各种景观设计中经常涉及的名词，在英文中为"Landscape"，在德语中为"landaChft"，法语中为"payage"，其最早的含义更多具有视觉美学方面的意义，即与"风景"（scenery）同义或近义。通常意义上的"景观"是指自然风光、地面形态和风景画面（图 8-8），为人们观察周围环境的视觉总体。在地理学上，景观具有地表可见景象与某个限定性区域的双重定义。在生态学中，一种认为景观是基于人类尺度上的一个具体区域，具有数公里尺度的生态系统综合体，包括森林、田野、灌木、村落等可视要素。另一种认为任意尺度上的空间异质性，即景观是一个任何生态系统进行空间研究的生态学标识尺度。景观由景观元素组成，景观元素包括斑块、廊道和基质。

中新天津生态城人工湿地工程景观设计项目区域紧邻营城水库，用地现状以盐碱滩涂为主，区域周边伴有部分盐田及坑塘。

（1）设计理念缘起

景观设计理念以"涅槃"为题，涅槃是梵文 Nirvana 的音译，意思是"灭渡"，即

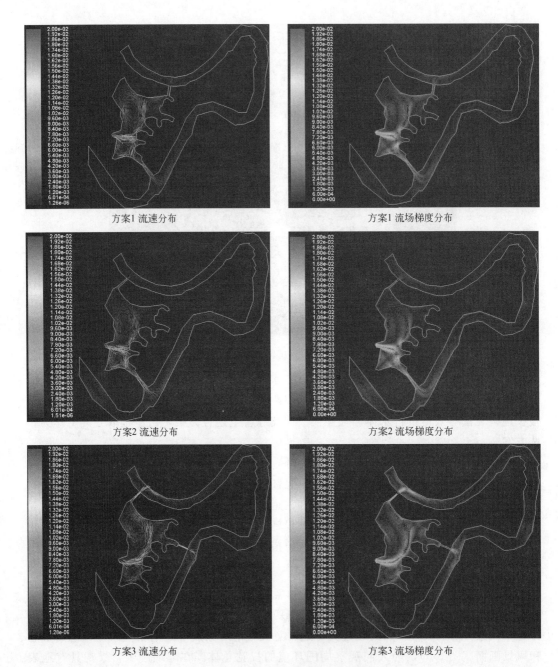

方案1 流速分布　　　　　　　　方案1 流场梯度分布

方案2 流速分布　　　　　　　　方案2 流场梯度分布

方案3 流速分布　　　　　　　　方案3 流场梯度分布

图 8-6　三种方案的流速与流场梯度

"重生"。据印度史诗《罗摩衍那》载：保护神毗湿奴点燃熊熊烈焰，垂死的凤凰投入火中，燃为灰烬，再从灰烬重生，成为美丽辉煌永生的火凤凰，人们把这称作"凤凰涅槃"。人工湿地是一个近自然态的生态系统，有低耗能、处理污水高效能的特点，污水处理厂出水、农田废水、养殖废水以及社区生活污水等多种废水湿地系统净化处理后达到景观回用标准，规划整体设计利用"凤凰涅槃重生"的典故对人工湿地水质净化的过程进行合理的诠释，在深入挖掘传统文化、突出设计风格的基础上，充分体现了整体设计的环保理念。

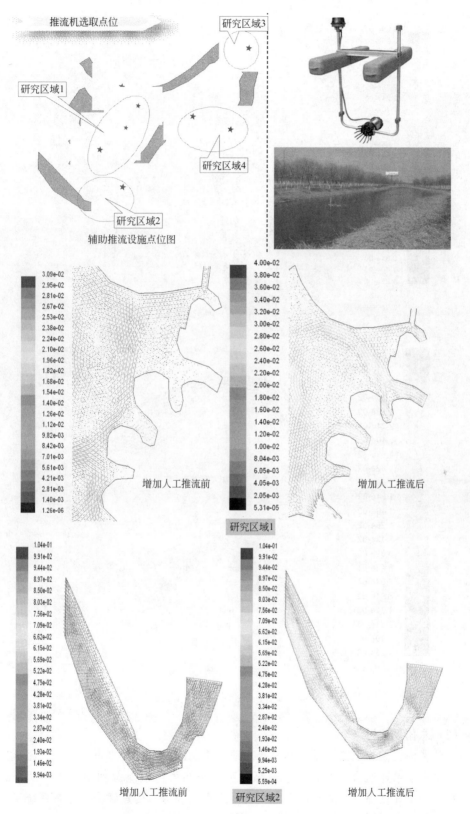

推流机选取点位

研究区域3

研究区域1

研究区域4

研究区域2

辅助推流设施点位图

增加人工推流前

增加人工推流后

研究区域1

增加人工推流前

研究区域2

增加人工推流后

图 8-7

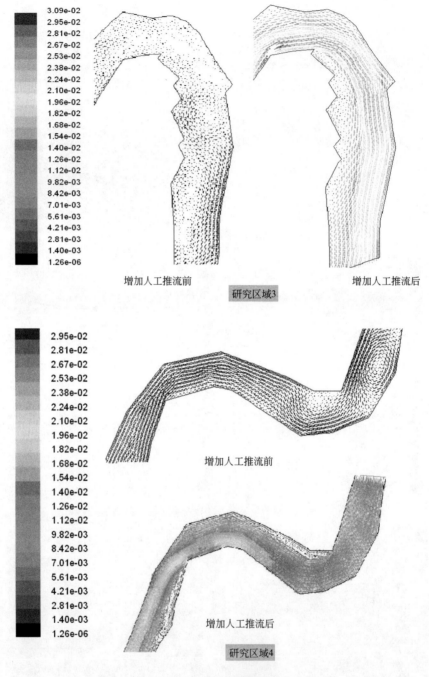

图 8-7　不同研究区域模拟结果

（2）总体设计思路

充分考虑气候、土壤、排水和进水水质等限制因子，将污水再生净化、湿地景观构建与再生水水系连通有机结合，并遵循循环经济与可再生能源利用理念，从生态、景观、水质安全和循环经济的角度考虑，将本工程建成水系构建健全、生态系统稳定、景观环境优美、资源循环利用的湿地景观工程。

图 8-8 区域自然景观印象

（3）规划总体设计

① 项目总平面图 项目总平面图如图 8-9 所示。景观鸟瞰图见图 8-10。

② 景观功能分区 项目规划景观分区由三部分组成，分别为潜流湿地景观分区、表面流湿地景观分区（湖区）及设施景观分区（图 8-11），其中前两者为规划的主体环境分区，通过水体净化的环境功能设计以及风格独特的景观布局，表现出人工湿地系统的水体净化能力和景观营造能力，营造出"见龙在田"的景观意境；后者则为项目景观功能分区中的点睛之笔，通过塔亭、观景台以及太极图案亲水文化广场等景观形式的巧妙铺陈，大幅提升了规划项目的景观张力和文化氛围。

（4）景观结点设计

依据结点属性，园区景观结点分为：主要景观结点、次要景观结点以及特色景观区域三个部分（图 8-12）。节点表现重点突出人性化设计原则，在实际结点设计利用铺装的变化、灯具、树木、花池以及跌水等景观表现媒介彰显整体设计方案的韵律与节奏。各种景观示意如图 8-13～图 8-15 所示。

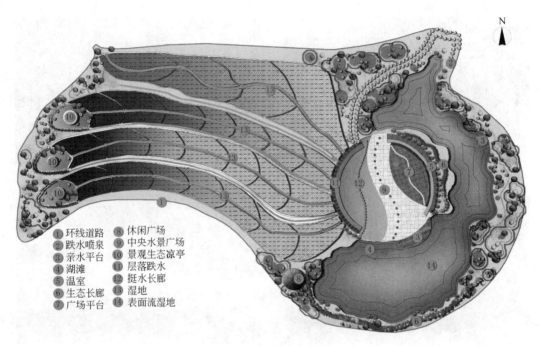

① 环线道路	⑧ 休闲广场
② 跌水喷泉	⑨ 中央水景广场
③ 亲水平台	⑩ 景观生态凉亭
④ 湖滩	⑪ 层落跌水
⑤ 温室	⑫ 挺水长廊
⑥ 生态长廊	⑬ 湿地
⑦ 广场平台	⑭ 表面流湿地

图 8-9　项目总平面

图 8-10　景观鸟瞰图示意

（5）园区道路设计

① 道路景观要素　道路作为车辆和人员的汇流途径，具有明显的导向性，道路两侧的环境景观应该符合导向要求，并达到步移景移的视觉效果。道路边的绿化种植及路面质地色彩的选择应具有韵律感和观赏性。在满足交通需求的同时，道路可形成重要的视线走廊，根据景观的性质，道路的景观要素可分为自然景观、人工景观和历史景观。

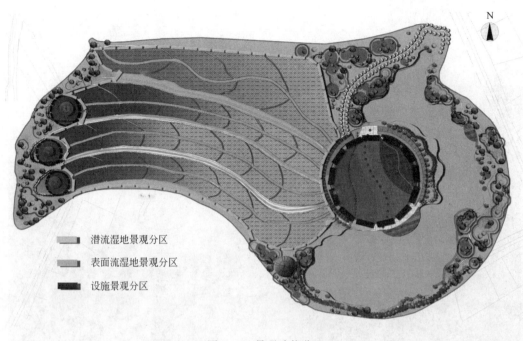

图 8-11 景观功能分区

潜流湿地景观分区
表面流湿地景观分区
设施景观分区

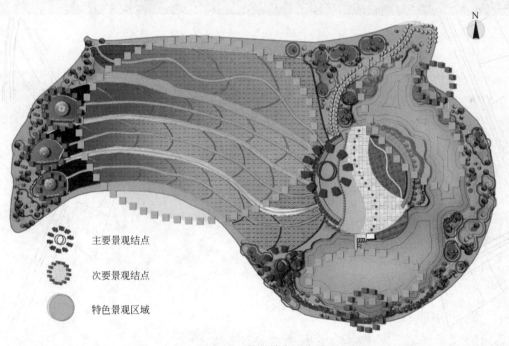

主要景观结点

次要景观结点

特色景观区域

图 8-12 景观结点示意

根据景观与人的距离，道路景观要素可分为远景、中景和近景。

② 道路景观形式　园区道路按其功能分为行车主干道、园区主干道以及园区次干道三种形式（图 8-16），车行道路设计功能主要为便于车辆通勤及运输，设计宽度为15～20m；园区干道主要设计功能主要为便于园区内主要景观结点间的通

图 8-13　观景台景观示意

图 8-14　亲水平台景观示意

勤，设计宽度在 3.5～5m 之间；园区次道主要设计功能主要为便于园区内次要景观结点间的联通，设计铺装主要以栈道、碎石等自然生态材质为主，设计宽度在 3.5～5m 之间。

图 8-15　潜流湿地跌水景观示意

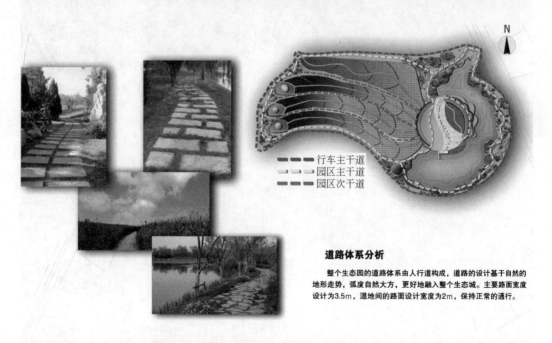

━━━ 行车主干道
━━━ 园区主干道
━━━ 园区次干道

道路体系分析

　　整个生态园的道路体系由人行道构成，道路的设计基于自然的地形走势，弧度自然大方，更好地融入整个生态城。主要路面宽度设计为3.5m，湿地间的路面设计宽度为2m，保持正常的通行。

图 8-16　园区道路景观示意

(6) 护坡及岸线设计

　　① 设计要点　岸边环境是湿地系统与其他环境的过渡，岸边环境的设计，是湿地景观设计需要精心考虑的一个方面。在有些水体景观设计中，岸线采用混凝土砌筑的方法，以避免池水漫溢。但是，这种设计破坏了天然湿地对自然环境所起的过滤、渗透等

的作用，还破坏了自然景观。有些设计在岸边一律铺以大片草坪，这样的做法，仅从单纯的绿化目的出发，而没有考虑到生态环境的功用。人工草坪的自我调节能力很弱，需要大量的管理，如人工浇灌、清除杂草、喷洒药剂等，残余化学物质被雨水冲刷，又流入水体。因此，草坪不仅不是一个人工湿地系统的有机组成，相反加剧了湿地的生态负荷。

② 设计方法　对湿地的岸边环境进行生态的设计，可采用的科学做法是水体岸线以自然升起的湿地基质的土壤砂砾代替人工砌筑，还可建立一个水与岸自然过渡的区域，种植湿地植物。这样做，可使水面与岸呈现一种生态的交接，既能加强湿地的自然调节功能，又能为鸟类、两栖爬行类动物提供生活的环境，还能充分利用湿地的渗透及过滤作用，从而带来良好的生态效应。并且从视觉效果上来说，这种过渡区域能带来一种丰富、自然、和谐又富有生机的景观。生态护岸景观如图 8-17、图 8-18 所示。

图 8-17　生态护岸景观示意（一）

图 8-18　生态护岸景观示意（二）

(7) 植栽设计

① 设计思路　项目植物的配置设计，从层次上考虑，有灌木与草本植物之分，挺

水（如芦苇）、浮水（如睡莲）和沉水植物（如金鱼草）之别，将这些各种层次上的植物进行搭配设计；从功能上考虑，可采用发达茎叶类植物以有利于阻挡水流、沉降泥沙，发达根系类植物以利于吸收等的搭配。这样，既能保持湿地系统的生态完整性，又带来良好的生态效果；而在进行精心的配置后，或摇曳生姿，或婀娜多态的多层次水生植物还能给整个湿地的景观创造一种自然的美。

② 植栽方案

1）乔木类。耐水湿的水杉、池杉、枫杨、柳树、桑等主要栽植在岸边，旱生树种如无患子、梅、桃、杨梅等则选择地势较高处。栽植方法有墩栽、合栽等，合栽法可选用二株一高一低合拼栽植。三株以上乔木以不等边三角形为基础，形成自然式疏林。由于湿地内乔木运输要经过车、船的多次搬运，故要求树木所带泥球牢固、结实、防止松散；同时湿地较空旷，风大，乔木栽植后均应支撑加固。

2）地被植物。地被植物宜成片栽植，但陡坡的石驳坎可零星种植。栽植地被植物前应深翻土壤，使表土疏松平整。湿地内的地被苗木很多为野生挖掘，如荠菜、婆婆纳、紫花地丁、红蓼等，在挖掘时不可能带完整泥球，故尽量多带宿土，剪去部分枝叶以防蒸腾，并选择早春和晚秋施工，尽量近距离运输，注意挖掘地与湿地生态条件的相似性，以保证成活率。野生植物种子结实率高，不破坏生态环境又经济，应提倡播种和栽苗相结合。此外，还可采用多种种子混播，如二月兰、石蒜、紫花地丁等的混播，通过竞争，适者生存，形成自然景观。同时播种时应充分考虑各品种的色彩的搭配、植株的高低和花期的更迭。总之，地被植物应以多样化、自然化、本土化为原则。

3）水生植物。休眠期水生植物，绝大部分叶片枯萎、植株较矮，如将植物全部淹入水中就易枯死，栽种时要求仅把根部浸入水中或旱地栽植。待植株长高后，根茎部或部分叶片可淹入水中。在无法排水区域种植时，可用捆石法、麻袋沉降法操作，即将苗与石头捆绑，或与泥工混合放入麻袋沉入水中，麻袋要有洞口，同时水位深不得超过80cm。实验表明慈姑、香蒲、水葱、野茭白成活率较高。在深水区域宜选择菱、浮萍等浮水植物。在水质较差地段，可栽植净水效果好的沉水植物等。忌用侵害性强的水葫芦、空心莲子草等植物。

水生植物栽植要求以丛为单位，以不等边三角形为基础栽植。主丛要求数量多、株形高大；副丛次之；次丛数量少、株形短。主丛与次丛形成不等边三角形短边，两者与副丛形成两长边。同时，要注意叶的变化，质感的搭配，色彩的协调，以增加景观的效果。如野芋配水葱，野芋叶宽，水葱细长，野芋可以给水葱护脚；野芋质感厚实，水葱质感轻薄，可以相互映衬，两者色彩也相辅相成。植物配置如图 8-19 所示。

8.1.3 多要素联通的非常规水源水生态系统构建技术——以中新生态城为例

中新生态城水系统建设工程是规划性示范，规划建设包括排水系统、河、海、湖、湿地等多要素的水系统构建，主要工程近期（2008～2010 年）为 3 平方千米起步区的排水及水系统构建。

图 8-19　植物配置

8.1.3.1　理念与原则

（1）建立健全的水循环体系

建立低能耗，低污染的自然水循环体系，实现可持续发展的循环型水资源利用。资源的节约与高效利用是科学发展观的重要体现，也是本次系统构建的原则之一。生态城降水量较少，地表水污染严重，地下水矿化度高，本地可用水资源匮乏，需要从统筹协调利用和再利用方面进行考虑，实现资源与能源利用的集约化和节约化，促进区域的可持续发展。建立促进节水和水资源循环利用的市政给排水体系，在保证城市供排水安全的基础上，尽量充分实现雨水回用与再生水的循环利用，实现资源、资金和现有的设施的充分利用。

在方案中利用人工强化生物处理与生态工程之间的优势互补，通过区域内水循环的流向，实现水质的深度净化。利用生态工程实现高效率、低能耗的水环境修复，并从水系统整体的角度实现资源的完整循环、构建可持续发展的循环型社会。

（2）建立人和自然相协调的水循环体系

以污水库为代表的生态环境本底是本区的重要特征，本研究要加强古河道治理、污水库整治、生态湿地建设以及其他一些原生态植被的保护利用工作，建议生态城的规划与建设遵守环境改善的原则，促进本区生态系统的建设和水环境质量的改善，改善人居环境质量。

充分保持自然水循环的机能的同时，建立人与自然相协调的健全的水循环体系，加强人工水系与自然水系的联系，充分利用生态工程与生态河道，构建亲水空间，构建自然生态系统与人工生态系统有机融合的复合生态系统。建立充分的水量与水质的保证措施，实现自然状态下生态水量的保证，构建丰富的自然景观和舒适的水环境；完善水利治水及水环境修复设施，保障灾害条件下安全的水循环。

（3）建立区域协调的水循环体系

生态城位于滨海新区的海滨休闲旅游区范围内，资源配置和设施布置需要与区域相协调。以水资源为例，滨海新区的可用水资源觉得部分为外调水源，包括了地表水、地下水、海水淡化等多种水源，水源的优化配置是区域可持续发展的重要保障。

（4）因地制宜

区域内良好生态环境的塑造与保护要根据本区的实际情况进行，综合分析本区的气候条件、地理位置、地形地貌、现状概况等因素，在对现状条件进行充分调研、踏勘、分析、总结的基础上，优选适合于生态城市规划与建设的生态环境改善与保护策略。

（5）资源节约

中新天津生态城属于高密度、高标准的生活区，其内居住的人口对于水资源的需求量很大，同时区域内水面比例较大，维持良好的水生态环境的需水量同样很大。然而天津属于北方缺水型城市，因此生态城对水资源的高需求与天津市水资源缺乏之间的矛盾将突现。针对这一问题，方案通过采用雨水利用以及污水的集中处理等各种途径，合理利用各种水资源，并且贯彻优质水优供、劣质水低供的原则，在不降低人均耗水量的前提下，降低了生态城对新鲜水以及新鲜淡水的取用量。从而以水作为纽带，实现了人的生活与人所处的生态环境之间的协调。从而避免了人与生态环境之间的割裂甚至是对立，最终使得人成为生态水系的有机组成。

8.1.3.2 方法与技术路线

水系统构建方案建立在对现状的充分调研和分析的基础上，结合生态环境的特征，在传统的给水、排水、雨水及再生水利用基础上，尽可能多地考虑自然环境及社会经济的协调。

8.1.3.3 生态城水系统构建指导思想

① 全面贯彻节能减排战略，分步实现宜居生态型城市建设。

② 吸纳城市水环境新理念，分段落实控源减排与水质目标。

③ 协调整个生态城水系统体系，安全、合理保障水系统安全。

④ 着重强化水质水量再生，分级推动污水与雨水资源利用。

8.1.3.4 生态城水系统现状与背景

（1）生态城水系要素

区域的地表水资源要素主要包括河流、水库、生产性水面和近海水域等，种类行对齐全，如图 8-20 所示。

（2）区域生态网络的重要联系节点

生态城位于天津市南北两片生态湿地的南片湿地范围内，是多条生态走廊的交叉点，生态敏感性高。首先，它位于大黄堡-七里海湿地连绵区至渤海湾的生态走廊；其次，它位于永定新河和蓟运河的交叉口，紧邻永定新河入海口；再次，它位于蓟县自然

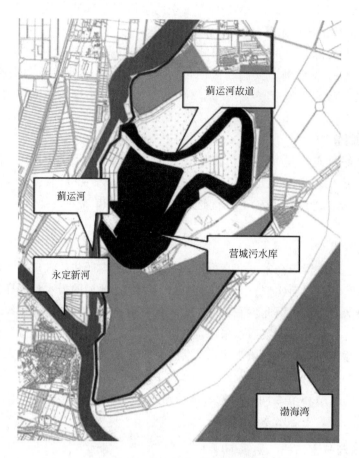

图 8-20　生态城水系要素示意

保护区南向渤海湾的重要通道上，如图 8-21 所示。

（3）区内涉水设施

区内现有部分供排水设施，主要基础设施如图 8-22 所示。

（4）构建区域水系统存在主要问题

① 水量问题　天津市位于严重缺水的海河流域下游，是资源型严重缺水城市。滨海新区资源型缺水特点十分突出，城市供水水源主要是外调水，其次是宝坻地下水、当地地下水和部分淡化海水。

② 水质问题　流经区内的河道，蓟运河水质较好为 V 类，达到近期（2010 年）水质目标，潮白新河和永定新河水质均为劣 V 类水，劣于"海河流域天津市水功能区划报告（2008 年 1 月）"的近、远期水质目标。

营城污水库承接了汉沽区的化工污水，污染物成分复杂，水体污染物浓度高，底质污染严重。

蓟运河故道内基本无清水来源，目前少量存水主要来自于大气降水，加上可能存在的污水库侧渗，水体含盐量高，污染严重。

③ 防洪排涝问题　蓟运河、潮白新河、永定新河的河口淤积均较严重，导致河流泄洪排涝能力降低，各河出口泄流不畅，大大影响涝水的排泄。区内水库、河道封闭，

图 8-21　生态城在区域生态网络中的位置

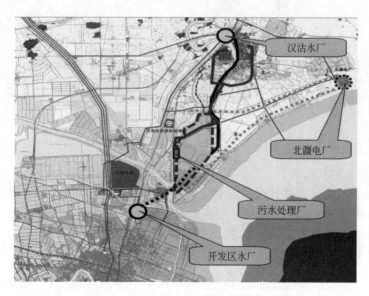

图 8-22　生态城及其周边基础设施状况

没有形成合理、高效的涝水外排系统，对于防洪排涝十分不利。

8.1.3.5　生态城水系构建方案

　　由现在及存在主要问题分析确定生态城水系构建将是一个多水源供水及水资源梯级利用及循环利用，并强调水生态环境改善的体系，具体见图 8-23。

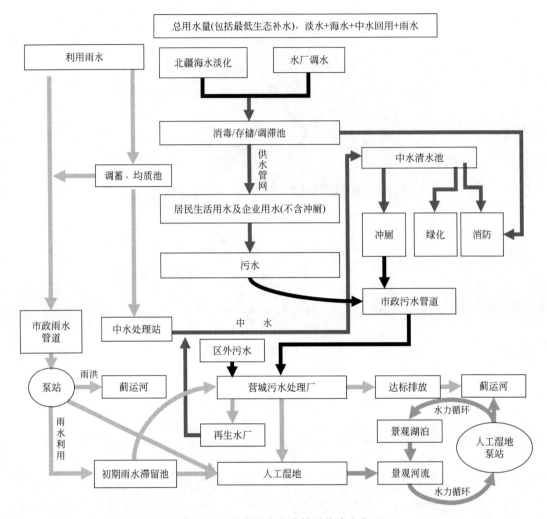

图 8-23 生态城水环境体系构建方案

8.1.3.6 水资源的优化配置

根据预测，生态城最高日用水量为 $16.01 \times 10^4 \mathrm{m^3/d}$。优化配置水资源原则是：鼓励收集利用雨水、优先使用再生水、安全保障使用自来水、保障备用蓟运河水、利用海水脱盐生产淡化水，做到优水高价，低水低价。

生态城水资源优化配置后高日各种水所占比例见图 8-24。

通过水资源优化配置，各种水年用水量见图 8-25。

(1) 雨水的收集、利用与初期雨水污染的处置

中新生态城雨水系统突破传统雨水快速排放的理念，利用各种人工或自然水体对雨水径流实施收集、调蓄、净化和利用，改善城市水环境和生态环境；在示范区构建雨水收集、利用系统；通过各种人工或自然渗透设施使雨水渗入地下，补充地下水资源。城市雨水排放体系与城市防洪、排涝体系统一协调考虑，有效降低雨水径流系数，减少工程总投资。综合利用，缓解本地区用水压力，促进城市水资源和水环境的可持续发展，

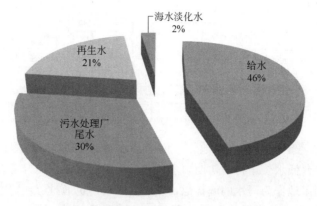

图 8-24　优化配置后各种用水所占比例

■ 自来水　■ 再生水及污水处理厂尾水　■ 海水淡化水　■ 雨水　■ 蓟运河水

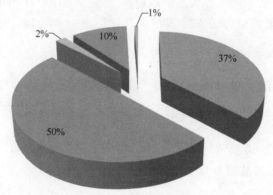

图 8-25　各种水年用水量所占比例

并考虑初期雨水对环境的影响。

① 小区雨水的收集利用　小区雨水收集利用主要是屋面和道路雨水的收集利用，小区雨水收集利用示意见图 8-26。

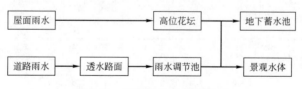

图 8-26　区雨水收集利用示意

② 生态城路面、广场、停车场雨水径流收集、净化与利用　生态城中道路人类活动频繁，是面源污染的主要污染源，而源区控制是城市面源污染控制模式的重点。生态城道路、广场和停车场雨水收集、利用系统示意见图 8-27。

③ 初期雨水处理　初期雨水污染物浓度很高，必须进行处理，以保护水生态环境。主要采用以下措施。

1）下凹绿地、道路边沟。利用绿地的净化和过滤作用对初期雨水进行净化处理。利用新型道路边沟输送雨水的过程，对雨水进行沉淀过滤，降低悬浮物浓度。

设置环保雨水口，沿河截污。

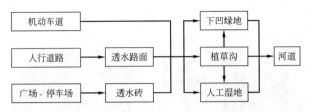

图 8-27 道路、广场和停车场雨水收集、利用系统示意

2) 人工湿地。设计修建人工湿地、绿化过滤带，使初期雨水在湿地储存、处理。在各雨水泵站单设一台低水位运行的初期雨水泵，将初期雨水单独提升至人工湿地，进行储存截污处理。利用湿地作为雨水的调蓄池，既沉淀雨水，也通过湿地"净化"雨水。

本方案构建五块初期雨水储存净化湿地，位于五个雨水泵站出水口处，为表面流湿地。

3) 污水处理厂。初期雨水经人工湿地初步处理后储存，在污水处理厂不能满负荷运转时，通过污水管道将储存雨水排入污水处理厂进一步处理，达到初期雨水净化的目的。

(2) 雨洪调控

设计水系调蓄采用的是美国水土保持学会在提出的曲线数学模型（SCS）。按照生态城建设暴雨设计标准，控制雨季常水水位不高于 0.7m，即可满足设计降雨的需求。并设计外排泵站规模为 20m³/s。

方案控制蓟运河故道及清净湖非雨季常水位为 0.7～1.0m，雨季控制常水位为0.5～0.7m。整个蓟运河故道各月水位高程控制见图 8-28。

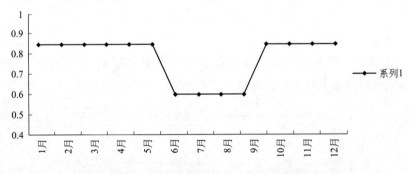

图 8-28 蓟运河故道各月水位高程控制

8.1.3.7 水系构建与水质保持循环

(1) 水系构建

生态城水系以营城污水库（清净湖）及蓟运河故道为核心，人工强化水系为生态走廊，水系两侧湿地为缓冲带，城市绿网为生态屏障的城市水环境生态格局，并由此构建城市水系。

整个水系构建为三个功能分区：自然生态保护区、环境教育功能区、景观游憩功能区。三个功能区相互连通，整个水系形成顺畅的水系循环，各河道水系构建"人水和谐"的水生态景观。

河道断面形式布置为自然形态，生态护岸，形成滨水区植被与堤内植被连成一体，构成一个完整的河流生态系统，并能滞洪补枯、调节水位，同时达到增强水体自净能力的作用。

（2）水质保持循环

① 水系补水　水系水量损失主要包含蒸发损失、渗透损失。水系补水主要包含补充蒸发损失量、渗透损失量及生态补水。生态城水系补水水源主要来自污水处理厂尾水出水（一级 A 标准）、蓟运河水（潮白新河）、雨水。各种水资源年补水量见表 8-2。

■ 表 8-2　水资源年补水量表

序号	水源名称	年补水量所占比例/%
1	污水处理厂尾水	74.9
2	雨水	23.4
3	蓟运河水（永定新河）	1.7
4	合计	100

② 水体污染及保护措施　生态城水系污染来源主要是河道补充水源、面源污染、内源污染。

生态城提倡水质保持采取以下措施：缓坡带绿化拦截控污；喷泉增氧；河漫滩水生植被恢复；生物栖息地的营造；水体换水；初期雨水截流处理；人工湿地。

生态城水质保持的主要手段采用人工湿地处理系统，它具有投资低、出水水质好、抗冲击力强、增加绿地面积、改善和美化生态环境、操作简单、维护和运行费用低廉等优点。

方案确定生态城水体的循环周期为 40 天，循环流量为 $21 \times 10^4 \, \mathrm{m^3/d}$。

方案确定生态城水体循环的循环方式如图 8-29 所示。

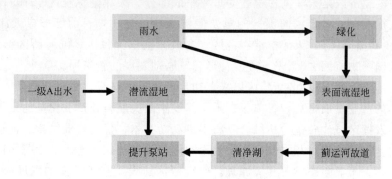

图 8-29　水体循环流程框图

8.1.3.8　复合人工湿地生态构建及修复

生态城构建人工湿地包含污水处理厂尾水处理湿地、循环水处理湿地、初期雨水储存处理湿地。

污水尾水处理湿地处理规模：$5 \times 10^4 \, \mathrm{m^3/d}$，湿地采用潜流＋表面流。

循环水处理湿地处理规模：$21 \times 10^4 \, \mathrm{m^3/d}$，湿地采用潜流＋表面流。

初期雨水储存湿地：控制区内设置六处湿地，其中五处位于五个雨水泵站出水口处，为表面流湿地，具有净化初期雨水功能；另外一处位于清净湖的蝴蝶州，为潜流＋表面流人工湿地。

8.1.3.9 小结总结

（1）示范工程实施情况说明

中新天津生态城水系构建方案项目成果已经成为指导整个生态城范围内的水系统的设计、建设的指导性文件。本项目的起步区、蓟运河故道改造等工程正在依据构建方案成果顺利实施。

（2）示范工程自评

本构建方案理念创新，突破传统模式，将给水、再生水、雨水、污水、河道水系统筹协调，立足于水资源优化配置、循环利用，水环境改善，人工湿地修复的高度，在保障用水安全、合理的前提下，优化、充分利用水资源，并有效防止涝灾发生、控制城市水环境污染。通过本项目融合水资源利用、水质净化、水生态环境改善和雨洪调控功能为一体；通过多水源供水，雨、污水处理回用，加强水体人工湿地生态修复、水体循环等先进技术理念，构建安全、节约、可持续发展的城市水环境。示范工程量化指标：非常规用水占总用水量的 63％，超额完成中新两国框架协议中非传统水源利用率 50％的指标要求；整个项目生态湿地的净损失为零；整个生态城范围内的水环境质量得到改善。

8.2 ▶▶▶▶▶▶▶▶ 空港经济区建设

天津空港经济区是天津港保税区的重要组成部分。天津港保税区于 1991 年 5 月 12 日经国务院批准设立，是滨海新区的重要经济功能区之一，目前已形成天津港保税区（含天津保税物流园区）、天津空港经济区（含天津空港保税区、滨海新区综合保税区）和天津空港国际物流区"3 个区域、6 种形态"联动发展的新格局。

天津空港经济区自 2002 年建区以来，初步形成了以纺织、食品、电子、装备制造、航空为主体的产业发展格局，目前正在筹备建设中国民航科技产业化基地。该区将发展生态工业与发挥区域比较优势相结合，将引进高新技术、优化产业结构、促进经济低碳高效增长与生态环境保护相结合，围绕建设空港经济区国家生态工业示范园区目标，遵循环境经济学、工业生态学等相关原理，研究园区建设生态工业园的发展潜力和特色，努力培养自主创新能力，建设资源高效利用、能源梯级利用、废物循环利用、信息和基础设施高度集成与共享的循环型国家生态工业示范园区。

8.2.1 空港经济区河湖水系构建工程

8.2.1.1 工程简介

（1）基本概况

空港经济区于 2002 年 10 月 15 日经天津市人民政府批准设立，是一个享有国家级保税区和开发区优惠政策，具有加工制造、保税仓储、物流配送、科技研发、国际贸易等功能，高度开放的外向型经济区域。区域总用地面积为 55km²，一期规划开发 23.5km²，划分为保税仓储加工区、高新技术工业区、商务中介服务区和商住生活配套区等功能区。二期规划开发 18.5km²，划分为高科技工业区、居住区和加工区等功能区。三期为预留发展用地。

空港经济区水系建设主要是利用现有天然沟渠、池塘和湿地，规划建设集给水系统、雨水系统、污水系统、再生水系统及生态河、湖系统、地下水系统等于一体的生态水系，为区域招商引资提供良好的环境及安全保障。

(2) 主要工程内容及数量

近期的工程内容包括设置雨水入河净化系统，生态化改造河道 20km，整建湖泊 30 万平方米，泵站 3m³/s 一座，及相关的再生水回用配套工程。

(3) 科技需求

根据空港经济区土壤含盐量高，生态用水主要以再生水为主的特点，需要开发生态水资源-雨水高效利用技术，以再生水源循环利用为核心的新型生态用水方法、以再生水源补给型景观水体构建、河/渠网络构建与生态恢复、自然湿地生态恢复技术、雨水/再生水源补给型水体富营养化生态控制技术。

8.2.1.2　空港经济区人工水系统概况

天津空港经济区地处渤海西岸、海河流域下游，其用地由海退成陆，属于海积冲积平原地貌。该区属海河水系，区域内有东减河和新地河，区域周边有西减河、北塘河等二级河道，另外还有一级河道海河、金钟河及东丽湖等水体。2003～2004 年间天津空港经济区利用原有河道、鱼池、坑塘，沿该区周边道路疏浚贯通形成景观河道，规划环形景观河道长约 20km，水体面积约 90×10⁴m²，最低蓄水量 216×10⁴m³，汛期最高蓄水量为 300×10⁴m³。

目前已建成位于北部和西部的河道全长约 23km，水面面积约 72.8×10⁴m²。河底标高为 -1m（大沽高程），河道景观水体枯、平水期平均水位 1.8～2.0m（大沽高程），丰水期平均水位 2.2～2.5m（大沽高程），平均水深 2.2m，蓄水量约为 182×10⁴m³。由于建于盐碱地区，河道水质盐分较高。空港经济区人工河道建设情况见图 8-30。

目前人工河道水源补给主要为经济区范围内的雨水径流，以及处理后达标的再生水。该景观水体现沿景观河道布置并投入使用两座雨水泵站，已建成雨水管网 100.082km，雨水管网收集的降水通过泵站进入景观河道。区内再生水厂和企业自建再生水工程的总处理能力共 1.9×10⁴t/d，再生水水质满足《城市污水再生利用景观环境用水水质》（GB/T 18921—2002）观赏性湖泊类水质标准，通过再生水管网进入景观河道，作为河道补水重要来源。

8.2.1.3　空港经济区景观河湖系统水质保障实施措施

(1) 河道水体污染源管理

针对目前空港经济区内污水串入雨水管网，进而污染区内景观水体问题，全面排查

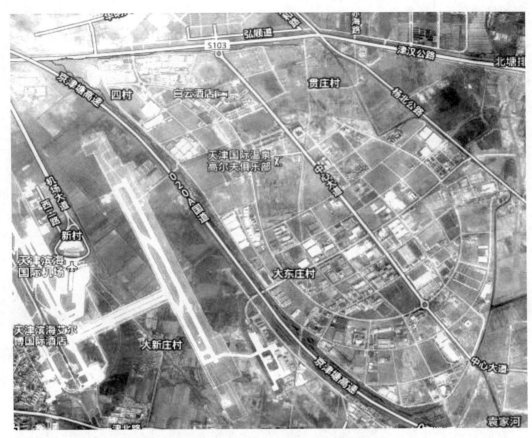

图 8-30　空港经济区人工河道建设情况示意

区域雨污管网，调查区内日用水量 100t 以上所有单位污水排放化学特征，采用管网流量流向调控法和 PMF 污染源解析法全面分析管网错接点和阶段内偷排企业，制定特定控制点，全面控制雨水与景观水体污染来源。对空港景观河道来说，存在着由"点源"和"面源"所引起的水体污染，"点源"包括雨水收集、再生水生态补充用水、偷排污水、事故排放污染物以及倒灌雨水管网后重新排放的景观水（主要是厌氧）；面源包括河岸渗透、地下水、河道两侧绿化排盐水、渗滤水以及降雨径流冲刷、钓鱼投放的饵料等。其中以雨水收集、排污、绿地排水等与人类活动相关的来源影响最大，对其进行有效的管理对河道水质保持十分重要。

① 再生水水源管理　空港经济区再生水水质保障对象主要是金威啤酒公司、空港经济区再生水利用工程排入景观河道的水源，为确保水源满足《城市污水再生利用景观环境用水水质标准》（GB/T 18921—2002）观赏性湖泊类用水标准，采取出水在线监测、生态化深度处理以及超标处罚的行政管理手段。

② 入河径流雨水管理　在雨水泵站进水井设置在线 TOC 监测装置，并与增设的污水泵实现联动。如遇到水质较差的初期雨水或者因企业排污、交通事故等引起的进水超标，可通过污水泵排入污水管网进入污水处理厂进行处理，避免造成景观水体的污染。

控制入河雨水质量，以初期雨水质量控制为重点，推进相应工程建设，形成以雨水泵站为中心的入河雨水净化工程，保证景观水体水质。净化工程主要包括：河道的清淤工程，在泵站附近建设简易的初沉池，让雨水尤其是初期雨水通过沉淀后得到初步的净化，经过初次沉淀后的雨水排入河道生物强化净化段，生物强化净化段主要采用河道曝气充氧技术与生物栅生态净化技术相结合的方式去除雨水中的污染物质。经过曝气充氧，雨水中的溶解氧增加，然后进入生物栅生态净化系统，通过生物栅中微生物的同化、异化作用将污染物质控制在一个较低水平，使进入河道系统的雨水得到净化。

空港一期范围内，雨水系统分为四大块——北部雨水系统、东部雨水系统、西南部雨水系统以及南部雨水系统，建设有 4 个雨水泵站，目前，在北部及西南部雨水泵站区域内建立了初期雨水处理设施。最初 10min 雨水先进入初沉池停留 10min，去除大颗粒悬浮物质等，再进入曝气及生物栅联合净化系统进行进一步处理后进入景观河道，依据雨水泵站设计提供的参数，该区域内雨水泵站的实际流量均为 7600m³/h 左右，设计容积为 1260m³，沉淀池在完成初期雨水处理之后，也可作为雨水蓄存池使用，该部分雨水可用于沉砂池附近浇洒绿地与浇洒道路等之用。

沉淀池材质为钢筋混凝土；数量为 2 座；外形尺寸为 25m×8m×5.0m。

附属设备：刮泥机（型号 XJ-2500；数量 2 台；功率 3kW）；排泥泵（型号 100QW50-22-7.5；数量 4 台）；污泥干化池（材质砖混；数量 2 座；外形尺寸 10m×5m×1.0m）。

(2) 河道布局优化

出于土地利用和施工便利等方面的考虑，目前大多数的城市人工河道裁弯取直，并对河床加以混凝土衬砌，不能为动植物提供生存、栖息的场所，整体缺乏生气，呈现单一性。与之不同的是，空港经济区人工河道在开挖时就依据原有部分河道的天然地形，随弯就势地布置堤线，河岸蜿蜒，宽窄有致，是一条非常优美的近自然生态河道。如图 8-31 所示，该河道弯曲延伸，并间隔留有弧形静态水域以供水生生物更好地栖息繁衍。B. N. Bockelmann 等采用二维生态水力学模型研究表明，蜿蜒的河道对多样化生境有积极影响，并能为生物提供适宜生境斑块。

(3) 人工湿地

空港经济区人工河道不仅具有良好的景观功能，还兼备再生水湿地生态净化功能。该区东部污水处理厂出水可由建成后的附近河道湿地进行深度处理。通过合理构建植物群落，投放数量合适、物种配比合理的水生动物，在河道建立近自然湿地系统，利用生态系统的自我净化功能净化河道中的污水厂达标排放水及再生水，削减污染物负荷。研究表明，湿地的投资远远低于常规二级水处理设施，是再生水净化利用的安全经济有效途径。待环形河道全线贯通，水流的循环将进一步提高水体的自净效果，故有望解决水环境容量低，达标污水处理厂出水难以满足水环境功能区要求的问题，以下是空港经济区河道岸边波式流人工湿地数值模拟。

天津空港经济区波式潜流人工湿地长 100.0m（x 方向），宽 20.0m（y 方向），高 1.0m（z 方向）。本波式潜流人工湿地通过设置隔板将湿地沿长度方向均分为 4 格，形

图 8-31 空港经济区人工河道

图 8-32 波式潜流人工湿地现场照片

成上隔板、下隔板的间隔排列，如图 8-32 与图 8-33 所示，具体结构参数见表 8-3。湿地填料为砾石、页岩和陶粒的混合料。填料水力特性参数见表 8-4。忽略植物根系吸水和上边界的蒸发。COD、TN 和 TP 在混合填料中的运移特性参数见表 8-5。湿地以 9.99m³/d 的水力负荷运行，进口为定流量边界，出口为自由出流边界。已知进口处 COD、TN 和 TP 浓度随时间的变化过程。进口流量为定值，因此浓度场的进口边界条件为定通量边界。出口边界浓度只受湿地上游影响，采用零梯度边界条件。

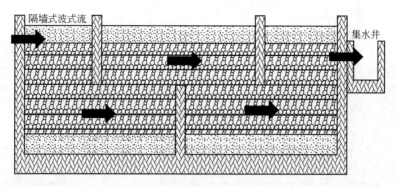

图 8-33　波式潜流人工湿地示意

■ **表 8-3　填料水力特性参数**

类型	VG 模型		θ_s	θ_r	$K_s/(m/s)$	S_s/m^{-1}
	α/m^{-1}	n				
混合填料	4.694	4.2	0.36	0.06	5.0×10^{-3}	2.0×10^{-5}

■ **表 8-4　水平和波式潜流湿地结构参数**　　　　　　　　　　　　　　　　单位：m

位置	进口		出口		下隔板		上隔板	
	形状 （宽×高）	高度	形状 （宽×高）	高度	形状 （宽×高）	高度	形状 （宽×高）	高度
规格	20×0.2	0.8~1.0	20×0.2	0.8~1.0	20×0.8	0~0.8	20×0.8	0.2~1.0

■ **表 8-5　COD、TN 和 TP 在填料中的运移特性参数**

类型	k/s^{-1}	a/m	b
COD	1.6×10^{-7}	0.001	1.0
TN	1.2×10^{-7}	0.001	1.0
TP	1.95×10^{-7}	0.001	1.0

　　湿地流场初始条件为水力负荷 $9.99\,m^3/d$ 的稳定流场。湿地 COD、TN、TP 浓度场初始条件为进水 COD、TN、TP 浓度分别为 150mg/L、6.0mg/L、0.6mg/L 计算得到的稳定浓度场。采用 200×1×20 的均匀网格，时间步长 1s，计算时间为 200 天。

　　出口处 COD、TN 和 TP 浓度随时间的变化过程，如图 8-34 所示，模拟值与实测值吻合较好。出口浓度过程和进口浓度过程有很好的响应，滞后约 67 天。湿地对 COD、TN 和 TP 的平均去除率分别为 64.0%、55.6%和71.4%，这主要是由于湿地的混合填料对 COD、TN 和 TP 的去除率不同造成的。

　　(4)　建设生态型护岸

　　河岸作为河流生态系统的重要组成部分，在调节气候、保持水土、防洪方面具有重要的功能，其本身也是一个生态系统。城市河岸的构建不仅要从边坡稳定的角度来考虑，同时也应该从生态系统的角度来考虑。传统的直立混凝土护岸阻断了水陆生态系统之间的联系，从而导致河流生态系统的损伤，使河流丧失生命力。生态型护岸则是恢复自然河岸或具有自然河岸"可渗透性"的人工护岸，可充分保证河岸与河流水体之间的

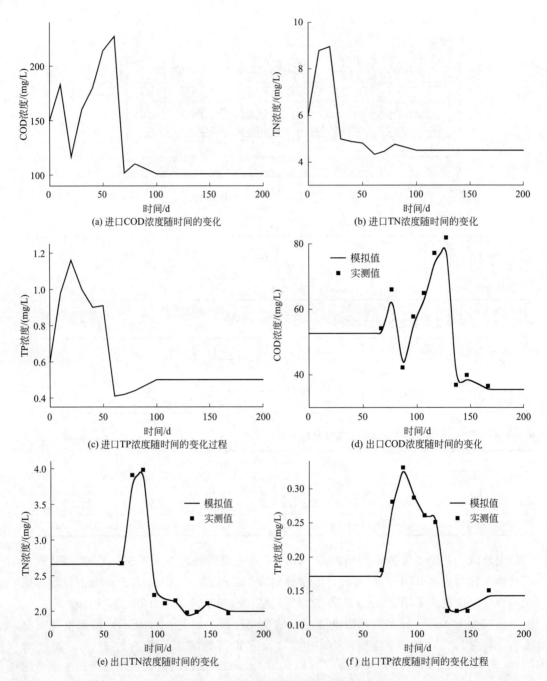

图 8-34 物质浓度随时间的变化

水分交换和调节功能，同时具有防洪的基础功能，能较好地满足护岸工程的结构要求和环境要求，具有防洪、生态、景观、自净四大功能。

空港经济区人工河道主要采用了以下两种生态护岸形式。

① 植被护岸 在河岸边坡较缓或腹地较大的地方，如图 8-35 所示，采用原生态型护岸，主要利用自然土质岸坡、植草方式保护河堤，以保持河道的天然特征，同时利用草本植物的加筋作用和水生植物如芦苇的根、茎、叶对水流的消能作用和对岸坡的保护

图 8-35 空港经济区人工河道生态型护岸

作用使其形成一个保护性的岸边带，促进泥沙的沉淀，减少水流的挟沙量，并为其他水生生物提供栖息的场所。

② 植被型生态混凝土护岸 在河岸边坡较陡的地方，采用植被型生态混凝土护岸。在原生态型的基础上，采用一定工程措施，利用了适合植物生长的生态混凝土预制块（边长 25cm 的六角形绿化混凝土多孔构件）进行铺设，草生根后，草根的"锚固"作用可增加抗滑力。此种护岸既能稳定河床，又能改善生态和美化环境，在很大程度上保持了土与空气间的水、气、热交换能力，且施工方便，既为动植物生长提供了有利条件，又抗冲刷，是生态护岸中较有代表性的一类。该河道在沿岸因地制宜地采用了这两种护岸形式，充分发挥其各自优势，以达到经济高效的目的。空港经济区景观河道全长13km，本次生态护岸主要建设靠开发区内侧，建设生态型护岸 10km 以上。

(5) 水生植物修复技术

水生植物修复技术是较常用的生态修复方法之一，其净化原理首先是水生植物密集的茎叶和根系，可以对污水中的悬浮物进行过滤和截留，提高水体透明度，其次水生植物能直接吸收利用污水中的营养物质，供其生长发育，最后转化成生物量，再通过植物的收割从系统中去除，同时由于水生植物和浮游藻类在营养物质和水能的利用上是竞争者，它的优势生长能有效抑制浮游藻类的生长，最终达到防止水体富营养化的目的。此外，水生植物还有对酚类、重金属、农药等水体污染物的吸收、富集和降解作用，通过水生植物的光合作用放氧，能增加水中溶解氧含量，从而改善水质，减轻水体污染。

考虑到空港经济区人工河道景观水体为高盐再生水，故选择耐盐耐污的水生植物。同时充分利用水体的空间和时间，合理配置沉水植物、浮叶植物、挺水植物和浮游动物、游泳动物、底栖动物并发展冬季生长的种类。河道中土生挺水植物多为芦苇，长势良好，而试验研究分析表明河道沿岸的水生植物（芦苇等）对氨氮具有很强的削减作用，故保留原有品种，并引种同样耐盐的水生植物水葱，以增加生物多样性，如图 8-36 所示。

图 8-36　空港经济区景观河道水生植物配置

空港经济区人工河道所属区域为暖温带半湿润大陆型季风气候，四季分明，夏秋季和冬春季河道生态差异显著。如图 8-37 所示，夏秋季节，雨量充沛，温度适宜，动植物生长旺盛，生物多样性十分丰富。

现场调查发现，现有芦苇高度 1.5～2.5m，内侧分布水葱，高 1.2～2.0m，芦苇群落盖度 90％～95％。该河道多年来运行稳定，水质渐好，根据河道宽度与岸边主要植物量的关系确定最佳运行条件为 0.18m² 植被/m³ 水。河道部分区域种植了莲，浮叶植物可再增加浮萍。为改变冬季无植物的现象，还可以引种伊乐藻和水芹菜，它们对环境适宜能力强，为能越冬生长的沉水植物，即可延长河道的净化时间。需要注意的是，水生植物有一定的生命周期，应当适时适度收割调控，借以提高生物营养元素的输出，防止因自然凋落腐烂分解引起的二次污染。

河道中生长有篦齿眼子菜、金鱼藻、川蔓藻等沉水植物，部分河道有莲等浮叶植物，距离河堤两岸 2.5m 内均生长有芦苇和香蒲等挺水植物，河岸上种植有垂柳等乔木和种类丰富的灌木，水生动物以鲫鱼为主，水体感官指标较好，整个河道生物量丰富，景色宜人。到了冬春季，降水减少，气温降低，动植物生长受到抑制，河道中枯萎的莲、金鱼藻、芦苇等植物均收割除尽，岸边草地枯黄，植物萧条，呈现北方特色冬景。

(6) 人工曝气

由于雨水径流会带入大量营养物质，再加上景观水体流动性差，污染物的传输、扩散能力较差，空港经济区人工河道在雨水泵站附近污染物浓度偏高，水质相对较差，故在附近河道设置人工水草，并采用人工曝气改善水体水质。

采用人工曝气可以增加水体中溶解氧量，钝化底泥，阻止底泥中磷的释放，同时增加上层水体的藻细胞处于黑暗的时间，减少藻类的光合作用，使藻类生长受到抑制，此外，还可以增加水体 O_2 的含量，提高水体 pH 值，促进蓝绿藻向毒性小的绿藻转化。通过复氧，可使天然水体逐步恢复自然的生态功能，最终达到消除黑臭污染的目的。图 8-38 为所安装的曝气装置。

该推流曝气装置沿 100m 河道共设置 6 台，间距 20m，每台服务面积约 300m²，集曝气、搅拌、混合、推流为一体，利用叶轮高速旋转产生的轴向推动力和径向搅拌力，

图 8-37 空港经济区人工河道生态季节变化对比

图 8-38 空港经济区人工河道曝气装置

将吸入的空气搅碎并将水气混合推射入水体，为该处设置的人工水草表面微生物提供充足氧源，消除黑臭。

（7）人工水草

人工水草（图 8-39）是一种高分子聚合物生物膜载体，具有非常高的比表面积，垂直水流方向固定在河道底部，依靠其本身巨大的比表面积和强极性基团来选择优势微生物群，为微生物提供良好的附着载体，并在载体表面形成微生物膜，具有生物接触氧化效果，可以解决在富营养水体中水生植物难以形成稳定植被的问题，研究结果显示，

图 8-39 空港经济区人工河道人工水草

布设人工水草可以提高水体透明度，抑制藻类生长。

8.2.1.4 空港经济区河湖水系水质数据分析

在空港经济区景观水体布置了 5 个常年监测点位，共监测 13 项指标，分别为 pH 值、化学需氧量、总氮（TN）、氨氮、全盐、总磷（TP）、叶绿素、阴离子表面活性剂、总硬度（以 $CaCO_3$ 计）、高锰酸盐指数、氟化物、溶解氧、水温，以监控水质变化情况。

（1）水质年际变化

课题研究期间（2008～2011 年）空港经济区河湖水系水质监测数据年平均值表明，区内景观水体水质较为稳定，年际变化不大。2008 年课题实施以来 TN 年平均值稳定在 1.32mg/L 以下，TP 年均值基本维持在 0.40mg/L 以下；2008 年叶绿素 a 年均值为 8.25mg/L，而从 2009 年以后基本维持在 7.81mg/L 以下。

长期水质监测结果表明，空港经济区河湖水系构建示范工程运行效果良好，水质达到课题考核要求。

（2）水质逐月变化

以 2010 年的水质监测数据为例，做图分析空港经济区河湖水系水质四季变化。监测数据表明，空港水系水质呈现较为明显的时间分布特点，如 3～10 月的叶绿素水平显著高于冬季 11～来年 2 月份，与温度的变化曲线极为一致，这主要是因为自 3 月后，随着温度升高，藻类开始生长，使得叶绿素水平显著提高。对于（TN）来说，5～7 月最高，其他月份差距不明显。

（TP）则表现出随月份增加而浓度降低的特点，但整体稳定在 0.3～0.37 之间，这也说明了空港经济区河湖水系的再生水补给特点。

空港水系的盐度表现出明显的冬春高、夏秋低的特点，如 2010 年，最高盐度出现在 1 月，达到 3608mg/L，而到了 8～11 月，则只有 1900mg/L 左右，这表明，空港水系的盐度明显地受了降雨量的控制。在 8～11 月，由于降雨量增加，大量地表径流汇入河湖，使得水体盐度降到最低；而 11 月之后，由于降雨量减少，水面由于持续蒸发，使得水量下降，同时由于水面结冰，随着冰/水中的盐分分离，冰面下水的盐度将达到最高值。

8.2.1.5 空港经济区河湖水系构建工程运行结论

空港经济区水系建设充分利用了原有天然沟渠、池塘和湿地，集成建设了给水系统、雨水系统、污水系统、再生水系统及生态河、湖于一体的生态水系，水系环境优美、生态和谐，为空港招商引资提供良好的环境及安全保障。同时，通过该示范工程集成示范的一系列水质保障措施，为解决生态用水缺乏问题提供了一种大水量、低成本的河道再生水生态净化技术。

8.2.1.6 空港经济区生态工业园构建工程

（1）总体设计

空港经济区构建生态工业示范园区可以概述为：突出 1 个特色产业，做强 2 个重点产业，构建 3 个循环体系，建设 4 大保障工程，发展 5 条生态产业链。

① 突出 1 个特色产业　借助空港区位优势，把航天航空产业作为本区的特色产业

和核心产业重点发展，发挥大学科技园人才优势，整合滨海高新区、天津空港国际物流区等周边区域资源，以空中客车公司落户航空城为契机，大力引进飞机组装、零配件制造、飞机维修等系列产业，打造具有区域特色的航空产业园区。

② 做强 2 个重点产业　依托现有企业发展势头，重点发展装备制造、电子信息两大支柱产业，同时发展与重点产业相关的研发、服务业，全面构筑先进制造业和研发转化基地。

③ 构建 3 个循环体系　深入开展循环经济和节能减碳活动，鼓励企业循环式生产，大力推进节能、节水等新技术、新举措，提高资源能源综合利用效率，做大做强绿色环保产业，构建以水资源循环利用体系、能源循环利用体系和固体废物综合利用体系为支撑的循环经济体系。

④ 建设 4 大保障工程　从环境管理制度建设和环境保护工程建设两方面入手，重点构建节能减碳工程、环境管理体系建设工程、环境治理工程、产业链构建工程 4 大保障工程，为生态园区的发展提供技术和管理支撑。

⑤ 发展 5 条生态产业链　围绕航空产业核心，组织企业内部和企业之间的资源协作，推动产业循环式组合，形成航空航天、电子信息、装备制造、高新纺织、食品 5 大相互关联的生态产业链和共赢共生的产业集群网络体系。

(2) 发展框架

从生态产业链构建、污染控制与资源能源高效利用方案以及保障措施 3 方面，设计空港经济区发展的总体框架（图 8-40）。

8.2.2　空港经济区生态产业链构建

在空港经济区实现节能降耗、低碳发展，首先需要对现有产业结构优化调整，构建低碳、低耗产业链，提升产品附加值，并对重点产业和企业推行清洁生产及能源审计。结合空港经济区的发展特点及区域优势，规划重点从民航产业、电子信息、装备制造、高新纺织、食品加工 5 大产业进行分析与规划，推进各产业以研发带动技术产业化，发展技术核心企业，带动低碳型产业集群化发展，形成各产业的生态产业链。同时鼓励企业内部开展节能、降耗、减排，实施清洁生产审核及能源审计，挖掘企业低碳发展潜力，将生态产业链的重点向资金密集型与技术密集型企业转移，促进全区的生态工业建设。

8.2.2.1　民航产业

依托空客 A320 的核心带动作用，吸引相关上下游产业集聚区内，形成比较完整的航空生态产业链；发挥民航产业基地作为民航技术研发和产业化发展的基础平台作用，进一步完善产业链条，引领以航空为代表的低碳产业集群，使航空产业逐步成为我国综合国力的高技术战略性产业。

(1) 以空客 A320 项目为核心，构建飞机制造产业链

依托空客 A320 飞机总装线建设，大力发展民用航空器、民航空管、通信导航设备、机场特种设备、飞机零部件和机载设备等高科技产品，建设以"飞机零部件生产→

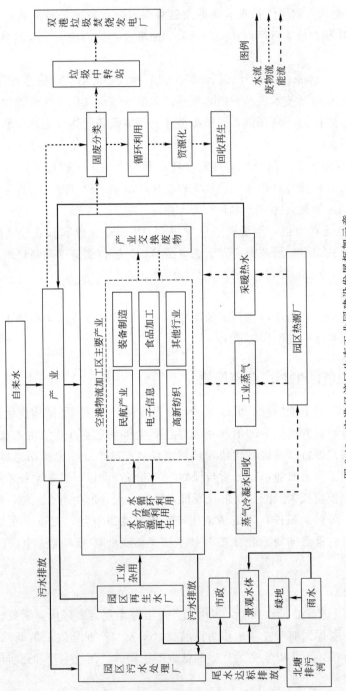

图 8-40 空港经济区生态工业园建设发展框架示意

飞机组装→飞机检测→飞机试飞→飞机维修→飞机交付"为核心的绿色制造产业链。重点发展机体部件生产、零件加工、航空机载系统及设备制造、机场空管设备制造等。

（2）加快建设民航科技产业基地，提升民航科技创新能力

加快民航科技产业基地建设，开展民航科技研发、培训和技术服务。强化国内大学、研发机构与企业的技术交流与合作，建立"培训→新技术试验→产业化"一体化服务体系，使新技术、新服务在民航产业基地内实现"就地研发→就地产业化"。开展技术开发等方面的技术开发与人才培养，使民航科技产业基地形成我国北方民航科技的人才培养基地、技术研发基地和产业化基地，逐步提升我国民航科技的自主创新能力和国际竞争力。

（3）建设航空总部基地、带动区域产业集群协同发展

利用滨海新区的区位优势和空客 A320、中航直升机等大型企业的集聚优势，发展航空总部基地。通过总部经济优势发展航空服务外包项目，带动区内电子、汽车、纺织新材料、食品等相关产业的快速发展，从而提升空港经济区甚至整个滨海新区整体产业的科技竞争力，实现区域产业集群协同发展。

航空产业生态化发展思路示意如图 8-41 所示。

8.2.2.2 电子信息业

加快电子信息产业优化发展、低碳发展，重点发展电信园、软件园和电子总部基地，完善电子废物的回收循环。

以中兴、大唐等电信企业为龙头，引进计算机及网络设备、数字通信设备、平面显示技术产品、汽车电子、光通信产品等项目，增强电子产业中关键部件的生产能力。积极支持开发具有自主知识产权的软件产业，大力扶持一批科技实力雄厚、经济效益显著的软件企业。加快引进电子行业协会、信息产业在区内设立地区总部，发挥总部经济带动辐射作用，促进产品研发、概念展示等配套服务业发展。通过信息平台构建使区内外电子信息企业和电子废物处理回收企业建立稳定的合作关系，实现废物资源化与无害化处理。

（1）发展新型元器件产品

优先发展高频率、低功耗、微型化、组合化的新型元器件，大力发展微波介质材料、电子陶瓷材料、高档磁性材料、新型光学材料和纳米改性等其他电子材料，打造民航、汽车产业配套电子新型元器件生产基地。

（2）增强产业链中关键零部件的生产能力

引进关键部件的生产企业，增强关键部件的生产配套能力，将产业整体水平向价值链的高端环节转变。加强对生产路由器、程控交换机等交换设备企业的招商，与终端生产企业联合，形成通信设备供应方面的完整链条。

（3）发展汽车电子产品

围绕空港国际汽车园的建立，引进高档次、高技术含量、高附加值的汽车电子产品生产企业，注重企业标准的统一、多种配置的兼容性等问题，发展作为汽车园配套电子产品的功能，形成空港经济区新的经济增长点，如图 8-42 所示。

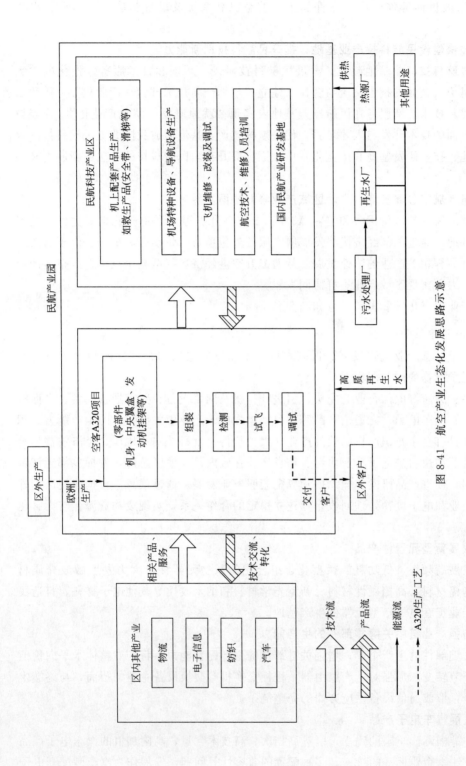

图 8-41 航空产业生态化发展思路示意

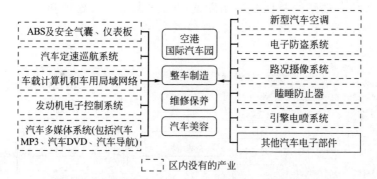

图 8-42 空港经济区汽车电子生态产业链构建框架示意

(4) 发展航空电子产品

补齐航空电子信息业链条的空缺，依托民航研发力量，发展与通信设备、导航设备、雷达设备、空中防撞设备、增强型近地告警设备、空中交通管制设备、数据传输设备、卫星通信和导航设备、座舱音频设备、飞行数据和语音记录设备等配套的航空电子信息产业。天津空港经济区航空电子生态产业链构建框架示意如图 8-43 所示。

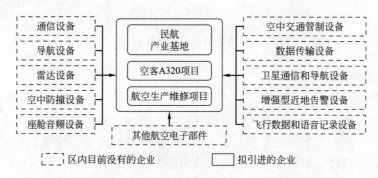

图 8-43 天津空港经济区航空电子生态产业链构建框架示意

(5) 发展软件产业

积极培育软件骨干企业，以提高软件产业创新能力为主线，扩大软件出口外包服务规模。积极开发具有自主知识产权的各类软件，重点发展面向行业应用和产业升级的嵌入式软件、电子商务与电子政务应用软件等。加快信息技术向经贸、金融、交通、通信、医疗服务业等行业的辐射和渗透。

(6) 增加与通信行业的合作

加强与国际手机生产商等通讯企业合作，形成生产合作网。抓住 3G 市场发展机遇，引进手机通信设备和配套零件生产基地。做大、做强中兴北方基地，与京津地区通信企业在通信设备、通信配套等领域开展合作，形成通信行业京津合作网。

(7) 构建电子废物代谢链

从产品生命周期的角度建立"企业小循环，产业大循环"的废物回收再利用代谢链。结合技术改造在企业内部推行清洁生产、节能审计，创建"零排放"典型模式，提高水资源和其他资源的重复利用率和回收利用率。加强对电子产品垃圾的回收和管理，通过信息平台建设，在产业链内建立生产-流通-消费-再利用的电子垃圾回收再利用系统，鼓励跨越区域限制发展第三方废物回收处理和资源化企业，实现电子垃圾的资源化无害化管理。空港经济区电子信息业生态工业网络示意如图 8-44 所示。

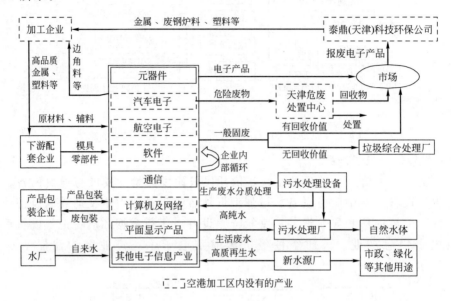

图 8-44　空港经济区电子信息业生态工业网络示意

8.2.2.3　装备制造业

以现有产业为基础，发挥装备制造产业园和天津空港国际汽车园凝聚作用，发展成套设备、专业机械及汽车配套产业链，引进核心品牌和产品，吸引装备制造相关上下游企业入驻园区，完善园区制造业服务体系。支持优势企业向自主研发方向发展，实现产品的主机化、系列化、配套化。加强与区外装备制造企业的联系，与区外共同形成装备制造产业的共生网络。

(1) 开拓研发性产业，提高产品技术含量

提高区内企业的自主创新能力，培育自主品牌。开展机械及汽车装备产品设计研究，研制环保型产品，选择环保型原材料。开展装备产品回收技术研究，形成装备制造业的废物再生循环利用。

(2) 完善装备制造配套服务产业

① 汽车装备服务：在现状空港国际汽车园的基础上，发展汽车研发、汽车养护产品研发、设计、技术咨询、试验研究及汽车回收技术等研发性服务，发展汽车美容养护等后续服务。

② 机械装备服务：拓展现代装备制造业产学研合作体系，发展下游工程公司和产品销售、展示、维修服务，发展装备回收、拆解再利用等配套服务产业。

(3) 发展装备制造配套产品群

① 机械装备：引进国内外先进发电装置大型生产企业，实现规模化生产；拓展风电、太阳能发电等新能源利用装备；提高工程机械成套能力；在上游行业提高电缆、钢铁板材等产品规格；在下游行业引进关键零部件生产；引进智能型先进制造业，逐步形

成装备配套产业基地。

② 汽车装备：巩固和扩大汽车配套产品生产优势，在此基础上发展整车生产；加快与天津经济技术开发区的汽车产业配套合作，形成汽车配套服务产品群；进一步拓展服务品牌，形成环渤海重要的汽车零部件生产基地。

（4）提高产品技术含量及核心竞争力

大力发展自主创新及关键零部件生产，推进核心产品与技术的规模化、国产化生产，打造本区特色品牌，重点发展汽车配套产品、汽车零部件、机电一体化、数控技术、计算机集成装备等。

（5）开发研制节能型与新能源产品

积极开发与研制节能减排产品，重点研制可再生能源利用装备、节能汽车等。鼓励区内机械装备制造企业抓住机遇，研制及生产风能发电机组、风电零部件、太阳能转化利用装置等可再生能源利用装备，推动先进制造技术研发应用，促进节能减排。充分利用区内汽车配套产业初具规模的优势，鼓励现有企业拓展产品范围，开发高效节能汽车配套产品；积极引进节能型汽车和新型动力汽车相关产品生产线；为区域装备制造业积累后发优势。

（6）生态产业链完善

重点完善机械装备制造、汽车配套装备生产、下游销售服务、装备制造产品技术研发等产业发展，与区内外企业形成完善的开放式生态产业链。

拓展汽车装备制造行业，在上游形成"汽车研发→汽车模具生产→汽车配件生产→汽车制造（区外）→汽车检测"的汽车制造产业链；在下游服务行业形成"汽车展览→汽车销售→手续办理→汽车美容养护→汽车维修→二手车交易"中介服务产业链。

结合区内现有机械制造企业的发展优势，在机械装备制造上游形成"铁加工→机械初加工→机械零部件制造→机械制造产业链；在研发服务行业形成机械产品研发→机械试生产→机械销售→机械维修→机械拆解回收"的产业链。

装备制造产业生态化发展思路示意如图8-45所示。

8.2.2.4 高新纺织业

充分利用高新纺织园现有的资源、基础优势，开展清洁生产、节能减排行动，重点提高现有企业能源、水资源利用效率；引进新工艺，开发高档面料及新型绿色环保产品，提高产品的科技含量，增加产品附加值；延伸纺织、服装高端产业链，发挥核心企业协调、凝聚、带动的优势，加强与区内航空、汽车企业间物质、信息流；创新品牌，引领时尚潮流；建设现代化高效益的以高新技术为特色的生态纺织园。

（1）引进高新技术纺织工艺，提高产品科技含量

大力发展"绿色纺织"、"纳米纺织"等高科技含量产品，将纺织新技术与区内航空、医药等企业的需求相结合，研发制造具有新特性的纺织产品。

① 绿色纺织　加快生态健康环保的绿色纤维纺织品研发生产，包括开发新型聚酯等特色纺织产品，积极采用天然纤维的前处理及后整理技术，推广应用化纤仿真技术、多种纤维复合染整技术，应用新型染料和助剂等。

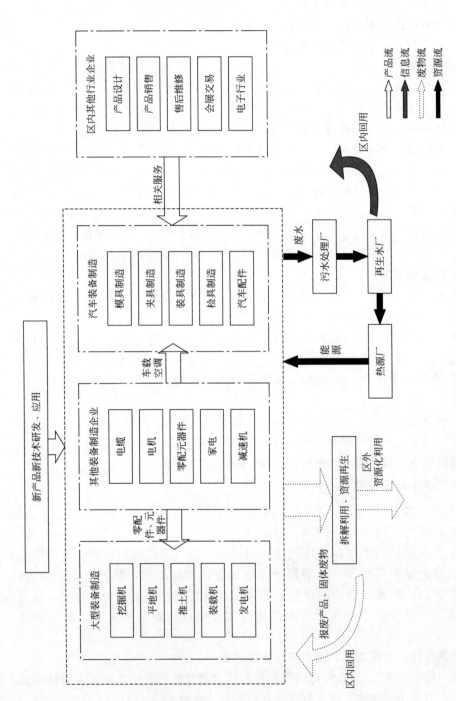

图 8-45 装备制造业生态发展思路示意

② 纳米纺织　开发具有抗紫外线、抗菌、吸臭等功能的纳米织物，将纳米材料用于实施浸轧法整理等工艺，生产具备舒适性与功能性的服装面料、医疗用布等。

(2) 树立品牌，引领时尚潮流

依托抵羊毛纺等传统品牌优势，进一步开发多元化、时尚化产品，向成品衣设计、加工、展示、羊绒纺织、新材料等方面转型，为传统品牌注入新的活力。引进应大制衣和皮尔卡丹等知名的服装、布艺高档品牌，特别是核心的设计、研发部门，开展自主设计、自主研发，自主品牌文化，引导流行时尚。

(3) 推进纺织企业升级改造

有策略地推进企业升级改造，引进高档面料加工生产线，将原来优质棉布直接出口改为利用优质棉布进一步加工多种类型、多种用途的高档棉质环保面料，树立空港纺织工业的特色。未来将逐步淘汰能耗水耗高、污染物排放量大、产品附加值低的企业，提升空港土地利用价值。

(4) 构建信息交流平台

搭建纺织企业间物质信息的交流平台，统筹协调企业间物质、能量、信息流，改善和优化绿色纺织供应链及废物回收再利用系统，实现纺织产业整体联动发展。构建全区企业间产品信息交流平台，加强纺织企业与航空、汽车等核心产业在产品上的关联，形成突出空港优势的特色纺织业。

(5) 升级完善纺织生态产业链

提高品牌意识，产品向多元化、时尚化发展；借助空港发展总部经济、构建消费商圈优势，引进以创意为特色的服装设计、展示行业，建设国际时尚服装精品城；进一步开发功能型、环保型高档面料，提高产品附加值；与区内核心产业结合，突出产品特色；发展"设计→加工→展示→物流→销售"链，最终实现纺织生态产业链的优化升级。

纺织生态产业链设计示意如图 8-46 所示。

8.2.2.5　食品产业

实施节能降耗措施，提高企业的清洁生产水平；大力发展科技研发，打造自主品牌，延伸产业链条；同时，发挥加工区物流、包装、印刷企业优势，与食品加工业建立稳定的产业链，实现产业协同发展。

(1) 依托航空城优势，开发航空食品生产、配送业

逐步开发适应航空需求的航空食品生产线，将大桥道、狗不理等天津特色食品引入区内，并就近为机场各大航空公司配送，形成新的食品业经济增长点。

(2) 构建以食品加工为核心的产业链条

以区内食品加工企业为核心，打造"食品原料基地→食品加工→包装→印刷→物流→销售"生态工业链条。

(3) 构建以包装为核心的产业链

将绿色食品的标准进一步延伸纳入包装材料的选择、设计中。开发生态化、绿色化包装材料，并不断加强包装企业与食品企业之间的联系，开发包装材料回收的二次开发利用技术，实现包装材料的循环再利用。

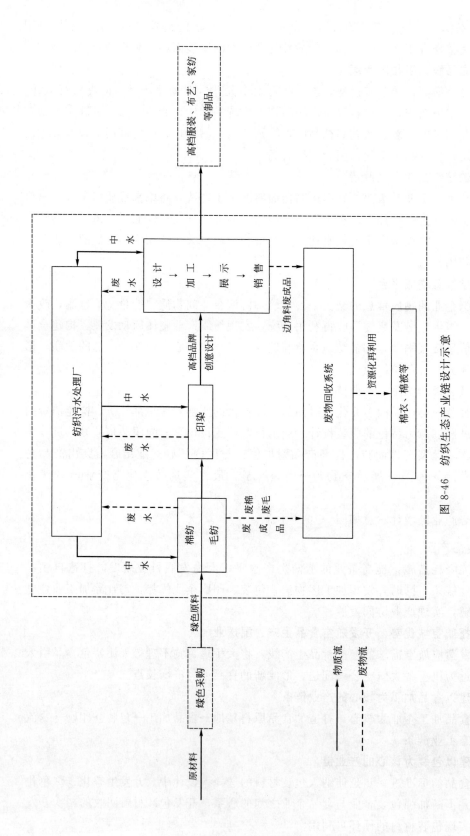

图 8-46 纺织生态产业链设计示意

（4）开发废物再生代谢链

金威啤酒、利民调料属于酿造类企业，在生产过程中会产生大量的啤酒糟、酵母泥等副产品，所以针对啤酒生产特点，可对啤酒糟、酵母泥开展资源化再利用。

① 酒糟　酒糟可用来酿造酱油，若工艺成熟可将金威啤酒与利民调料建立废物再生代谢链条，在实现废物资源化的同时，节约大量原料，获取较大的经济效益。

② 啤酒酵母　可考虑开展技术合作，用啤酒酵母制干酵母粉，并利用酵母制成酵母海藻糖及多种氨基酸和食用调味品。同时，还可与空港经济区内的医药企业合作，制成口服酵母片，或制取辅酶 A、细胞色素 C、凝血质；提取酵母细胞中的核糖核酸来制取苷酸、核苷及其衍生物作为医药产品等。

食品生态产业链设计示意如图 8-47 所示。

8.2.2.6　其他产业

依据循环经济理念、工业生态学原理和清洁生产要求，开展清洁生产和能源评估，从产品生命周期管理出发，在原辅材料和能源、技术工艺和设备、产品、废物方面加强污染预防，确保空港经济区内其他产业环境绩效的改善。

（1）包装印刷

从包装的设计入手，减少资源的浪费及固体废物的产生。采用明快简约的包装风格，压缩包装体积；减少多余的包装层次，去掉不必要的填充物；采用可重复使用的包装。

采用绿色的包装印刷材料。采用可回收、可降解的绿色包装材料；在包装的塑型、印刷、密封等过程中采用对环境和人体安全无污染的原辅材料；鼓励集合包装方式，既降低了包装成本，还能促使包装的标准化和规格化。

（2）综合物流

发挥空港经济区海空两港的联动优势，提高物流集约化程度和专业化水平。完善通关环境，构建以京津冀地区为重点的区域物流服务网络。

提升物流服务水平。引导集中配送、即时配送、多式联运等先进的物流模式，搞好物流运输方式之间的对接，降低物流成本，提高物流效率。

建设公共物流信息平台，整合物流信息资源，实现业务洽谈、货物查询、支付结算等物流环节的网络化，实现数据交换、资源共享。

（3）生物制药

与中科院共建工业生物技术研发基地，利用以微生物为主的生物资源开展生物催化、生物能源、生物材料、生物基化学品、生物医药和生物医学组织材料及干细胞研究、开发。

与上海交通大学药学院、天津医科大学等高等院校联合，形成产、学、研及技术产业于一体的生物医药研发产业化基地。

建立扶素生物园，完善从病毒性感染病理研究、药物研发、临床试验到药物产业化的高科技生物医药产业链。

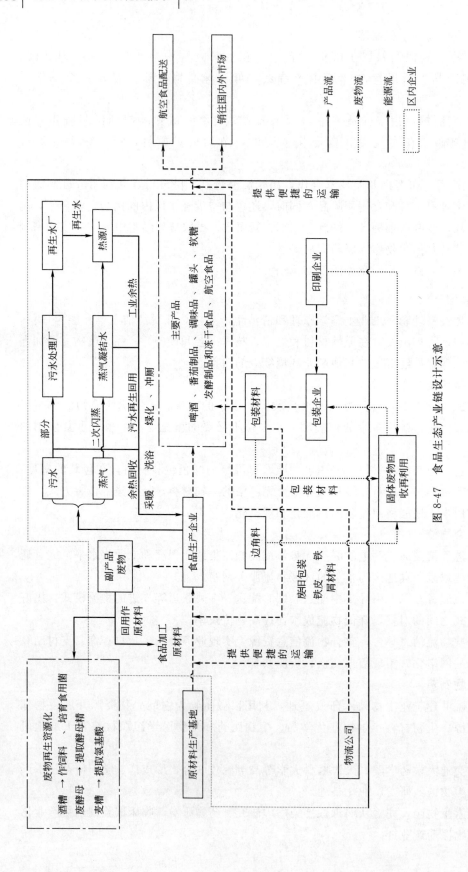

图 8-47 食品生态产业链设计示意

8.3 天津临港经济区建设

天津临港经济区位于海河入海口南侧滩涂浅海区，是通过围海造地而形成的港口工业一体化的海上工业新城，规划总面积 $200km^2$。临港经济区北与天津港隔大沽沙航道相望，南接南港工业区和轻纺工业区，西为滨海新区中部新城，东临渤海，处于环渤海经济区的中心地带，距离滨海新区中心城区 10km、距天津市区 50km、距北京 160km。临港经济区是国家循环经济示范区和滨海新区主要功能区之一，也是天津重装、重化"双重"基地之一，定位为建设中国北方以重型装备制造为主导的生态型临港经济区。

天津临港经济区致力建成国家循环经济示范园区，通过科学围海，实现用海护海双赢，经济环保并举；通过科学规划，实现产业链条紧密相连，上中下游循环利用，企业之间无缝连接，形成企业之间能源、原材料、废弃物的有效循环利用体系；通过港工一体，缩短距离，减少周转，降低能耗，减少排污，达到生产清洁，产业循环，能耗节约，排放环保，周边宜居，投资节省。同时，天津临港经济区努力健全安全、环保、生态三大屏障。在企业引进上，实行安全、环保一票否决制，优先发展高科技、高投入、低污染项目。在安全保障上，努力建成全国应急求援体系示范工业园区。在环保建设上，建成了污水处理厂、景观河和以 $2km^2$ 集中绿化景观带为代表的生态环保系统。临港经济区走出一条重化工园区生态发展的新路，为天津市生态城市建设做出重要贡献。临港经济区用地布局如图 8-48 所示。

8.3.1 工程简介

(1) 区域工业余热情况调研

本工程拟供热区域为临港经济区的综合配套服务区，建筑类型为住宅、商业公共建筑及标准厂房。供热规划范围作为临港经济区发展的重点地区，需要充分体现地区优势，通过规划促进城市功能的强化，其重点内容是根据临港工业特点，合理利用土地，集约建设，建设临港经济区综合配套服务区和高效益的工业区。

现场调研表明，临港经济区内拥有 LG、大沽化工厂、华能电厂、天津碱厂等诸多大型工业企业，工业余热资源十分丰富，余热的主要形式为工艺冷却循环水、蒸汽及高温烟气等。各企业愿意对外提供的余热形式为工艺冷却循环水余热，并要求利用过程"只取热不取水"同时保证在厂区内设置循环保障旁通措施。工业区余热利用集中供热工程性质为区域基础设施，体现了强化城市功能、集约建设、打造低碳循环经济的区域发展理念。因此，临港工业区的区域能源系统建设工程选取工业余热作为突破点，利用热泵提取技术，建设余热供热工程。

(2) 热源选择

通过企业调研分析，区内天津碱厂的工艺冷却循环水余热量最大，不仅能满足供热需求，同时因为有较大的富裕量，所以资源可靠性最高。因此，选定天津碱厂的工艺冷却循环水余热作为能源站热泵机组的低温热源。

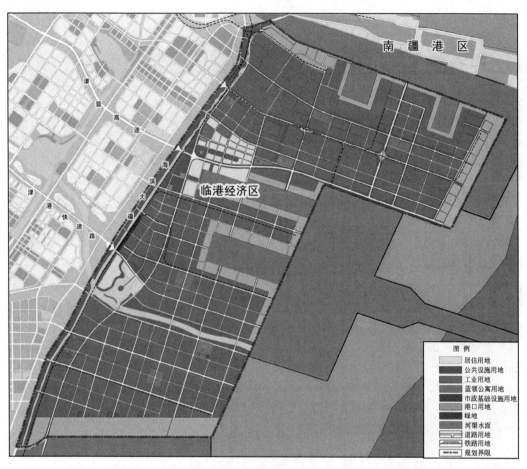

图 8-48　临港经济区用地布局规划

（3）供热需求

项目供热规划范围：西至渤海十路，东至渤海十八路，北至长江道，南至津晋高速东延线，规划范围内现状为正在建设中的标准厂房和配套生活区，用地现状主要为工业、居住、绿化用地以及少量市政设施用地，规划总供热面积为 438.93 万平方米。本工程供热区规划见图 8-49。

规划范围内，各类建筑的具体供热需求见表 8-6，表中原设计供回水温度指在确定利用工业余热实现集中供热方案前单体建筑设计方确定的室内供暖系统设计供回水温度。而运行供回水温度指确定新供热方案后项目建设方与单体建筑设计方协商认定的设计供回水温度。

■ 表 8-6　已确定的配套生活区和标准厂房的供热需求

序号	用热项目	用地面积 /×10⁴ m²	建筑面积 /×10⁴ m²	起始时间	供热负荷 /MW	原设计供回水温度 /℃	运行供回水温度 /℃	备注
1	泰达厂房	9.43	6.60	2011	7	70/50	70/50	
2	天保厂房	9.69	6.78	2011	9	80/60	80/55	在建
3	海泰厂房	10.79	7.55	2011	7.5	85/60	80/55	

续表

序号	用热项目	用地面积 /×10⁴m²	建筑面积 /×10⁴m²	起始时间	供热负荷 /MW	原设计供 回水温度 /℃	运行供回 水温度 /℃	备注
4	泰达住宅	9.84	14.76	2011	6.37	85/60	80/55	
5	天保住宅	14.52	21.78	2011	11.25	80/55	80/55	在建
6	海泰住宅	19.25	28.88	2011	12.255	45/35	45/35	

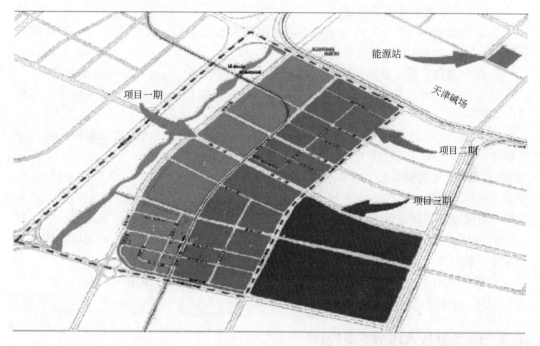

图 8-49 工程供热区示意

8.3.2 工程方案

(1) 工程目标

利用临港经济区内工业冷却循环水中的低位热能，以水源热泵＋调峰锅炉方式实现对临港经济区一期最终 438.93 万平方米综合配套服务区建筑的集中供热，其中天保、泰达、海泰三家开发商开发的住宅及标准厂房共计 89.67 万平方米建筑在 2012～2013 年采暖季实现供热。

(2) 工程实施步骤

区域（热泵）能源站（以下简称能源站）主体结构及主供热管网一次施工到位；能源站内系统、各供热地块换热站及二次管网分两期建设。其中，能源站主体结构及一期系统、主供热管网、2012～2013 年采暖季实现供热地块的换热站及相应的二次管网于2012 年"法定"供暖起始日前 10 天建成并具备投入运行的条件；能源站二期系统、除2012～2013 年采暖季实现供热地块外的其他地块换热站及相应的二次管网根据规划供热区内建设项目进展确定建成投运时间。

（3）工艺方案

本工程的工艺技术方案为，设有燃气调峰热源的工业余热型燃气溴化锂吸收式水源热泵集中供热系统。

该方案的主要优势在于：既能最大程度的高效利用工业余热，又能兼顾区内既有热用户多数要求供暖设计供水温度不低于80℃的要求。同时，由于设有调峰热源提高了能源站的供热温度及温差，自能源站引出的供热主管道的直径不大于1000mm，满足市政道路竖向空间的限制要求。

（4）工艺方案主要内容描述

① 余热类型　工业循环冷却水，冬季水温范围25～30℃。利用温差≥5℃时，能源站制热系统对循环水的最大需求量为11910m³/h。

② 余热来源　威立雅渤海永利（天津碱厂）淡水循环厂厂区循环冷却水处理中心。

③ 余热利用形式　燃气溴化锂吸收式水源热泵机组自工业循环冷却水取热，加热集中供热一次管网回水，提供集中供热系统所需的基本热负荷。

④ 集中供热系统形式　能源站（基础热负荷低于实际热负荷时燃气锅炉补热）→换热站→庭院管网→用户热力入口。

⑤ 一次管网输配形式　分布变频泵系统的二级泵系统，其中一级泵设于能源站，分布变频泵设于地块换热站一次侧。一级泵承担能源站内部压降，变流量运行；二级泵承担一次网最不利环路供回水管道及地块换热站一次侧压降。能源站主机配置——设有8台燃气溴化锂吸收式水源热泵机组，总热负荷128MW满足集中供热系统所需的基本热负荷，基本热负荷占系统总热负荷的72.7%。

⑥ 燃气调峰锅炉　选用8台燃气锅炉设在能源站与热泵机组串联运行，调峰热负荷48MW，调峰热负荷占系统总热负荷的27.3%。

8.3.3　关键技术环节方案设计

（1）供水温度设计

① 设计原则　包括：a. 全系统（由户内系统到能源站）全寿命期成本最低；b. 兼顾项目近、远期的用户供热参数需求特点，即近期用户要求供暖设计供水温度高，远期用户要求温度较低；c. 热用户各种形式供暖系统实现合理的"工程习惯设计供回水温差"，因为这些也是优化与运行实践得到的数据；d. 合理低温，因为热源为低品位热源。

② 设计方案　略。

（2）调峰热源设置

调峰热源燃气锅炉与热泵机组的运行方式有串联运行和并联运行两种（图8-50）。

（3）水源侧连接形式构造与技术分析

① 直接连接　水源水直接进入机组蒸发器，由水源水直接完成热量的转移，如图8-51所示。

② 间接连接　水源水不直接进入机组蒸发器，而是通过换热器与介质水换热，介质水进入机组蒸发器，由水源水、换热器、介质水共同完成热量的转移（图8-52）。

连接形式技术分析见表8-7。

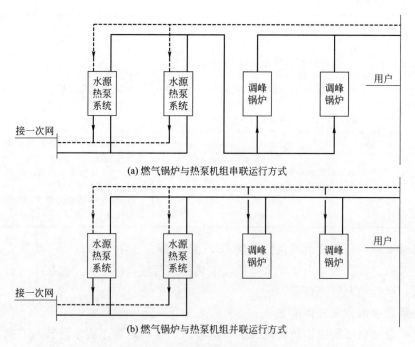

(a) 燃气锅炉与热泵机组串联运行方式

(b) 燃气锅炉与热泵机组并联运行方式

图 8-50 调峰热源燃气锅炉与热泵机组的串联运行和并联运行示意

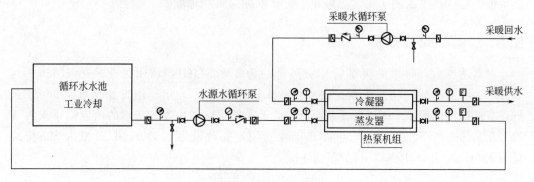

图 8-51 直接连接示意

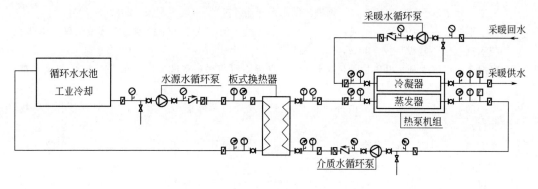

图 8-52 间接连接示意

■ 表 8-7 连接形式技术分析

连接形式	优 点	不 足
直接连接	(1)系统简单,易于管理; (2)没有中间换热器及介质水循环泵,设备投资低; (3)无中间换热温差损失,机组效率高,运行费低; (4)无需介质水循环泵,运行费低	水源侧水质有工业冷却水决定,水质无法保证,机组使用寿命略低
间接连接	进入机组水质易于保证,机组可靠性高,使用寿命比直接连接略长	(1)需设置中间换热器及介质水循环泵,系统投资高; (2)系统运行需开启介质水循环泵,运行能耗及运行费高; (3)存在换热温差损失,机组效率低,运行能耗及运行费高

通过对水源不同连接的增量投资简单 LCC 分析,确定采用直接连接形式。即水源水直接进入机组蒸发器,由水源水直接完成热量的转移,该方式不仅技术可行,而且其投资最低,运行能源费亦最低。

(4) 系统技术方案总体描述

通过对余热利用集中供热系统关键技术环节的分析,该工程系统技术方案总体描述为:设有燃气调峰热源的水源侧直接换热余热利用型燃气溴化锂吸收式水源热泵集中供热系统并且供热一次网采用"二级泵"分布变频泵系统输配。

8.3.4 节能环保效益

项目达产后,每个供暖季的总供热量约为 1286971GJ,利用工业余热 475663GJ,能够产生明显的节约能源和减少排放的效果,体现在:a. 年利用工业余热 475663GJ,折合节约标准煤为 16233 吨标准煤/年;b. 于利用了原本主要依赖水的蒸发而排入大气的工业余热,可节水 116894t/年;c. 年减少 CO_2 排放量为 42530t;d. 年减少 SO_2 排放量为 390t;e. 年减少 NO_x 排放量为 147t。

参考文献

[1] 王迪,张卫东.优化水资源配置推进河湖水系连通 [N].中国水利报,2012-2-17001.

[2] 成水平,吴娟,尹大强,梁威,张浏,吴东彪.城市河湖水系污染控制与水环境治理技术研究与示范 [J].建设科技,2012,24:72-74.

[3] 李振海,中国水利水电科学研究院水环境研究所.河湖水系京城灵性所在 [N].中国水利报,2005-3-05008.

[4] 崔国韬,左其亭,窦明.国内外河湖水系连通发展沿革与影响 [J].南水北调与水利科技,2011,4:73-76.

[5] 贺苏华,唐前瑞.营造绿色城市河湖水系景观的探讨 [J].黑龙江生态工程职业学院学报,2007,1:11-12.

[6] 潘保原,马云,康可佳,刘佳琦,李晶.城市景观水体污染防治研究——以牡丹江市南湖水系水体为例 [A].中国环境科学学会.2012 中国环境科学学会学术年会论文集(第二卷)[C].中国环境科学学会,2012:4.

[7] 天津市环境保护局 . 2004 年天津市环境状况公报 . 2005.

[8] 天津市环境保护局 . 2005 年天津市环境状况公报 . 2006.

[9] 天津市生态建设和环境保护第十一个五年规划 .

[10] 夏春海 . 生态城市指标体系对比研究 . 城市发展研究 [J]，2011，1：36-42.

[11] 赵强，宋昆，叶青 . 国内外生态城市指标体系对比研究 [J]. 建筑学报，2012，（S2）：9-15.

[12] 冯真真，史文斌 . 中新天津生态城确立指标体系 [J]. 科技资讯，2009，28：56-57.

[13] 蔺雪峰 . 生态城市治理机制研究 [D]. 天津：天津大学，2011.

[14] 冯真真，李燃 . 城市绿色发展指标设定的实践与思考——以中新天津生态城指标体系为例 [A]. 中国环境科学学会 . 2010 中国环境科学学会学术年会论文集（第一卷）[C]. 中国环境科学学会，2010：4.

[15] 倪黎燕 . 生态城思想探源：生态学视角下的经典城市规划理论解读 [D]. 北京：清华大学，2012.

[16] 梁伟，王强，杨丹丹 . "生态城"控制性详细规划指标体系研究 [A]. 中国城市规划学会、南京市政府 . 转型与重构——2011 中国城市规划年会论文集 [C]. 中国城市规划学会、南京市政府，2011：14.

[17] 董金凯，贺锋，肖蕾，黄丹萍，吴振斌 . 人工湿地生态系统服务综合评价研究 [J]. 水生生物学报，2012，1：109-118.

[18] 朱砺之，黄娟，傅大放，李稹，沈恬宇 . 人工湿地生态系统中的微生物作用及 PCR-DGGE 技术的应用 [J]. 安全与环境工程，2012，2：26-30.

[19] 董金凯，贺锋，吴振斌 . 人工湿地生态系统服务价值评价研究 [J]. 环境科学与技术，2009，8：187-193.

[20] 蒋廷杰，齐增湘，罗军，甘德欣 . 人工湿地水质净化机理与生态工程研究进展 [J]. 湖南农业大学学报（自然科学版），2010，3：356-362.

[21] 周素芬，胡静 . 人工湿地在生态城市建设中的作用 [J]. 氨基酸和生物资源，2006，1：12-15.

[22] 黄钰铃，罗广成，李靖 . 人工湿地生态系统氮循环试验研究 [J]. 灌溉排水学报，2007，4：93-97.

[23] 郑季良，陈卫萍 . 我国生态工业园生态产业链构建模式分析 [J]. 科技管理研究，2007，9：131-133.

[24] 甘树福，彭晓春，徐文彬 . 关于构建工业园区生态产业链的探讨 [J]. 环境保护，2007，24：62-64.

[25] 韩玉堂，李凤岐 . 生态产业链链接的动力机制探析 [J]. 环境保护，2009，4：30-32.

[26] 齐振宏，王培成，冉春艳 . 基于循环经济的生态产业链共生耦合研究理论述评 [J]. 生态经济（学术版），2009，2：185-188.

[27] 杨迅周，王玉霞，魏艳，任杰 . 产业集群生态产业链构建研究 [J]. 地域研究与开发，2010，2：7-9，15.

[28] 李敏 . 生态工业园中生态产业链网分析及其稳定性评价研究 [D]. 天津：天津大学，2007.

[29] 杨敏林，杨晓西，隋军，林汝谋 . 工业园区独立能源系统方案分析与应用 [J]. 热能动力工程，2009，4：442-541.

[30] 郑忠海，付林，狄洪发 . 基于生态足迹法的城市能源系统分析 [J]. 清华大学学报（自然科学版），2009，12：1905-1908，1914.

[31] 杨敏林，杨晓西，金红光 . 分布式能源系统集成方案研究 [J]. 东莞理工学院学报，2006，4：113-116.